普通高等学校公共管理类专业教材
行政管理国家级一流本科专业建设教材

环境管理学新论

主　编　司林波　李亚鹏

副主编　裴索亚　吴振其

编　委　（以姓氏拼音为序）

孟　吉　谭筱波　田春元　萧欣茹

熊依婕　闫芳敏　张锦超　张　盼

燕山大学出版社
·秦皇岛·

图书在版编目（CIP）数据

环境管理学新论 / 司林波，李亚鹏主编. —秦皇岛：燕山大学出版社，2023.9
ISBN 978-7-81142-349-5

Ⅰ．①环… Ⅱ．①司…②李… Ⅲ．①环境管理学－高等学校－教材 Ⅳ．① X3

中国国家版本馆 CIP 数据核字（2023）第 057941 号

环境管理学新论
HUANJING GUANLIXUE XINLUN

司林波 李亚鹏 主编

出 版 人：陈 玉

责任编辑：孙志强　　　　　　　　　　　策划编辑：孙志强

责任印制：吴 波　　　　　　　　　　　封面设计：刘韦希

出版发行：燕山大学出版社 YANSHAN UNIVERSITY PRESS　　　电　　话：0335-8387555

地　　址：河北省秦皇岛市河北大街西段 438 号　　邮政编码：066004

印　　刷：涿州市殷润文化传播有限公司　　　经　　销：全国新华书店

开　　本：787mm×1092mm 1/16　　　　　印　　张：17.75

版　　次：2023 年 9 月第 1 版　　　　　　印　　次：2023 年 9 月第 1 次印刷

书　　号：ISBN 978-7-81142-349-5　　　　字　　数：323 千字

定　　价：69.00 元

前　言

　　2022年10月，习近平总书记在党的二十大报告中鲜明提出以中国式现代化全面推进中华民族伟大复兴这一时代命题，并系统阐述了中国式现代化的历史逻辑、深刻内涵、本质特征和时代意义。生态文明作为中国式现代化建设的重要目标，凝聚着中国共产党人对经济社会发展与生态环境保护关系的不懈探索，指引着实现人与自然和谐共生的生动实践。深入推进生态文明建设，持续打好环境污染攻坚战，不仅是建设"美丽中国"的实践路径，更是实现人与自然和谐共生的中国式现代化的必然要求。

　　党的十八大以来，以习近平同志为核心的党中央肩负中国共产党人对可持续发展接续探索的历史担当，在实现中华民族伟大复兴中国梦的美好愿景下谋求人与自然的和谐共生，提出和形成了习近平生态文明思想，立足国内、放眼世界，在理论与实践的良性互动中开辟出了一条"尊重自然、顺应自然、保护自然"的中国式现代化道路，不断满足人民群众对美好生活的向往，引领中国人民开启社会主义生态文明建设和环境治理的新时代。

　　党的二十大报告指出："大自然是人类赖以生存发展的基本条件。尊重自然、顺应自然、保护自然，是全面建设社会主义现代化国家的内在要求。必须牢固树立和践行绿水青山就是金山银山的理念，站在人与自然和谐共生的高度谋划发展。""人与自然和谐共生的现代化"描绘了中国式现代化的绿色治理图景，实现了生态文明建设与社会主义现代化建设的有机统一，充分反映了我们党对生态文明建设以及现代化实质的深刻领悟与准确把握。全面贯彻党的二十大精神，促进人与自然和谐共生的现代化目标的实现，站在新的历史起点上，以"生态之治"应对"时代之变"，我国必须加快发展方式绿色转型、深入推进环境污染防治、提升生态系统稳定性和持续性、积极稳妥推进碳达峰碳中和，方能在生态文明新时代的历史长河中扬帆远航。

　　环境问题关系人民群众切身利益，关乎经济社会发展和国家大局稳定。党的十八大以来，以习近平同志为核心的党中央以前所未有的战略定力推进生态环境保护，针对长期困扰人民群众的突出环境问题部署开展了一系列专项整治行动，取得了显著成效，人民群众的获得感、幸福感稳步提升。党的二十大报告指出，深入推进环境污染防治，持续深入打好蓝天、碧水、净土保卫战。准确把握当前我国生态环境的客观形势，为环境污染防治向更深层次推进、更广领域拓展提供了根本遵循。当前，我国生态环境形势明显改善，生态环境质量逐步提升，但必须清醒地认识到：环境污染防治压力依然巨大，生态环境高水平保护尚不完善、助推经济高质量发展的作用有限。因此，必须深入推进环境污染防治，畅通生态保护决策部署执行机制，层层压实生态保护责任，敢于触及深层次矛盾、解决深层次问题，必须以深入打好蓝天、碧水、净土保卫战为着力点，解决好重点领域突出问题，统筹旧污染治理与新污染防控，进而健全现代环境治理体系，凝聚环境保护最大合力，形成环境污染防治长效机制。

生态环境问题归根结底是发展方式的问题，加快绿色转型，积极构建绿色低碳的现代化发展方式，是实现高质量发展的重要环节，也是促进人与自然和谐共生的应有之义。在生产方式的绿色转型方面，首先，要对产业结构、能源结构、交通运输结构进行调整优化，实现生产方式绿色化。当前，我国的产业结构仍然是以重工业为主，绿色低碳转型的压力较大。要加快进行结构调整，改变高污染、高耗能的发展方式。其次，要充分认识到自然资源的有限性，实施全面节约战略。突出抓好能源、交通、运输等重点行业领域的资源节约，通过科技创新大力推动经济社会发展建立在资源高效节约利用和绿色低碳循环发展的基础之上。最后，政府要充分发挥制度的刚性约束作用，完善绿色发展的政策和标准体系，坚持用最严格最严密的制度体系推动生产方式绿色化，改变以往政策制定的经济利益取向，制定系统科学的绿色发展政策。同时，也要采取措施大力推进生活方式的绿色化，积极倡导绿色低碳和文明节约的生活方式，支持绿色消费，大力推广绿色产品和鼓励绿色低碳出行，引导全社会共建人与自然和谐共生的现代化。

人与自然和谐共生的现代化建设离不开制度的保驾护航。在现代化进程中，要加强生态制度和保障体系的建设，不留"空白""死角"，稳步构建生态系统的保障基线，尤其要构建源头预防、过程监管、后果严惩的全过程监管体系，保持高压态势，筑牢生态文明建设的"四梁八柱"。首先，自然资源并非取之不尽、用之不竭，要严守生态环境底线，建立健全"三线一单"生态环境分区管控体系，强化国土空间规划和用途管控，让生态保护成为不可触碰的"高压线"。正确处理人与自然的关系，化解人与自然的矛盾冲突，达成人与自然的双向和解，需要坚守安全边界和生态底线，地方各级党委和政府要将生态保护红线、环境质量底线作为相关综合决策的重要依据，落实生态环境空间管控要求，全面提升生态系统的稳定性和生态服务功能。其次，建立常态化的监督执法机制和生态保护责任追究机制，强化考核问责，对于不顾生态环境盲目决策、违规审批开发建设项目、生态保护责任未真正落实的单位及主要负责人，要依法严肃问责、终身追责。最后，开展生态系统保护成效监测评估，完善监测评估标准体系和加强成果运用。针对不同地区的资源禀赋和生态要素，从生态系统的质量和功能等方面出发，设置科学合理的监测评估标准。同时综合运用信息技术手段，加强监测数据的分析和应用，及时发现问题，深挖问题根源，有针对性地采取措施，从而为全面提升生态系统的稳定性和持续性提供保障。

碳达峰碳中和是一场广泛而深刻的经济社会系统性变革，是高质量发展的重要引擎。近年来，我国在推进"双碳"目标上取得了显著成效，但是也要看到实现"双碳"目标仍然是一个长期且艰巨的任务，必须立足我国能源资源禀赋，坚持先立后破，有计划分步骤实现"双碳"目标。一是要实施碳排放总量和强度"双控"，精准识别碳排放来源和强度，积极引导企业主动优化用能结构，加速低碳转型。当前，我国正处于工业化发展后期，能源需求和碳排放总量较大，能源消费和生产结构仍然是以高碳化石能源为主，这就需要优化能源消费结构和提高资源利用效率，严格控制高耗能和高排放的项目盲目扩张，不断降低能源消耗强度和碳排放强度。二是要深入推进能源革命，加快建设新型能源体系。我们要加大清洁能源的开发力度，大力提升风力发电、光伏发电规模，支持潮汐能和水电等清洁能源和可再生能源的发展，全面构建风、光、水、核等新型能源供应体系，使传统能源退出建立在新能源安全可替代的基础上。此外，要鼓励企业和科研院所积极开展碳减排技术创新，低碳科技成果的研发、转化应用和示范推广，为传统能源转型提供支撑。三是要完善碳排放统计核算和市场交易制度，加快建立全覆盖、精准化和科学化的碳排放核算方法体系，建立规范的生态环境权益交易市场，加强碳排放权交易和用能权交易相衔接，以市场化手段推进能源低碳转型，为高质量实现碳达峰碳中和明确制度设计。

绿色是人类社会可持续发展的必要条件和人民对美好生活追求的重要表征。党的十八大以来，习近平总书记在讲话中多次强调："绿色发展，就其要义来讲，是要解决好人与自然和谐共生问题。"这一重要论述以强烈的问题意识和实践意识科学地把握了绿色发展的要义。在习近平生态文明思想的指引下，我国生态文明建设从认识到实践发生了历史性和全局性的转变，"人与自然和谐共生"是新时代中国特色社会主义基本方略的重要组成部分，"绿色发展"是新发展理念之一，生态文明建设的谋篇布局更加系统完善。党的二十大报告进一步指出，推动绿色发展，促进人与自然和谐共生，鲜明地指出了人与自然和谐共生的现代化的前进方向和战略路径，彰显出党中央对持续改善生态环境的坚定意志和战略定力。在全面开启社会主义现代化建设的新征程中，我们要深入学习贯彻党的二十大精神，大力推进生态文明建设，加快发展方式绿色转型，推动人与自然和谐共生的中国式现代化建设，在中华大地演绎青山绿水、天蓝地绿的华美篇章。

作为一个负责任的大国，作为应对全球气候变化的关键引领者、贡献者和参与者，我国积极投身于国际气候协议的相关谈判与规则制定活动，秉持建构合作共赢合理公平的国际气候治理体系，坚持共同但有区别的责任原则、公平原则和各自能力原则，支持全球发展中国家能源绿色低碳发展。党的二十大为我国积极稳妥推进碳达峰碳中和促进人与自然和谐共生明确了工作内容、发展道路和前进方向。以习近平同志为核心的党中央以明确的思路应对中华民族伟大复兴的战略全局和世界百年未有之大变局，以科学的理论谋划我国促进人与自然和谐共生的生态治理大局，以坚定的信念开拓包括促进人与自然和谐共生这一本质要求在内的中国式现代化新局面，为全党和全国人民的前行之路指明了方向。党的二十大报告中在关于全球气候治理和碳达峰碳中和领域所传达出的一系列精神、内容与部署，为我国碳达峰与碳中和的美好愿景擘画了宏伟蓝图，为我国构建全球领先的促进人与自然和谐共生的中国式现代化道路打开了新格局，为推进参与多边对话与合作携手共建人类命运共同体贡献了中国智慧和中国方案。

人与自然和谐共生的现代化实质上是一种依靠发展方式绿色转型、低碳发展推动人与自然和谐共生的绿色现代化，这既体现了我国经济社会发展中人与自然关系的本质要求，又体现了经济社会的全面绿色转型。以发展方式绿色转型开创人与自然和谐共生的新局面，内含着破解人与自然对立难题和变革工业文明生产方式的要求，如果说工业文明的发展方式是西方对人类文明在发展生产力和创造巨大物质财富方面的贡献，那么在未来，中国引领的绿色现代化道路则是对人类文明永续发展的新贡献，对人类社会的生产方式和生活方式都将产生全方位和深层次的影响。新时代新阶段必须贯彻新发展理念，坚定不移地坚持以习近平生态文明思想为指导，以发展方式绿色转型为主线，优化调整"三大结构"、实施全面节约战略、完善政策和标准体系、积极倡导绿色消费，使绿色发展的成色更足、亮色更显、底色更浓、本色更亮，从而以绿色发展擘画人与自然和谐共生的现代化的美好图景。

环境管理学最初是环境科学领域的一门分支学科和专业基础课程，属于环境科学与管理科学的交叉学科，随着环境问题日益成为影响人类生存与发展的核心命题，环境管理成为各级政府的最基本职能，环境管理研究也成为政治学与公共管理研究的重要领域，环境管理学随之纳入公共管理学科范畴，发展成为公共管理学科的重要分支交叉学科。为了适应公共管理类专业环境管理学教学的实际需要，以党的二十大精神为指导，立足于公共管理基本理论，我们编写了本教材。这是一次从公共管理学科出发的探索与尝试，我们希望本书的出版有助于推进公共管理学科范畴下的环境管理学科发展。

司林波 李亚鹏

2023 年 3 月 20 日

目　　录

第一章　绪　论

　　环境问题是随着人类社会的发展而产生的，社会生产力的提高、人口数量的急剧膨胀、自然资源的过度开发都会进一步加剧环境问题，这反过来也严重制约了人类社会的不断发展。面对日益严峻的环境形势，人类不断反思自身行为，并在实践中逐步形成和发展了环境管理思想和理论体系。本章在介绍环境问题的概念及其分类、环境问题的产生及其发展、环境问题产生的根源的基础上，重点对环境管理的主体、对象与内容进行阐述，并进一步分析环境管理学的形成过程和发展趋势，为后续深入探讨环境管理的基本理论奠定基础。

第一节　环境问题及其产生根源

一、环境问题及其发展

（一）环境问题的概念与分类

　　环境问题一般指的是由于人类活动或自然因素的干扰，引发的环境质量下降或生态系统失衡，从而对人类和其他生物的生存和发展产生有害影响的问题。实际上，对于环境问题的理解，我们不仅要关注客观的环境状况，还应该关注其产生的社会影响、公众对环境状况的反映和主张、社会对环境状况的应对措施和能力等，这些都可以构成环境问题的重要内涵[①]。一般来讲，环境管理中所说的环境问题主要指的是人为因素所导致的环境问题。如大气污染、水污染、生物多样性损失、温室效应、臭氧层破坏等是目前较为严重的环境问题。由于地球的承载力和资源储备都是有限的，一味地追求经济增长，不断地开采和利用大自然，就会造成空气污染、环境破坏和资源短缺等

---

① 洪大用 . 关于中国环境问题和生态文明建设的新思考 [J]. 探索与争鸣，2013（10）：4-10，2.

一系列环境问题，严重威胁人类及其他生物的生存和发展。环境问题的持续恶化不仅会破坏人们的生存环境、损害人们的身体健康，更会威胁到社会的稳定和发展。人类活动对环境日积月累的破坏正在逐渐超过环境容量的极限，加之环境系统自身运行的复杂性，使得长期累积的复合性环境问题愈发突出。正确认识和理解环境问题，还应该在全球工业化进程和全球环境变化的大背景下，谋求对环境问题最本质和最深刻的认识。1962年，蕾切尔·卡森（Rachel Karson）出版了《寂静的春天》（Silent Spring）一书，书中通过列举大量的事实证明，有毒化学品的滥用已经让春天变得寂静无声，引起了公众对环境问题的关注，为人类环境意识的觉醒吹响了号角[①]。或许，我们需要充分认识到，只有人与自然和谐相处，才能使地球环境免受蹂躏。

长期以来，人类理所当然地享受着大自然的恩惠，向自然贪婪地索取，肆意地破坏自然生态，导致人与自然陷于日益尖锐的矛盾之中，不断遭到大自然无情的报复，从而将人类带到了灾难的边缘，由此引发一系列全球性环境问题，如全球变暖、臭氧层破坏、物种灭绝、生物多样性减少、有毒有害化学物品污染加剧、土地沙化等[②]。环境问题可以从不同的角度进行分类。根据是否有人参与，可以将环境问题分为原生环境问题和次生环境问题。原生环境问题指的是由于不可抗力的自然因素所造成的环境问题，如火山爆发、洪涝、地震等。次生环境问题是由于人类的生产生活所引起的生态系统失衡和环境污染，也可以称之为派生环境问题。通常来讲，人为因素引起的环境问题可以分为生态破坏和环境污染两种。其中，生态破坏指的是人类不合理地开发和利用自然资源，所引起的生态系统能力下降和自然资源枯竭的环境问题，如过度放牧所引起的草原退化、乱砍滥伐所造成的森林毁灭以及水土流失等问题。环境污染指的是人类在经济社会活动中通过直接或间接的方式向自然环境排放超过其吸纳和自净能力的有害物质或能量，从而引起的环境系统功能紊乱并使环境质量下降的现象。如二氧化硫造成的大气污染、固体废弃物和噪声污染等问题。这是人类不可持续的发展模式和消费模式的产物。当两种环境问题同时存在并相互作用时，生态环境会进一步恶化。按照环境要素来划分，可以将环境问题分为大气环境问题、水体环境问题、固体废弃物环境问题、土壤环境问题等。按照地理空间划分，可以将环境问题分为局部地区的环境问题、区域环境问题和全球环境问题。按污染源所处的领域，可以将环境问题分为工业环境问题、农业环境问题和交通环境问题等。

---

① 白志鹏，王珺. 环境管理学 [M]. 北京：化学工业出版社，2007：2.

② 李永峰，李巧燕，程国玲，等. 基础环境科学 [M]. 哈尔滨：哈尔滨工业大学出版社，2015：1.

（二）环境问题的产生与发展

环境问题与人类社会相伴而生，从未间断，只是在不同时期出现的环境问题和造成的影响有所不同。人类的经济社会活动对环境系统产生的影响在逐渐增大，从过去被动、从属于自然的状况，逐渐转变为一种改造自然的力量，在某些情况下甚至超越了自然的承受和吸纳能力。人类社会发展经历了原始文明、农业文明、工业文明和生态文明等时期。在不同的发展时期，人与自然的关系、环境问题的性质和形式均不同，因而对于环境问题的认知和判断也有所不同。

1. 原始文明时期：人类服从于自然

人类学会制造和使用生产工具使其从动物界分化出来以后，经历了几百万年的原始社会，通常我们把这一阶段称为原始文明时期。在这一时期，人类以打猎和采集为生，直接从自然界中获取生活资料，再加上人口数量极少，生产能力还比较低下，对自然的影响范围和干预程度都极其有限，甚至可以说是微乎其微。此时人类只是自然界中食物的采集者和捕食者，是以生产活动和生理代谢过程与环境进行物质交换和能量流动的，主要是盲目利用环境，很少有意识地改造环境[①]。原始文明时期，人对自然环境呈现一种顺应和依附的关系，自然的力量居于主导地位，生态环境基本上按照自然规律运行和发展，生态系统也能够依靠自身得以平衡和发展。虽然人类的物质生产能力比较低下，但为了获取生产和生活资料，已经开始了推动自然界人化的过程，如钻木取火、打造石器、制作弓箭等。恩格斯曾说，"尽管蒸汽机在社会领域中实现了巨大的解放性的变革——这一变革还没有完成一半——但是毫无疑问，就世界性的解放作用而言，摩擦生火还是超过了蒸汽机，因为摩擦生火第一次使人支配了一种自然力，从而最终把人同动物界分开"[②]。可以说，这一时期的环境问题主要表现为人口的自然增长，因无知而引起的乱采滥捕，用火不慎所导致的森林、土地被毁等。

2. 农业文明时期：人类对自然的初步开采

大约从公元前1万年起，出现了人类文明的第一个重大转折，此时由原始文明时期进入到农业文明时期。随着农业、畜牧业的产生和发展，人类开始掌握一些劳动工具，并具备一定的生产能力，从采集狩猎生产转变为原始农业生产，人类社会以养殖和种植业为主，社会生产发生质的变化[③]。农业文明带来了生产工具的发明和改进，人

---

① 白志鹏，王珺．环境管理学 [M]．北京：化学工业出版社，2007：1.

② 中共中央马恩列斯著作编译局．马克思恩格斯选集（第 3 卷）[M]．北京：人民出版社，1972：154.

③ 韩奇，屈紫懿，谢伟雪．环境管理 [M]．长春：吉林大学出版社，2018：5.

类的生活条件得到改善，人口不断增加，在这种情况下，对自然环境开发和利用的强度也在不断增加，使自然界的人化过程得以进一步发展。在这一时期，人类不再单纯依靠自然界来获取食物，而是通过从事农耕和畜牧等物质生产活动，创造条件，使生活所需的动植物得到生长和繁衍，并学会利用风力、水力等自然力以及各种金属工具，进一步增强利用和改造自然的能力。人口的不断增长和较低的劳动生产率之间的矛盾，使得人们开始通过砍伐森林、开垦草原、过度放牧等方式破坏自然环境，以增加粮食生产，这就不可避免地造成水土流失、土地荒漠化和旱涝灾害等环境问题，这些都构成农业文明时期的主要环境问题。恩格斯在《自然辩证法》中提到，美索不达米亚、希腊、小亚细亚以及其他各地的居民，为了得到耕地，毁灭了森林，但是他们做梦也想不到，这些地方今天竟因此而成为不毛之地，因为他们使这些地方失去了森林，也就失去了水分的积聚中心和贮藏库。阿尔卑斯山的意大利人，当他们在山南坡把那些在山北坡得到精心保护的树林砍光用尽时，没有预料到，这样一来，他们就把本地区的高山畜牧业的根基毁掉了[①]。恩格斯的这段论述，是对农业文明时期环境问题的真实写照。

农业文明时期开启了人类利用农业生产工具、不断扩大规模开发和利用土地以及其他自然资源的时代。但是纵观整个农业文明发展的历史可以看出，环境问题还只是比较局部和零散的，并未上升为影响人类生存和发展的重大问题。总体上来看，农业文明时期属于人类对自然认识和变革的初级阶段，人类的物质生产活动基本上是利用和改造自然的过程，缺乏对自然实行根本性的变革和改造，对自然的轻度开发没有像后来的工业社会那样造成巨大的生态破坏和环境问题。尽管这一时期在一定程度上保持了自然界的生态平衡，但仍然是一种落后经济水平上的生态平衡。由此可见，这一时期的环境问题主要体现在：由于大量砍伐森林和破坏草原所造成的水土流失、土地荒漠化和盐碱化，以及不适当兴建水利所造成的土壤沼泽化、血吸虫病流行等。

3. 工业文明时期：人类开始征服自然

工业文明时期开始于 18 世纪 60 年代的第一次工业革命，随着资本主义生产方式的产生，人类文明出现第二个重大转折，即从农业文明时期迈向工业文明时期。1765 年，第一台蒸汽机的出现，标志着人类生产方式从手工生产变成机器生产，人类从农耕社会进入工业文明发展阶段[②]。工业文明时期是人类运用科学技术利用和改造自然并取得空前

① 中共中央马恩列斯著作编译局. 自然辩证法 [M]. 北京：人民出版社，2015：311.
② 韩奇，屈紫懿，谢伟雪. 环境管理 [M]. 长春：吉林大学出版社，2018：6.

胜利的时期，在这一时期，科学技术的飞速发展，人口数量的急剧猛增，生产力的大幅提高，能源和资源消费量的急速增加，意味着人类开发、利用和改造自然的能力有了空前提升，每一次的科技革命都建立了人化自然的新丰碑。人们大规模开采自然资源，进行机械化大生产，使得人与自然的关系发生了根本性转变。人类再也无须被动地适应自然，而是凭借知识和理性征服自然，成为自然的主人。如果说原始文明时期，人类是自然的奴隶，那么发展到工业文明时期，人类就成了征服和驾驭自然的主人。在工业文明之下，自然界成了人类索取无穷的自然资源和无限容纳工业废物的垃圾箱，超过了自然界所能承受的范围。这种对自然无穷开发、利用的观念以及行为准则，破坏了人与自然之间的关系。因而，当人类为满足自身不断增长的欲望而对自然无限度地开采和利用时，自然界必将向人类展开报复——全球生态系统失衡和人类生存环境恶化。

进入工业文明时代以来，在追求经济快速增长的驱动下，人类对自然环境展开了前所未有的大规模开发和利用。一方面，人类以超过自然增殖的速度和高污染、高排放的方式来开发和利用自然资源，引起自然资源枯竭和生态环境破坏；另一方面，"两高一资"产业所排放的大量污染物，远远超过自然环境的吸纳和自净能力，除烧煤污染之外，还相继出现了农药污染、放射性污染，以及噪声、恶臭等其他公害，从而导致了一系列严重的环境污染问题，局部地区的严重污染甚至导致了世界性的环境公害事件的出现。如 1943 年洛杉矶光化学烟雾事件、1952 年伦敦烟雾事件、1952—1972 年间断发生的日本水俣病事件、1961—1970 年间断发生的日本四日市气喘病事件等震惊世界的环境公害事件。人类逐渐认识到工业文明在带给人们巨大财富和优渥生活条件的同时，也给自然界带来了空前的灾难，产生了严重的环境问题。总之，这一时期的环境问题与以往相比有了完全不同的性质，环境问题愈加复杂和多样化，已经由过去单纯的环境污染问题转向包括生态破坏和环境污染在内的综合性环境问题，成为从根本上影响和制约人类社会生存和发展的重大问题。

4. 后工业文明时期：人与自然和谐相处

大自然向人类敲响警钟，历史呼唤着新的文明时代的到来。这种新的文明，有学者基于生态价值标准，将其称为生态文明时期，即人与自然和谐相处的崭新文明时期，也有学者根据文明发展的顺序称之为后工业文明时期。后工业文明时期，大概起始于 20 世纪 90 年代。人类的消费模式从物质型消费转向知识型消费，进入知识文明发展的阶段。后工业文明时期与前一个阶段相比，原有的一些特征会消失，并会出现一些新的特点。正如美国哈佛大学社会学教授丹尼尔·贝尔（Daniel Bell）在 1973 年出版的《后工业社会的来临》一书中所指出的，人类社会的发展经历了前工业社会、工业社会和后工业社会三个阶段。其中，后工业社会的中心特征是对理论知识的汇编以及科学与技术的新关系[①]。然而，科学技术的迅猛发展并未从根本上扭转环境被破坏的情况，其带来的污染反而使得环境问题更为复杂。这一时期，环境问题出现了范围扩大、难以防范、危害严重的特点[②]，自然环境和资源由于难以承受高速工业化、世界人口剧增和城市化发展的巨大压力，环境问题显著增加。目前来讲，已经威胁到人类生存和发展并被人类认识到的环境问题主要有：全球气候变暖、臭氧层破坏、有毒化学品污染、能源短缺、酸雨、生物多样性减少等诸多方面。

进入后工业文明时期，资源过度开发，环境问题愈演愈烈。区域生态环境质量下降、温室效应所引起的全球气候变暖、大气和水体污染的加剧、臭氧层的破坏、淡水等自然资源的枯竭、大面积的土地退化、生物多样性的锐减等一系列环境问题的频发，已经成为威胁人类和其他生物生存和发展的世界性重大环境问题之一，也成为人类社会实现可持续发展的最重要障碍之一。但值得欣喜的是，人类对环境问题的认识在不断加深，能够更为积极主动地去应对环境问题，并努力朝着可持续发展的方向不断努力。恩格斯在《自然辩证法》中指出，"我们不要过分陶醉于我们人类对自然界的胜利，对于每一次这样的胜利，自然界都对我们进行报复"[③]。他告诫人们要学会正确地理解自然规律，真正认识到人类活动对自然环境造成的后果，学会与自然和谐相处。总之，虽然这一时期环境污染与生态破坏的形势仍然较为严峻，但是人与自然之间的关系正在逐渐迈向协调发展的新阶段，人类再也不是自然环境的统治者和征服者，而是自然界的一部分。因此，人类应当与自然界和谐相处，学会珍爱和保护自然环境。

二、环境问题的产生根源

环境问题是一个涉及全方位的复杂问题，解决环境问题需要依靠人类整体的环境觉醒，以及在这种觉醒下全人类的实践，而这依赖于人们对环境问题产生根源的深入认识[④]。1992年召开了第一次全球环境与发展峰会，从那以后，国际社会对资源与环境

---

① [美] 丹尼尔·贝尔 . 后工业社会的来临 [M]. 高铦，等译 . 南昌：江西人民出版社，2018：23.

② 李永峰，李巧燕，程国玲，等 . 基础环境科学 [M]. 哈尔滨：哈尔滨工业大学出版社，2015：1.

③ 中共中央马恩列斯著作编译局 . 自然辩证法 [M]. 北京：人民出版社，2015：311.

④ 李永峰，陈红，徐春霞 . 环境管理学 [M]. 北京：中国林业出版社，2012：9.

问题的忧患意识明显增强，努力实现可持续发展逐渐成为国际社会的共识①。随着人类社会的不断发展和人们对环境问题的深入认识，对环境问题根源的探究也在不断发生变化。不同时期的环境问题产生的根源也有所不同。自工业革命以来，经济得到飞速发展，但与此同时也产生了全球性的环境污染与生态破坏。从 20 世纪 20 年代起，人口得到急速增长，人口爆炸和城市化的叠加效应，加速了生产规模的无节制扩大，导致了地球生态环境的不断恶化②。全球性的环境问题主要是由西方发达国家在工业化进程中造成的，虽然西方国家颁布了诸多环保法令，开展环保运动，但环境问题并未得到根本解决。尽管自然界本身具有自我修复和净化能力，但频繁发生的自然灾害仍然呈现出自然生态"能力匮乏"和消极抵抗的信号。生态环境危机的步步紧逼迫使人们不得不对环境问题的成因进行根源性的挖掘，因为只有知道问题产生的根本原因，才能明确行动方向并采取正确的措施以消解生态环境危机。对于环境问题根源的探讨，众说纷纭。国内外学者对环境问题根源的理论反思经历了一系列变化，通过以往国内外学者对环境问题根源的梳理，可以发现环境问题产生的根源有人口根源、科技根源、经济制度根源和文化根源。

（一）人口根源

美国学者保罗·埃利希（Paul Ehrlich）持"人口爆炸论"的观点，认为环境问题在很大程度上是人口问题，人口的快速膨胀是环境问题产生的根源。他在《人口爆炸》一书中提出，"我们可以看到，全球变暖，酸雨，臭氧层窟窿，易受流行病袭击，土壤和地下水耗竭，这一切都与人口的规模有关"③。该书深入探讨了人口膨胀和环境问题的关系，指出一旦人口的繁殖能力超出自然承载力，不仅会对自然界造成危害，而且还将威胁到人类自身。美国生物学家盖福特·哈定认为，环境污染问题是人口带来的结果。他指出人口密度增加了，天然的化学和生物的再造过程变得超负荷了，无限制的生育将会给所有的人带来灾难④。福格特也将环境问题归因于人口增长，他认为正是人类与环境之间的某些关系才造就了诸多的环境问题。我国民间环保组织"自然之友"的创建者梁从诫曾经指出，环境问题不是一个技术问题，不是法律问题，而是一个社

---

① ［美］德内拉·梅多斯，乔根·兰德斯，丹尼斯·梅多斯．增长的极限［M］．李涛，王智勇，译．北京：机械工业出版社，2013：21.

② 余敏江，王磊．环境政治学：一个亟待拓展的研究领域［J］．人文杂志，2022（1）：45-55.

③ ［美］保罗·埃利希，安妮·埃利希．人口爆炸［M］．张建中，钱力，译．北京：新华出版社，2000：5.

④ ［美］巴里·康芒纳．封闭的循环：自然、人和技术［M］．侯文蕙，译．长春：吉林人民出版社，1997：2.

会问题，即人口是我们一切环境问题的最终根源[①]。与此同时，研究环境问题的一些科学家一致认为，迅速恶化的人口过剩问题是造成环境问题的主要因素。1988年9月，由美国科学院（NAS）和美国艺术与科学研究院（AAAS）的成员所组成的美国地球俱乐部发表了一个声明，其中有一段话指出，"不可更新的资源迅速耗尽、环境恶化（包括气候迅速变化），以及日益加剧的国际紧张局势，都与人口迅速增长和人口过剩问题有密切的联系"[②]。此外，罗马俱乐部总裁奥里雷奥·佩切依、联合国教科文组织总干事费德里科·马约尔等人也均将环境问题归因于不发达国家的人口膨胀。

（二）科技根源

美国生物学家巴里·康芒纳（Barrry Commoner）和卡普拉是科技根源论的典型代表。他们否认把环境问题的根源仅仅归咎于人口数量过度增长这一观点。巴里·康芒纳在《封闭的循环：自然、人和技术》（1974）和《与地球和平共处》（1990）两本书中向人们系统地展示出各种生产系统在生产出有用的产品时是如何产生污染物从而导致环境恶化的，并由此揭示了环境问题产生的根源是现代科学技术[③]。其中，在《封闭的循环：自然、人和技术》一书中，他强调指出空气污染并不仅仅是一个讨厌的东西和对健康的威胁，它更是一个指示警钟，我们最为之庆贺的技术上的成就——汽车、喷气式飞机、发电站，就总体而言的工业，甚至就是现代城市本身——从环境角度上看，都是失败者[④]。换句话说，新兴技术在经济上取得的成就同时也意味着生态上的失败。卡普拉认同康芒纳的观点，他在1982年出版的《转折点：科学·社会·兴起中的新文化》一书中指出，空气、水和食物的污染对人类健康的危害仅仅是人类技术对自然环境最明显、最直接的影响，我们的技术正在严重地干扰着甚至毁灭着我们自身赖以生存的生态系统[⑤]。在我国，沈满红、蒋劲松、王国印等学者认为环境问题产生的根源是科技的滥用以及自身的局限性。其中，沈满洪指出，科学技术的落后、副作用以

---

① 田雄.梁从诚：人口是环境问题的最终根源[J].绿色中国，2004（2）：24-26.

②[美]保罗·埃利希，安妮·埃利希.人口爆炸[M].张建中，钱力，译.北京：新华出版社，2000：6.

③ 刘雨婷，包庆德.生态思想领域的理论建树与实践张力——纪念巴里·康芒纳诞辰100周年[J].南京林业大学学报（人文社会科学版），2017，17（4）：33-54.

④ [美]巴里·康芒纳.封闭的循环：自然、人和技术[M].侯文蕙，译.长春：吉林人民出版社，1997：63.

⑤ [美]卡普拉.转折点：科学·社会·兴起中的新文化[M].冯禹，等编译.北京：中国人民大学出版社，1988：6.

及滥用等都是环境问题产生的根本原因[①]。总之，科技是一把双刃剑，能助力环境发展也能摧毁生态环境，因此应合理使用科学技术，使其发挥应有的作用，避免产生严重的负面影响。

（三）经济制度根源

罗马俱乐部和生态社会主义者们认为环境问题产生的根源在于资本主义不可持续的经济模式和制度。由于环境主体的有限理性、环境污染的负外部性等特征，使得环境问题无法从根本上得到有效解决。罗马俱乐部是由来自西方不同国家的约 30 位企业家和学者组成的一个非正式的国际协会，其目的在于促进对构成我们生活在其中的全球系统的多样但相互依赖的各个部分——经济的、政治的、自然的和社会的认识，促使全世界制定政策的人和公众都来关注这种新的认识，并通过这种方式，促进具有首创精神的新政策和行动[②]。《增长的极限》是有世界影响的学术团体罗马俱乐部于 1968 年 4 月成立以后提出的第一个研究报告[③]。报告中阐述了人类发展过程中，尤其是产业革命以来，经济增长模式给地球和人类自身带来的毁灭性灾难，并通过各种数据和图表有力地证明了传统经济发展模式不仅使人类与自然处于尖锐的矛盾之中，而且人类将会继续不断受到自然的报复[④]。该报告第一次提出了地球的极限和人类社会发展的极限的观点，对人类社会不断追求增长的发展模式提出了质疑和警告[⑤]。这是人类对高生产、高排放经济发展模式的深刻反思，也为后来环境治理和环境可持续发展奠定了基础。丹尼尔·A.科尔曼（Daniel A. Coleman）是美国绿党运动的领袖人物之一，他认为，要从根本上解决环境问题，就必须首先透析并反思其背后蕴藏的深层原因。他对环境问题的"人口膨胀说""技术失控说"等进行了批判，进一步指出了发达国家人口的高消费及其对不发达国家的经济侵略，才是诱发生态环境危机的深层原因[⑥]。

环境问题的生成根源较为复杂，不仅与经济发展方式有关，更是与其背后的社会体

① 沈满洪 . 论生态环境问题的科技根源 [J]. 生态经济，2001（10）：22-23，27.

② [美] 丹尼斯·米都斯，等 . 增长的极限：罗马俱乐部关于人类困境的研究报告 [M]. 李宝恒，译 . 成都：四川人民出版社，1983：4.

③ [美] 丹尼斯·米都斯，等 . 增长的极限：罗马俱乐部关于人类困境的研究报告 [M]. 李宝恒，译 . 成都：四川人民出版社，1983：3.

④ 白志鹏，王珺 . 环境管理学 [M]. 北京：化学工业出版社，2007：2.

⑤ [美] 德内拉·梅多斯，乔根·兰德斯，丹尼斯·梅多斯 . 增长的极限 [M]. 李涛，王智勇，译 . 北京：机械工业出版社，2013：21.

⑥ 董德，孙越 ."护生"价值观与"生态文明"的构建——科尔曼《生态政治：建设一个绿色社会》解读 [J]. 江苏社会科学，2012（5）：134-138.

制密不可分。马克思主义认为，环境问题，归根结底是由资本主义制度本身的生产方式所造成的。虽然环境问题凸显的是人与自然之间的矛盾激化，但事实上背后有其深刻的社会根源，这个根源就是资本主义制度及与之相适应的生产方式。美国著名生态学家约翰•贝拉米•福斯特（John Bellamy Foster）立足于马克思主义的基本观点，对环境问题的根本原因进行了系统而全面的研究，明确指出当今世界环境问题的根本原因在于资本主义制度①。在他看来，生态环境问题早在千年以前就存在，而当今的生态环境危机表明的则是资本主义社会所造成的破坏超过了以往任何时期的社会，产生环境危机的根源也必然与全球资本主义自身发展的动力分不开②。丹尼尔•豪斯诺斯特（Daniel Hausknost）认为资本主义国家的环境转型面临隐形障碍，根本原因就在于现代资本主义国家本身的结构层面③。我国学者李亚红、郭沛源、何茂斌等人分别从不同的研究角度切入，指出中国环境问题产生的制度根源主要在于政府和市场失灵。因此，要想彻底解决环境问题，就要摒弃原有的社会制度，重新构建人与自然可持续发展的模式。

（四）文化根源

环境问题最深刻的根源是隐藏在经济、技术、人口背后的文化因素，它从深层次上制约着社会的政治、经济和其他领域的发展。正如诺斯在《制度、制度变迁与经济绩效》一书中所阐述的，制度是一个社会的游戏规则，更规范地说，是为决定人们的相互关系而人为设定的一些制约④。而这背后则是由我们的文化价值观决定的，因此诸多学者将探讨环境问题的根源转向探讨文化这一深层因素。如美国生态和社会学家唐纳德•沃斯特（Donald Worster）所说的："我们今天所面临的全球性生态危机，起因不在于生态系统本身，而在于我们的文化系统。"⑤这就在一定程度上指明环境问题正在日益成为文化问题。查伦•斯普瑞特奈克在《真实之复兴：极度现代的世界中的身体、自然和地方》一书中指出，生态环境问题是现代文明危机的一种表现，要解决环境问题就要突破现代文明的藩篱，集中对现代性进行批判。他认为现代经济人的利己性，工业主义的社会秩序，父权制的等级安排，中心化的思维格局以及绝对人类中心主义形

---

① 崔永杰 . 福斯特对资本主义的生态道德批判及启示 [J]. 山东师范大学学报（社会科学版），2021，66（5）：107-119.

② 李庆霞，刘玉莹 . 经济与生态：福斯特资本主义批判的双重视角 [J]. 学术交流，2022（2）：67-75.

③ D Hausknost. The Environmental State and the Glass Ceiling of Transformation[J]. Environmental Politics，2020，29（1）：17-37.

④ [美] 道格拉斯 •C 诺斯 . 制度、制度变迁与经济绩效 [M]. 刘守英，译 . 北京：生活•读书•新知三联书店，1994：3.

⑤ 刘建涛，张俊芳 . 我国环境问题的文化沉思 [J]. 广西社会科学，2011（10）：147-150.

态汇聚起来形成了一股强大的反自然的文化力量，从而造成了严重的环境污染和生态破坏①。挪威学者阿恩·纳斯，美国学者比尔·德伟、乔治·赛欣斯和查伦·斯普瑞特奈克也均认为环境问题的根源在于经济、技术以及制度背后的文化。在我国，潘岳、武青艳、贾凤姿等学者是这一观点的主要代表人物。人类在长期改造自然的实践中所形成的机械化的世界观和二元对立的价值观，破坏了人与自然之间的物质交换，造成了严重的环境问题。文化在研究环境问题中起着非常重要的作用，它对经济、技术和制度等均有着根源上的影响。因此，从文化根源上来分析环境问题，能够使我们在更深层次上把握环境问题的内在本质。

综上所述，国内外对环境问题根源的理论探索先后聚焦于人口根源、科技根源、经济制度根源以及文化根源，思想主题经过了一系列的转换，从具体的人口根源深入文化根源乃至上升到哲学高度。正如美国学者唐纳德·沃斯特所说："我们今天所面临的全球性生态危机，起因不在生态系统自身，而在于我们的文化系统。要渡过这一危机，必须尽可能清楚地理解我们的文化对自然的影响。"②基于这样的认识，我们党提出了科学发展观、建设生态文明、绿色发展等理念，为我国经济社会的可持续发展奠定了坚实的思想文化基础。可以说，对环境问题文化根源的探究仅仅是深入到了问题的核心，并进行了一些基础性的研究，还需要进一步进行理论拓展和深化。随着人们对环境问题认识的不断深化，对环境问题产生根源的探究也逐渐多元化。人口、科技、经济制度以及文化等因素，通过人类活动相互影响和相互制约从而导致了各种环境问题的产生。因此，我们不能仅从某一方面来寻求解决环境问题的方法，而是要综合考虑这些因素之间的关系，多维度探讨人与自然环境协调发展的路径。

第二节 环境管理的主体、对象与内容

一、环境管理的主体

环境管理的主体是进行或参与管理的人，即"谁来管理"和"管理谁"的问题。这是环境管理的基本问题。狭义上的环境管理主要指的是环境保护相关部门应当履行的基本职能。环保部门通过实施环境管理，协调经济发展与环境保护之间的关系，使

---

① 刘建涛. 我国环境问题的文化沉思 [D]. 大连：大连海事大学，2013.
② 曾德华. 生态马克思主义与我国生态文明理论的重构 [J]. 湖南师范大学社会科学学报，
　2013，42（1）：28-35.

社会经济发展在满足人们物质文化生活的同时，能够防治环境污染和破坏，维护生态系统平衡。广义上的环境管理指的是为实现一定的环境保护目标，通过运用法律、经济、教育等手段和规划、协调、监督等方式，对政府、企业、公众等主体的环境行为进行引导、规范和控制的工作及其过程①。从广义理解上来看，环境管理的主体是进行环境管理认识和实践活动的参与方或者相关方，即政府、企业、公众等主体，而并非狭义理解上的环境管理者。

（一）作为环境管理主体的政府

政府作为环境管理的主导力量，主要包括中央和地方各级行政机关。在环境管理中，政府是社会公共事务的领导者和组织者，以及国际利益冲突的协调者和发言人。政府能否妥善处理与企业、公众、非政府组织等主体的利益关系，实施环境保护和治理行动，对环境管理起着非常重要的作用。作为环境管理的主体，政府的具体工作主要包括：制定恰当的环境发展战略，设置必要的专门环境保护机构，制定环境管理的法律法规和标准，制定具体的环境目标、环境规划、环境政策制度，提供公共环境信息和服务，开展环境教育，以及在以国家为基本单位的国际社会中，参与解决全球性环境问题的管理等②。随着我国社会主义市场经济体制的建立和日趋完善，政府加强环境管理职能就显得愈加重要。一方面，政府加强环境管理职能是环境保护的必然要求。从西方国家环境保护和治理的历史来看，现今环境问题的缓和，很大程度上是由于政府不断加强环境管理职能、完善环境管理体系的结果。另一方面，政府加强环境管理职能也是政府履行自身职能的内在要求。环境管理伴随着人类社会的发展而发展，是一项长期而艰巨的巨大工程。因此，要想有效实现对环境问题的综合整治，就必须花费大量的人、财、物等资源，而从社会系统的角度来考量，只有政府拥有较为雄厚的资源才能够对环境进行长期、有效的治理。因而，政府有责任和义务加强环境管理职能，为人民提供更优化的生活环境。

（二）作为环境管理主体的企业

企业既是各种产品的生产者和供应者，也是自然资源的主要消耗方。作为社会经济活动中以追求利益为目的的经济单位，企业通过生产经营活动，向社会提供产品和服务，影响着社会的方方面面。企业作为环境管理主体所发挥的作用主要体现在：一方面，企业尤其是工业企业是污染物的主要排放者和治理者。另一方面，企

---

① 环境保护部科技标准司，中国环境科学学会. 环境管理知识问答 [M]. 北京：中国环境出版集团，2018：11.

② 叶文虎，张勇. 环境管理学 [M]. 3 版. 北京：高等教育出版社，2013：18.

业是社会经济活动的主体，也是环境保护的具体承担者，大多数的环境保护行动都需要企业的参与才能有效落实。因此，企业作为环境管理的主体，其生产和经营行为对一个地区、一个国家乃全人类的环境保护和治理均起着重要影响。对环境管理的企业主体而言，环境管理在本质上具有"环境经营"的含义。首先，企业在生产经营活动中必须主动遵守政府的环境法律法规，满足公众对环境保护和治理的要求，这是对企业主体最基本的要求。其次，企业要承担包括环境保护在内的社会责任。最后，企业还可以通过"环境经营"，进一步将"环境"纳入生产经营活动中，在创造经济效益的同时，保护生态环境，甚至可以通过保护生态环境而创造更多的物质财富。由于企业的生产经营活动大多是以牺牲环境而谋取经济利益的传统产业活动，而通过"环境经营"，企业能够将这种传统产业活动转变为"保护自然环境和谋求经济利益共赢"的绿色产业活动，这样的企业"环境经营"无疑将成为推动生态文明建设和社会可持续发展的重要力量。从这个意义上来讲，企业主体在环境管理过程中发挥着实质性的推动作用。

（三）作为环境管理主体的公众

公众，可以理解为直接受影响的个体，他们是环境问题的最终承受者，也是环境管理的最终推动者和直接受益者。公众在社会生活的各个方面发挥着重要作用，他们能否有效地约束自己的行为，推动和监督政府和企业的行为，是公众主体作用体现与否的关键[①]。实际上，公众作为环境管理的主体作用主要是通过社会中各行各业的公众个体，以及通过某个目标或利益组织起来的社会群体行为来实现的。作为环境管理的主体，公众可以通过参与到环境管理中来监督政府和企业行为，甚至一些在环保领域具有突出贡献的公众个体，可以影响和促进政府和企业环境管理的效果。参与，是公众作为环境管理主体最重要的方式。公众参与环境管理是指公众依法以各种形式和渠道参与决定、影响和帮助环境行政权力的依法有效行使，其中主要包括：公众自身环境行为和意识的提高，协助政府相关部门监督不法企业，督促相关管理部门积极充分地履行自己的职责[②]。可以说，公众参与就是各利益群体通过一定的社会机制，使公众能够真正参与到政策制定的整个过程，注重对参与者进行赋权，以最大限度地实现资源公平、有效管理和合理配置。与政府和企业主体相比，公众是社会发展的基石，渗透到社会生活的方方面面。首先，政府希望得到公众的认同、拥护和支持，希望公众

---

① 李永峰，陈红，徐春霞．环境管理学 [M]．北京：中国林业出版社，2012：15.
② 黄恒学．环境管理学 [M]．北京：中国经济出版社，2012：85.

能够在政府的法律法规和政策框架内安排自己的行为。其次，公众是企业的员工和产品的最终消费者，企业也希望自己所提供的产品和服务能被消费者（即公众）所接受和喜爱，从而获得经济利益。最后，公众的社会活动、个人追求、风俗习惯等所反映出的社会文化，在很大程度上对于社会发展起着重要作用。

（四）作为环境管理主体的非政府组织

非政府组织（NGOs）是一种新兴的组织形式和社会共同体，具有组织性、非营利性、自治性和自愿性等特征。作为环境管理的主要参与角色之一，环境非政府组织在解决环境问题方面发挥着越来越重要的作用。那些活跃在地方、国家、区域和国际范围内的各种各样的环境 NGOs 致力于环境保护、消除贫困、可持续发展等问题，它们是能够采取集体行动的民间组织或组织网络，是承上启下、沟通社会各界的中介纽带，是从事协调与合作的有效的组织工具[①]。虽然政府作为环境管理的主体凭借执行力强和社会认可度高等优势，能够产生良好的环境效益。但环境管理并不能仅依靠政府这一单一的主体。环境非政府组织作为一种新生的社会力量，在一些政府可能力不从心或不愿涉足的环境领域，往往可以凭借自身的灵活性和独特作用，获得发言权和参与决策权，迅速成为生态环境保护领域不可或缺的主体。正如《我们共同的未来》（*Our Common Future*）中所言，非政府组织在规划和项目的贯彻方面，往往能有效地代替政府机构，它们有时能同有关人群直接联系，而这是政府机构不能办到的[②]。此外，环境非政府组织在政府公共政策对环境的影响方面也起到了重要的监督作用。在我国，政府既是生态环境的管理者，也是监督者，政府行为是否执行到位、是否合理合法，其环境主张能否顺利贯彻实施都需要环境非政府组织代表公众进行监督。事实证明，环境 NGOs 凭借自身的独特优势在环境管理中发挥越来越重要的影响，已经成为环境管理的重要行为体。

二、环境管理的对象

任何管理活动都是针对一定的管理对象而展开的。研究环境管理的对象，也就是研究"管理什么"的问题。由于环境管理是人类社会作用于环境的行为，因而环境管理的对象就是政府行为、企业行为和公众行为。

---

① 黄恒学. 环境管理学 [M]. 北京：中国经济出版社，2012：84.
② 世界环境与发展委员会. 我们共同的未来 [M]. 王之佳，柯金良，等译. 长春：吉林人民出版社，1997：429.

（一）作为环境管理对象的政府行为

政府行为就是指中央和地方各级行政部门及其所属机关（包括一些依法享有公共管理职能的组织）在组织、管理国家和社会事务，管理经济和文化事业的过程中，以其公法人名义实施的各种活动的总称[①]。作为环境管理的对象，政府行为是人类社会最重要的行为之一。一方面，政府作为投资者既可以为社会提供公共产品和服务，如控制军队和警察等国家机器，以及提供铁路、教育和文化等公共服务，也可以提供一般产品和服务，如掌握国有资产和自然资源的所有权和经营权等。另一方面，政府要运用法律和行政手段对国民经济进行宏观调控，对市场进行干预。无论是提供公共产品和服务，还是对国民经济进行调控，政府行为都会对生态环境产生重要影响。需要注意的是，政府的宏观调控对生态环境所产生的影响牵涉面广而又影响深远，且宏观调控与其环境影响之间的关系也并不易被察觉和重视[②]。

政府作为社会行为的重要主体，其行为对环境的影响是深远而又复杂的。因而，要解决政府行为所引发的环境问题，需要着重考虑以下几个方面：第一，决策科学化。政府要提高科学决策水平，建立科学的决策方法和程序，处理好经济发展与环境保护之间的关系，尽量减少和防止政府行为引发的环境问题。第二，决策民主化。社会公众、非政府组织等主体能否通过各种渠道参与政府决策过程，并对政府实行有效监督，是最根本和最重要的方面。第三，施政法治化。要特别遵守相关环保法律法规的要求，这是解决环境问题的必由之路。

（二）作为环境管理对象的企业行为

企业行为是环境管理的重要对象。一般而言，企业是通过向社会提供产品和服务来获得利润，那么在生产经营活动中，就必然要向自然界索取资源，投入生产活动中，并排放出一定数量的污染物[③]。可以说，企业的生产经营行为对环境会产生重要影响，尤其是工业企业的生产经营活动，会对生态环境系统的结构、状态和功能产生严重的负面影响，如果不进行有效管理就会造成严重的环境污染和生态破坏。要解决企业行为所引发的环境问题，需要着重考虑以下几个方面：第一，从企业自身角度来看，应在生产经营活动中加强环境保护工作，推动使用清洁能源、清洁生产和清洁技术，提供绿色产品和服务。同时还可以通过企业文化的建设，使企业主动承担社会责任，从

---

① 黄恒学. 环境管理学 [M]. 北京：中国经济出版社，2012：94.
② 沈洪艳，任洪强. 环境管理学 [M]. 北京：中国环境科学出版社，2005：23.
③ 许宁，胡伟光. 环境管理 [M]. 北京：化学工业出版社，2003：7.

生产单元内部减少或消除造成环境压力的因素[①]。第二，从政府对企业行为调控来看，一是政府应当加强对企业环保工作的监督，依法规范企业的生产经营行为，使企业活动置于法律监督之下，营造有利于环境友好的企业行为；二是政府应当制定更为严格的环保标准，实施有利于提高企业环保积极性的政策，创造环境保护的有利环境；三是采取积极的奖惩措施，奖励企业环境保护的行为，多方面调动企业环境保护的积极性。第三，从公众对企业行为调控来看，一是公众作为消费者应当积极购买绿色产品和服务；二是公众应当发挥自己的权利，对企业破坏生态环境的生产经营行为进行监督；三是公众作为政府或企业的一员，应当通过自身行为来促进企业的环境保护工作。

（三）作为环境管理对象的公众行为

公众行为与政府行为、企业行为是相并列的重要行为。公众行为主要是通过消费活动，即个体为了满足生存和发展的需要，通过自身劳动或者购买获得所需的物品和服务。人在消费过程中，一方面满足了自身的物质和精神需求，另一方面产生了大量的垃圾，这些垃圾作为污染物以不同的形态和方式进入了环境[②]，从而对环境产生各种负面影响。由于公众行为直接影响生态环境，因此，公众行为也是环境管理的重要对象之一。要解决公众行为所引发的环境问题，需要着重考虑以下几个方面：第一，从公众自身行为来看，应该提高环境保护意识，养成保护环境的日常习惯，从生活的点滴做起，以减轻个人消费行为对环境造成的不良影响。第二，从政府对公众行为调控来看，政府应当通过多种途径增强对公众环保意识的教育和培养；通过运用经济、法律等手段对公众的生活和消费行为进行规范和约束，使之达到环境保护的目的；规范和引导非政府公众组织的环保工作。第三，从企业对公众行为调控来看，企业应当向公众提供绿色产品和服务，引导公众的消费潮流，尽可能满足公众对绿色产品和服务的需求，减少有毒、有害材料的使用量；企业还应该对其员工破坏生态环境的不当行为进行约束和控制。总之，在市场经济条件下，可以运用经济手段的激励作用和法律手段的强制作用，规范消费者的行为，引导人们的消费取向，促进社会向着可持续消费的方向发展[③]。

三、环境管理的内容

环境管理的内容涉及大气、水土等诸多环境要素，其领域也跨越经济、社会、政

---

① 韩奇，屈紫懿，谢伟雪. 环境管理 [M]. 长春：吉林大学出版社，2018：15.

② 周强. 环境管理学 [M]. 长春：吉林人民出版社，2002：6.

③ 沈洪艳，任洪强. 环境管理学 [M]. 北京：中国环境科学出版社，2005：22.

治等各个方面，且牵涉到国家各个部门，因而环境管理具有高度综合性和极其复杂性的特征。环境管理的内容可以从环境管理领域、环境管理范围、环境管理性质、环境物质流、环境管理尺度和主体等角度来划分，这有助于加深对环境管理的认识和理解，把握不同领域和不同层次的环境管理的关系。

（一）按环境管理领域划分

环境管理领域可以简单地理解为环境管理行动要落实到的地方。从环境管理领域来划分，可以分为要素环境管理和产业环境管理。

1. 要素环境管理

环境管理行动落实在水、大气、土壤、声、辐射、生态等自然环境要素上，即为要素环境管理。其管理内容为环境要素的环境质量，以及水体、土壤、大气、噪声、辐射等污染物排放的管理[①]。

2. 产业环境管理

环境管理行动落实到人类社会的制造业、服务业等产业活动中，即为产业环境管理。产业活动是人类社会通过生产劳动将开采出来的自然资源进行提炼、加工和处理，生产出人类所需要的物质资源，这是人类经济社会发展的重要方面。其管理内容是这些产业活动中向环境排放污染物的不当行为，如工业企业违规排放废物、农田化肥农药污染、噪声污染等，这都是造成生态破坏和环境污染的重要原因。因此，产业环境管理的目的就在于创造一个资源节约和环境友好型的生产过程，可以从微观和宏观两个方面来入手。微观层面，企业要从自身出发做好环境保护和治理工作；宏观层面，政府要通过经济、法律等调控手段来达到治理环境污染和破坏的目标。

（二）按环境管理范围划分

按环境管理的范围划分，可分为资源（生态）环境管理（指资源保护和资源的最佳利用，如土地资源管理、水资源管理、生物资源管理、能源环境管理等）、区域环境管理（指某一地区的环境管理，如城市环境管理、流域环境管理、海域环境管理等）、部门（专业）环境管理（指生产系统的环境管理，如工业环境管理、农业环境管理等）[②]。

1. 资源（生态）环境管理

资源（生态）环境管理主要是人类对自然资源的开发、利用和保护行为的管理，

---

① 叶文虎，张勇. 环境管理学 [M]. 3 版. 北京：高等教育出版社，2013：30.
② 黄恒学. 环境管理学 [M]. 北京：中国经济出版社，2012：118.

包括可再生资源的恢复和再利用、不可再生资源的节约利用以及替代资源的开发等内容。资源（生态）环境管理的目的就是在经济发展过程中，合理开发和利用自然资源，杜绝不合理利用和浪费从而优化选择。对于可再生资源来说，目前的问题就是人类的开发利用速度要远超补给速度，以至于可再生资源不断萎缩和枯竭。而对于不可再生资源而言，人类的开发利用速度呈指数规律增长，以至于不可再生资源将会在可预见的时期内被消耗殆尽。资源环境管理当前遭遇的是资源的不合理利用和浪费等危机，资源的不合理利用在于没有谨慎地选择资源使用的方法，而浪费是资源不合理利用的一种特殊形式。前者会产生资源的掠夺，后者会导致资源的枯竭。尤其是对于动植物灭绝等不可再生资源来说更为明显。如何以较低的环境成本确保自然资源的可持续利用，已经成为现代环境管理的重要内容，主要包括水资源的开发和利用、土地资源的可持续利用、森林资源的保护和管理等。为此，要合理开发、利用和保护自然资源，并尽量采取对环境损害最小的发展技术，同时根据经济社会和自然资源使用的具体情况，建立一个新的低消耗、高收益的社会－经济－生态系统，这是资源环境管理的重要任务。

2. 区域环境管理

区域是一个相对的地域概念。区域环境与我们日常生活息息相关，城市的大气污染、噪声，农村的生活垃圾等，是人们了解和认识环境问题的起点。因此，区域环境管理就成了环境管理研究的重要起点。区域环境管理是以行政区划为特征，以特定区域为管理对象，以解决该区域内环境管理为内容的一种环境管理[①]。广义的区域环境管理还包括以国家边界为地域范围的国家环境管理和以地球表层为空间范围的全球环境管理[②]。根据行政区划的范围大小，可分为国土环境管理、省区环境管理、城市环境管理、县域环境管理、乡镇环境管理，还有经济开发区环境管理、自然保护区环境管理，以及流域环境管理，等等。其管理内容是区域范围内人类活动作用于环境的行为，如流域水污染控制、开发区环境规划等。区域环境管理主要是协调区域经济发展与生态环境保护的统一，进行环境影响预测，制定区域环境规划，涉及宏观环境战略及协调因子分析，研究制定环境政策和保证实现环境规划的措施与手段，同时进行区域环境质量管理与环境技术管理，按阶段实现环境目标[③]。长远目标是在理论研究的基础上，

---

① 周强 . 环境管理学 [M]. 长春：吉林人民出版社，2002：9.

② 叶文虎，张勇 . 环境管理学 [M].3 版 . 北京：高等教育出版社，2013：31.

③ 宫学栋 . 环境管理学 [M]. 北京：中国环境科学出版社，2001：5.

建立优于原生态系统的、新的人工生态系统[①]。人类社会活动都必然落到区域上，而自然环境本身也具有非常明显的区域特征，因此，因地制宜地加强区域环境管理是管理的基本原则。

3. 部门（专业）环境管理

部门（专业）环境管理是以具体的单位和部门为管理对象，以解决该单位或部门内的环境问题为内容的一种环境管理[②]。部门（专业）环境管理主要包括能源环境管理，工业环境管理（如石油、化工等），农业环境管理（如农、牧等），交通运输环境管理（如高速公路、城市交通），商业、医疗、建筑等国民经济各部门，以及各行各业的环境管理。环境问题与行业性质及污染因子有关，存在着明显的专业性特征，且不同的经济领域会产生不同的环境问题，不同的环境要素也往往涉及不同的专业领域[③]。有针对性地加强部门（专业）环境管理，是现代环境管理科学化的重要体现。如何根据行业性质和环境污染的特点，调整产业结构布局，开展清洁生产和绿色产品，推广环保技术，提高污染防治和生态恢复的技术水平，加强和改善专业管理，是部门（专业）环境管理的重要内容。根据所处行业来划分，部门（专业）环境管理可以分为工业、农业、交通运输业、商业、建筑业等国民经济各部门的环境管理。根据环境管理要素来划分，部门（专业）环境管理可以分为水、大气、噪声、固体废弃物，以及造林绿化、防沙治沙、草地湿地等方面的环境管理。

（三）按环境管理性质划分

按环境管理的性质来划分，主要分为以下三个方面：环境计划（规划）管理（包括企业、城市污染防治计划，流域污染控制规划等）、环境质量管理（各种环境质量标准、污染物排放标准、预测环境质量变化趋势等）、环境技术管理（污染防治技术路线、环境保护技术咨询、科技交流合作等）。

1. 环境计划（规划）管理

环境计划（规划）管理是指依据计划与规划而开展的环境管理。计划（规划）是组织为实现一定的目标而科学地预计和判定未来的行动方案，主要包括确立目标和为达到这些目标的实施方案，这是促进和保证管理人员在管理活动中能够进行有效管理的前提和基础，也是管理的首要职能。环境计划（规划）管理的主要内容包括研究制定环境计划或规划，用环境计划与规划指导环境保护工作，对环境计划与规划的实施

---

① 张明顺. 环境管理 [M]. 武汉：武汉理工大学出版社，2003：4.

② 许宁，胡伟光. 环境管理 [M]. 北京：化学工业出版社，2003：2.

③ 于秀娟. 环境管理 [M]. 哈尔滨：哈尔滨工业大学出版社，2002：12.

情况进行检查和监督，并根据实际情况调整各部门、各行业、各区域的环境计划与规划，使之成为经济社会发展规划的重要组成部分。改革开放以来，我国环境规划走过了从无到有、从简单到完善的过程，虽然每个阶段环境计划（规划）管理的重点不同，但都对指导环境保护工作发挥了纲举目张的作用，推动了生态环境保护工作的开展。我国是发展中的社会主义国家，计划经济与市场经济相结合，强化环境管理需要从环境计划与规划管理入手，通过全面协调经济发展与生态环境之间的关系，加强对生态环境保护的计划指导，是环境管理的重要内容[①]。在美丽中国建设目标下，环境计划（规划）管理担负光荣使命，继续以系统谋划生态环境保护顶层战略为目标，统筹规划研究、编制、实施、评估、考核、督查的全链条管理，建立国家—省—市县三级规划管理制度体系，加强环境规划方法的科学性、创新性，注重综合性和空间性，完善环境规划制度，在美丽中国建设的伟大征程中，发挥更加重要的基础性、统领性作用[②]。

2. 环境质量管理

环境质量管理是为了保持人类生存与健康所必需的环境质量而进行的各项管理工作，是环境管理的核心内容，主要包括环境调查、监测、研究、信息交流、检查和评价等内容[③]。一般来说，环境质量管理以环境标准为依据，以改善环境质量为目标，以环境质量评价和环境监测为内容，可以看作是一种标准化的管理。为落实环境计划与规划，保护和改善环境质量而进行的各项活动都属于环境质量管理的重要内容。环境质量管理的内容主要包括，制定和实施环境质量标准、各类污染物排放标准；构建环境质量评价指标体系和评价标准；建立环境质量监控系统，并调控至最佳运行状态；根据环境状况和环境变化信息，评价环境质量状况、定期发布环境状况公报、制定防治环境质量恶化的对策措施等。环境质量管理需要组织必要的人力和资源去执行既定的计划，并将计划完成情况与预定目标进行对比，采取措施纠正执行偏差，以有效确保计划目标的实现，这是环境管理的组织和控制职能的重要体现，也是环境管理的核心内容。环境管理决策需要有环境状况和环境变化情况的预测作为基础，已经采取的环境管理措施也要经过检查、评价不断地调整和改进。可以说，环境质量管理的一系列内容和程序在环境管理中显得尤为重要。

---

① 刘天齐. 环境管理 [M]. 北京：中国环境科学出版社，1990：3.

② 王金南，万军，王倩，等. 改革开放 40 年与中国生态环境规划发展 [J]. 中国环境管理，2018，10（6）：5-18.

③ 刘常海，张明顺. 环境管理 [M]. 北京：中国环境科学出版社，1994：4.

3. 环境技术管理

环境技术管理是一种通过制定环境技术政策、标准和程序，以调整产业结构、规范企业生产行为、促进企业技术革新为内容，以协调技术经济发展与环境保护关系为目的的环境管理。作为环境管理体系中极为重要的组成内容，环境技术管理主要包括制定防治环境污染的技术方针和政策，制定与环境相关的适宜的技术标准和规范，建立环境监测和信息管理系统，深化和普及环境教育，确定环境科学技术发展方向和组织环境科学技术协作和交流等①。环境技术管理具有明显的程序性、规范性、严谨性和可操作性。从实际上来看，环保部门经常进行的环境技术管理工作可以概括为以下几个方面：一是制定环境质量标准、污染物排放标准，以及其他环境技术标准。二是对污染防治技术进行综合评价，推广实用治理技术。三是对环境科学技术的发展进行预测和论证，明确技术发展的方向和重点，制定环境科技发展规划等。所有这些都是环境技术管理的重要内容，尤其是要把环境管理渗透到科学技术管理，各行各业的技术管理，以及企业的技术管理过程中去。总的来说，环境技术管理就是不断加强科学技术支撑能力建设，依靠科学技术的进步，实现规范、有效和科学的环境管理。

（四）按环境物质流划分

环境管理可以根据"环境—社会系统"中的物质流划分，分为自然资源环境管理、废弃物环境管理和企业环境管理等内容②。

1. 自然资源环境管理

自然资源是人类社会生存和发展的重要物质基础，也是人与自然资源物质流动的起点，分为可再生资源（如森林和草原）和不可再生资源（如矿产）两大类。自然资源的保护与管理，或者说自然资源开发和利用过程中的环境管理，也可以称之为环境管理的起点和首要环节。实质上，这是对自然资源开发和利用过程中的各种社会行为进行的管理。随着工业化、城镇化的快速发展，人类对自然资源的大规模开采和利用已经使得资源变得逐渐枯竭。如何以最低的环境成本实现自然资源的可持续利用，已经成为现代环境管理的重要内容。自然资源环境管理的主要内容包括，水资源的开发、利用和保护，土地资源的管理，森林资源和草地资源的保护，生物多样性资源的保护，以及资源和能源的合理开发的利用等。事实上，我们可以发现，工业企业和日常生活中产生的所有废

---

① 杨贤智，李景锟，廖延梅 . 环境管理学 [M]. 北京：高等教育出版社，1990：11.

② 叶文虎，张勇 . 环境管理学 [M].3 版 . 北京：高等教育出版社，2013：31.

弃物的最终来源都是自然资源，废弃物一方面浪费自然资源，另一方面又污染更多自然资源。因此，自然资源环境管理便成为环境管理清本溯源的必然要求。

2. 废弃物环境管理

废弃物，也可以称之为环境废弃物，是指人类从自然界中开采资源，并对其进行加工、处理、转化和消费等一系列活动后排放到自然环境中的有害物质或因子。废弃物环境管理的目的就在于通过运用各种环境管理的政策和技术方法，尽可能减少向自然环境中排放废弃物，或者说使废弃物的排放在自然环境的承载力范围之内，以进一步确保达到环境质量的标准。由于区域环境问题是废弃物排放后造成的环境污染，因此，按照物质流动的方向追溯，可以发现早就开展了废弃物环境管理的研究和工作。废弃物环境管理不仅要注重对废弃物自身的管理，还要从区域的角度出发，关注废弃物排放到自然环境之后所产生的环境影响，并根据环境污染情况和环境质量标准对废弃物的排放提出要求。

3. 企业环境管理

从物质流的方向再追根溯源，可以发现废弃物更多的是在企业的生产和消费过程中产生的，可以说要控制废弃物就必须要对企业的生产经营活动进行环境管理。简单来说，企业环境管理的内容包括政府部门对企业生产过程的监督和管理、企业对自身环境管理活动，以及公众和非政府环保组织对企业生产经营活动的监督等方面。企业的生产经营活动主要经过开采自然资源、提取原料、加工、处理、生产、运输和消费等多个环节，这是创造物质财富的过程。不合理、不恰当的企业生产活动是生态破坏和环境污染的重要原因。因此，企业环境管理的主要任务就是创建一个资源节约和环境友好的生产过程。

从环境管理尺度来划分，可以简单地分为宏观环境管理（包括地区环境管理、国家环境管理以及全球环境合作与资源管理）、中观环境管理（包括区域远景管理和流域环境管理）和微观环境管理（包括企业与单位环境管理如排污申报登记、排污许可证审批等）[①]。从环境管理主体来划分，又可以分为政府、企业和公众环境管理。上述按照环境管理领域、环境管理范围、环境管理性质等角度对环境管理进行的划分，只是为了便于研究问题。事实上，各类环境管理的内容是相互交叉和相互渗透的。

---

① 黄恒学. 环境管理学 [M]. 北京：中国经济出版社，2012：118.

第三节　环境管理学的形成与发展

环境管理学是一门综合性很强的新兴学科，是管理科学与环境科学交叉渗透的产物。研究环境管理学，是当今人类为实施可持续发展战略，对环境资源实施科学管理的需要。[①] 作为专门研究环境管理基本规律的一门科学，环境管理学的形成和发展是长期以来人类探索环境保护、解决环境问题的过程，是人们对于环境问题的认识过程，更是人类社会进行环境管理实践的结果。从这个角度来看，环境管理学的形成与发展大致经历了以下三个阶段。

一、环境科学发展的客观需要催生环境管理学的形成

环境管理学最早是环境科学的一个重要分支学科，主要借助于其他学科的理论和方法开展环境管理工作，是环境科学体系中其他学科的综合和集成[②]。环境科学是人类知识体系中最年轻和发展最快的一门科学，产生于20世纪50年代末期，开始于环境问题上升为全球性重大问题之后。20世纪50年代，生态环境质量恶化，公害事件频频发生，严重影响到人类的生命健康和发展，环境问题成为当时备受关注的话题。为解决环境污染问题，人类历史上第一次将人为活动造成的环境问题与自然灾害区分开，作为专门的领域进行研究，发表了诸多报告和著作，形成了具有代表性的学术观点和流派，对环境管理学的发展产生了重要影响。如环境保护的先驱人物蕾切尔·卡森出版了《寂静的春天》一书，引起了人们对环境问题的普遍关注，使人们开始认识到环境污染造成的损害是长期且严重的。当时的人们认为环境问题是可以通过科学技术的发展而得以解决的技术问题，因而这个阶段的环境管理学更偏向于自然科学和工程技术的交叉。环境科学正是人类关于环境与发展关系以及运动规律的科学，是在对传统发展观念进行深刻反思的基础上重新选择人类社会发展模式的必然产物，标志着人类环境时代的到来。回答和解决环境管理的对象、内容和作用等问题是环境科学的重要研究内容，也是环境科学发展中面临的重大课题之一。在这种情况下，环境管理学从环境科学中分离出来，成为一门独立的学科。

---

① 陈焕章. 实用环境管理学 [M]. 武汉：武汉大学出版社，1997：6.
② 沈洪艳，任洪强. 环境管理学 [M]. 北京：中国环境科学出版社，2005：16.

二、全球环境保护的实践探索促进环境管理学的发展

环境管理学是对全球环境保护实践的总结和提炼，是环境管理理论的升华和发展。在环境管理理论和思想的指引下，人们对环境管理的认识上升到一个新的高度，考虑到环境问题的严重性和环境管理的复杂性，联合国于 1972 年在瑞典的斯德哥尔摩主持召开了第一次人类环境会议，共同探讨了当代环境问题以及制定全球环境战略，呼吁各国政府和人民为保护和改善环境而共同努力。进入 20 世纪 90 年代之后，尽管人类对环境问题的认识和环境管理实践都有飞跃发展，西方一些发达国家的环境治理成效开始显著，但就全球而言，环境危机仍然较为严峻。针对人类面临的环境与发展问题，联合国成立了世界环境与发展委员会（WECD），并发布了《我们共同的未来》这一关乎人类未来的纲领性文件，论述了当今世界环境与发展方面的问题，进一步提出解决这些问题的行动方案和政策建议。随后，1992 年，联合国环境与发展大会在巴西里约热内卢召开，会议通过了《里约环境与发展宣言》（又称《地球宪章》）、《21 世纪议程》等重要文件和公约，确立了走"可持续发展"的道路，即在经济和社会的发展过程中合理利用资源、防治环境污染，走经济、社会和环境协调发展的道路[①]。随着环境管理实践的发展和环境问题的反思，人们逐渐领悟到环境问题是人类在传统自然观和发展观支配下的发展行为造成的结果，要想真正解决环境问题就必须改变旧有的发展观念，进行环境管理理论、体制机制和技术方法的创新研究，建立起指导客观实践的环境管理体系，环境管理学也因此得以进一步发展。

三、人类文明演进的时代使命推动环境管理学的成熟

发展到 21 世纪，人类面临着知识、技术和管理创新的挑战，如何总结环境管理实践经验，认识人们当前所面临的环境问题，辨识以往环境管理理论并建立指导当前实践的环境管理理论，成为推动环境管理学走向成熟的重要任务。从环境管理的角度来说，如何进一步保护生态环境，提高环境质量，使良好的生态环境成为经济发展的助力，是社会进步的重要目标，也是人类社会文明演进的重要内容。因此，环境问题成为人类文明不断演进的重要动力，面对严峻的环境危机，人类在逐步探索与自然和谐共处的道路，而环境管理作为人与自然沟通的管理手段，正在成为人类社会由工业文明向生态文明转变的重要工具。这一阶段目前还处于发展过程，这将是一个漫长而艰

---

① 李永峰，李巧燕，程国玲，等 . 基础环境科学 [M]. 哈尔滨：哈尔滨工业大学出版社，
2015：7.

难的变革，是时代的转折，也是人类文明发展史的又一次深刻改变。环境管理学的研究重点也从单纯的环境问题逐步转向环境与发展关系的研究上，从单纯追求经济增长目标转向经济、社会、环境的综合发展。在这种新的发展观念和思想理论的形成过程中，环境管理作为人与自然和谐相处的管理手段起着非常重要的作用，从而也推动着环境管理学逐渐走向成熟。

综上所述，环境管理学的产生是对以往环境管理实践的总结和提炼，是对环境管理理论的升华和发展，是人类对自然发展规律的必然认识。环境管理学已经逐渐发展成为一门完整的学科，这标志着环境管理科学理论体系的不断完善和成熟，这不仅是我国生态环境保护工作的客观需要，也是全球环境保护和治理工作实现突破的必然要求。

思考题

1. 简述环境问题的概念及其分类。
2. 环境问题的发展历程包括哪几个阶段？各阶段环境问题的特点是什么？
3. 环境问题产生的根源是什么？
4. 简述环境管理的主体和对象。
5. 环境管理的内容主要包括哪几个方面？
6. 环境管理学是如何产生和发展的？

案例分析

福建泉州"碳九"泄漏事件

2018年3月，C材料科技有限公司（简称C公司）与福建A石油化工实业有限公司（简称A公司）签订货品仓储租赁合同，租用A公司3005#、3006#储罐用于存储其向福建某石油化工有限公司购买的工业用裂解碳九（简称"碳九"）。同年，B船务有限公司与C公司签订船舶运输合同，委派"天桐1号"船舶到A公司码头装载碳九。

同年11月3日16时左右，"天桐1号"船舶靠泊在A公司2000吨级码头，准备接运A公司3005#储罐内的碳九。18时30分左右，工作人员开始进行裂解碳九装船准备工作，因码头吊机自2018年以来一直处于故障状态，操作员便违规操作，人工拖拽输油软管，将岸上输送碳九的管道终端阀门和船舶货油总阀门相连接，并用绳索固定软管。19时12分，工作人员打开码头输油阀门开始输送碳九。4日凌晨，随着潮位降低、船重增加，船体不断下沉，输油软管因两端被绳索固定致下拉长度受限而破裂，裂解碳九从管壁破裂处外泄，大约 69.1 吨碳九泄漏，造成 A 公司码头附近海域水体、空气等受到严重污染，周边 69 名居民身体不适接受治疗。A 公司负责人雷某某到达现场核实碳九泄漏量，在得知实际泄漏量约有 69.1 吨的情况后，要求船方隐瞒事故原因和泄漏量，并决定在对外通报及向相关部门书面报告中谎报事故发生的原因是法兰垫片老化、碳九泄漏量为 6.97 吨。这可以初步认定为一起安全生产责任事故引发的环境污染事件。

事故发生后，当地政府立即部署，由海洋部门牵头组织海上漏油的处置和受污染养殖业处理，保障海洋食品安全，由环保部门加强大气环境质量监测。经泉州市生态环境局委托，生态环境部华南环境科学研究所作出技术评估报告，认定该起事故泄漏的碳九是一种组分复杂的混合物，其中含量最高的双环戊二烯为低毒化学品，长期接触会刺激眼睛、皮肤、呼吸道及消化道系统，遇明火、高热或与氧化剂接触，有引起燃烧爆炸的危险。本次事故泄漏的碳九对海水水质的影响天数为 25 天，对海洋沉积物及潮间带泥滩的影响天数为 100 天，对海洋生物质量的影响天数为 51 天，对海洋生态影响的最大时间以潮间带残留污染物全部挥发计，约 100 天。

——资料引自：中华人民共和国最高人民检察院 [EB/OL].（2018-11-03）[2022-09-03]. https：//www.spp.gov.cn/jczdal/202101/t20210127_507779.shtml.

结合以上材料，请分析：

1. 根据福建泉州"碳九"泄漏事故，谈谈如何看待安全生产责任事故所引发的环境污染问题。

2. 政府作为突发环境事件的管理者，如何应对环境污染事件？

第二章　环境管理的基本理论

环境管理从实践领域发展成为一门独立的学科必然需要有坚实的理论基础作为支撑，环境管理的理论研究更是环境管理学的重要任务。作为一门综合性较强的学科，环境管理学涉及管理学、经济学和环境科学等多学科的理论。随着环境问题日益成为影响人类生存与发展的核心命题，环境管理研究也成为公共管理研究的重要领域。本章主要从公共管理学科的角度出发，立足于推动环境治理体系和治理能力现代化的目的，对可持续发展理论、生态现代化理论、公共治理理论以及公共政策理论进行重点阐述，以建构环境管理学的公共管理理论基础。

第一节　可持续发展理论

可持续发展理论与传统的发展理念有着本质的不同，它是人类对经济发展与生态环境之间关系进行深刻反思的产物，体现了人类对未来发展道路和发展目标的憧憬和向往。人们逐渐认识到过去的发展道路和发展方式是不可取的或不可持续的，唯一可供选择的是走可持续发展的道路。可持续发展理论的产生，必将使人类的生产方式、消费方式乃至思维方式都发生革命性的变化，这正是可持续发展理论在全世界不同经济水平和不同文化背景的国家能够得到共识和普遍认同的关键所在。可持续发展理论是人类在 20 世纪中，对自身前途、未来命运与所赖以生存的自然环境之间最深刻的一次警醒。

一、可持续发展理论的产生及发展

可持续发展理论的产生源于对环境问题的不断思考和反省，尤其是在震惊世界的"八大环境公害"事件爆发之后，人们逐渐意识到，环境问题不仅是一个社会问题，更是一个发展问题。以蕾切尔·卡森《寂静的春天》、罗马俱乐部《增长的极限》、1972 年联合国人类环境会议《人类环境宣言》、1983 年世界环境与发展委员会《我们共同的未来》等为代表的一系列学术著作、政府报告和国际条约，都是人们对环境问题深刻反思的结果，也是现代可持续发展理论得以形成和深化的重要基础。

（一）《寂静的春天》——人类对传统发展观的反思

20 世纪 50 年代末，美国海洋生物学家蕾切尔·卡森对美国使用化学药剂，尤其是杀虫剂造成危害情况的报告进行了四年的潜心研究，并于 1962 年发表了《寂静的春天》这一里程碑式的著作，详细地描述了滥用化肥、农药等对生态系统造成的严重危害。《寂静的春天》犹如旷野中的一声呐喊，它以深切的感受、全面的研究和雄辩的论点改变了历史的进程，可以被视为当代环境保护运动的起始点。这本书不仅将环境问题带到了工业界和政府的面前，而且唤起了民众的注意，它也赋予我们的民主体制本身以拯救地球的责任①。尽管这本书的问世遭到了相关利益者的猛烈抨击和巨大抵制，但书中有关环境保护的观点最终被人们所接受，人们逐渐认识到把经济、社会和环境割裂开来谋求发展的做法，只能给人类带来毁灭性的灾难。该书的出版轰动了欧美各国，在世界范围内较早地引发了人们对传统发展观念比较系统和深入的反思。

人类在发展观念上的转变，实质上是生产方式在意识形态上的深化。传统发展观念的核心思维是追求经济发展和物质财富的增长，并认为其所依赖的自然资源是无穷尽的，即使短期内供给小于需求，但在市场机制的调节作用下，自然资源的短缺也会得到补充。依照这种思维，物质财富的无限增长似乎被视为社会进步的唯一标准，自然资源的过度使用和消耗等将成为常态。资本主义国家就是在这种传统发展观念下建立起物质文明和社会繁荣的，尤其是第二次世界大战之后，物质财富的积累达到空前高度，但与此同时，滥用自然资源和随意排放废物等，也造成了严重的生态破坏和环境污染。这种传统认知导致了人类对自然资源的掠夺性开发和粗放型利用，片面追求经济增长和物质财富的行为也进一步加剧了环境破坏的程度，带来了一系列震惊世界的环境污染事件，这引发了人们对单纯追求经济增长的发展模式和发展思路的怀疑和反思。

（二）《增长的极限》与《人类环境宣言》——可持续发展思想的产生

1968 年，来自世界各国的知名学者齐聚罗马成立了一个非正式的国际协会——罗马俱乐部，目的是探讨和研究人类目前面临的诸如经济、社会、环境等共同难题，并于 1972 年发表了《增长的极限》这一重要的研究报告。报告基于当前和历史上的实际数据，对未来几十年的世界人口、经济增长、生活水平、资源消耗、环境等变量都作了"精确"的预测，为我们勾勒出了未来世界的发展趋势，并做出了"崩溃"的预

---

① [美] 蕾切尔·卡森. 寂静的春天 [M]. 吕瑞兰，李长生，译. 上海：上海译文出版社，2007：13-23.

言①。由于世界人口、经济增长、生活水平、资源消耗和环境污染等呈现出指数型增长，其结果必然是地球的承载能力达到极限，经济增长达到不可控的衰退，世界将会面临一场"灾难性的崩溃"。因而，避免因超越地球极限而导致世界崩溃的最好方法是限制增长，即"零增长"。事实上，该报告提出要放缓经济增长的步伐以缓解向地球极限逼近的速度，但这种主张更多的是针对那种增长高于一切、能解决一切问题的观点。《增长的极限》第一次提出了地球的极限和人类社会发展的极限的观点，对人类社会不断追求经济增长和物质财富的发展模式提出了质疑和警告，在世界上产生了极大反响，引起了世界各国对全球问题及其未来发展趋势的关注，这也正是可持续发展思想产生和萌芽的重要土壤。

1972 年，联合国人类环境会议在瑞典的斯德哥尔摩召开，大会宣布通过了《人类环境宣言》（以下简称《宣言》），提出了"只有一个地球"的口号，呼吁世界各国政府和人民保护生态环境，为造福全体人民乃至子孙后代而共同努力。《宣言》提出了 7 个共同观点和 26 项共同原则，来激励和指导世界人民保护和改善人类环境。《宣言》明确宣布："按照联合国宪章和国际法原则，各国具有按照其环境政策开发资源的主权权利，同时亦负有责任，确保在他管辖或控制范围内的活动，不致对其他国家的环境或其本国管辖范围以外地区的环境引起损害。"② 也就是说，世界各国在开展行动时，必须更加审慎地考虑到对环境产生的影响。1974 年，联合国环境规划署（UNEP）和联合国贸易与发展会议（UNCTAD）在墨西哥联合召开了资源利用、环境与发展战略方针专题讨论会，会议进一步讨论了《宣言》所提出的共同观点和共同原则。尽管第一次联合国人类环境会议及其随后召开的墨西哥会议对环境问题的认识还比较浅显，对环境问题的解决途径也尚未明确，但却唤起了世界各国政府和人民对环境问题的关注，吹响了人类共同向环境问题进军的号角。此后，经济社会发展、自然资源和环境保护相协调的可持续发展思想逐渐萌生。

（三）《我们共同的未来》——可持续发展理论的形成

20 世纪 80 年代之后，国际社会关注的焦点已经逐渐转移到如何使经济增长和生态环境取得协调，进而实现经济社会的可持续发展。1983 年，联合国成立了以挪威首相布伦特兰夫人领导的世界环境与发展委员会，集中环境、发展等方面的专家学者，历

---

① [美] 德内拉·梅多斯，乔根·兰德斯，丹尼斯·梅多斯 . 增长的极限 [M]. 李涛，王智勇，译 . 北京：商务印书馆，1984：27.

② 阮逸，叶胜忠，杨雪芹，等 . 绿色觉醒与林业绿化简明知识 [M]. 北京：科学普及出版社，2013：10.

时 3 年多的时间到世界各地进行实地考察和深入研究，于 1987 年向联合国提交《我们共同的未来》这一研究报告，正式提出了"可持续发展"的理念。报告深刻指出，过去人类关心的是经济发展对生态环境造成的重要影响，现在我们正迫切地感受到生态环境给经济发展带来的巨大压力。因此，我们需要有一条崭新的发展道路，即一直到遥远未来都能支撑人类进步和发展的道路，这实际上就是蕾切尔·卡森在《寂静的春天》里所描绘的"另一条道路"。布伦特兰夫人鲜明、创新的观点，把人们从单纯考虑环境保护引导到环境与发展相协调的道路，实现了可持续发展理论的重要飞跃。这份研究报告成了指导世界各国环境保护和实现可持续发展的思想理论基础。

在可持续发展理论形成的过程中，最具有标志性意义的是 1992 年在巴西的里约热内卢举行的联合国环境与发展大会。会议通过了《里约环境与发展宣言》《21 世纪议程》《气候变化框架公约》《生物多样性公约》等重要文件和公约，第一次把可持续发展由理论和概念推向行动。联合国环境与发展大会的一系列重要文献、国际公约的基本指导思想，无不包含着《我们共同的未来》的精辟论述，而其核心思想就是"可持续发展"。这次会议不但提高了人们对于环境问题认识的广度和深度，而且把环境问题与经济、社会发展结合起来，树立了环境与发展相互协调的观点，找到在发展中解决环境问题的正确道路，即被普遍接受的"可持续发展战略"，使可持续发展走出了仅仅在理论上探索的阶段，从而使全球性的发展观念有了一个根本性的变化与转折[①]。以这次会议为标志，人类对环境与发展关系的认识提升到一个崭新阶段，这也是可持续发展理论走向实践的一个重要里程碑。

二、可持续发展的基本内涵

随着可持续发展理论的不断形成和完善，其内涵和特征也引起了世界范围的广泛关注和深入探讨。作为多学科和多领域相结合的产物，不同学科从各自角度出发对可持续发展的概念进行界定，由于研究者的侧重点不同，目前尚未形成统一的定义，但其基本含义和思想内涵却是一致的。可以说，任何概念的引入都是一个不断进化的过程，随着参与者和环境的不同，也将被进一步修改与重铸。

（一）布伦特兰夫人的可持续发展定义

《我们共同的未来》中将可持续发展定义为：既满足当代人的需求，又不损害后代人满足其自身需求的能力[②]。这一概念在 1989 年联合国环境规划署（UNEP）第 15 届理

---

① 世界环境与发展委员会. 我们共同的未来 [M]. 长沙：湖南教育出版社，2009：11.
② 张晓玲. 可持续发展理论：概念演变、维度与展望 [J]. 中国科学院院刊，2018，33（1）：10-19.

事会通过的《关于可持续发展的声明》中得到接受和认同，即可持续发展指既满足当前需要，而又不削弱子孙后代满足其需要之能力的发展①。报告中不仅对可持续发展的概念进行了界定，而且还围绕可持续发展展开了系统阐述，指出可持续发展不仅涉及国内合作，也关注国与国之间的合作；不仅意味着国家内部的公平，也体现出国际之间的公平。可持续发展的具体内涵主要包括两个方面：一是发展的主体是人类；二是发展的主要目标是"人类需求和欲望的满足"，这里的人类指的不是一国的国民，而是全体人民，即发展的主体包括了全体人民，特别是那些贫困人民的基本需要，应该被放在特别优先的地位来考虑。"发展"要求社会从两个方面满足人民需要：一是提高生产潜力；二是确保每人都有平等的机会。②因此，这个定义鲜明地表达了两个基本观点：一是人类要不断向前发展，满足自身发展需求；二是发展是有限度的，不以损害后代人的发展为代价。

（二）几种代表性的可持续发展定义

1. 从自然属性定义可持续发展

可持续发展的概念最早源于生态学，即所谓的生态持续性（Ecological Sustainability），主要指的是自然资源及其开发利用程度之间的平衡。生态学家更侧重于可持续发展的自然属性。1991 年，国际生态学联合会（NTECOL）和国际生物科学联合会（IUBS）联合举行的关于"可持续发展问题"专题研讨会上，将可持续发展定义为"保护和加强环境系统的生产和更新能力"，即可持续发展是不超越环境系统更新能力的发展③。可持续发展的自然属性既指生物物种和生态系统都能得到可持续利用，也指地球环境有限的承载能力对人口规模的限制，要求人类经济活动对环境的干扰要能够在环境的容纳和承载范围之内，即环境的可持续性。总之，可持续发展的自然属性强调了自然资源及其开发利用程度间的平衡，是不超越生态环境系统更新能力的发展，支撑人类生命所必需的生态环境条件要持续地保留和存在④。

2. 从社会属性定义可持续发展

社会学家更侧重于可持续发展的社会属性，把可持续发展定义为"在生存不超出

① 李永峰，李巧燕，程国玲，等 . 基础环境科学 [M]. 哈尔滨：哈尔滨工业大学出版社，2015：118.

② 倪家明，罗秀，肖秀婵 . 工程伦理 [M]. 杭州：浙江大学出版社，2020：101.

③ 赵蔚，赵民，汪军，等 . 城市重点地区空间发展的规划实施评估 [M]. 南京：东南大学出版社，2013：36.

④ 胡小静 . 城市规划及可持续发展的原理与方法研究 [M]. 成都：电子科技大学出版社，2017：99.

维持生态系统涵容能力之情况下，改善人类的生活品质"①。1991 年，国际自然资源保护同盟、联合国环境规划署和世界野生动物基金会联合发表的《保护地球——可持续生存战略》（*Caring for the Earth : A Strategy for Sustainable Living*）中将可持续发展定义为，在不超出支持它的生态系统的承载力的情况下，改善人类的生存质量②，并提出了可持续发展的九条原则。报告着重论述了可持续发展的真正目的是改善人类生活质量，并进一步指出可持续发展是一种进程，它可以使人类发挥自己的潜力，建立起自信心，过一种体面而美满的生活③。从社会属性的角度来看，可持续发展的最终目标是人类社会的进步和发展，即提高人类的生活品质和质量，创建美好的生活环境和发展环境。总之，可持续发展的社会属性更加强调社会价值、传统、制度和文化等各种社会要素的持续存在和发展。

3. 从经济属性定义可持续发展

可持续发展的经济属性更加强调经济发展，这个发展并非传统意义上的大量消耗资源能源，以牺牲环境换取经济发展的模式，而是在保证自然资源质量和所提供服务的前提下，使经济发展的效益达到最大化的发展。英国学者皮尔斯（Pearce D. W.）和沃福德（Warford J. J.）在《世界无末日：经济学、环境与可持续发展》一书中指出，可持续发展的经济含义是：当发展能够保证当代人的福利增加时，也不会使后代人的福利减少④。而经济学家科斯坦萨（Costanza）等人对可持续发展所下的定义是："可持续发展是动态的人类经济系统与更大程度上动态的，但正常条件下变动更缓慢的生态系统之间的一种关系，这种关系意味着人类活动的影响保持在某种限度内，以免破坏生态学上的生存支持系统多样性、复杂性和功能。"⑤实际上，可持续发展的经济属性就是在保持人与自然环境协调的基础上，使经济发展成本最小化，以最终实现经济发展的可持续性。这些定义从不同的角度揭示了可持续发展的经济属性和经济特征。

4. 从科技属性定义可持续发展

可持续发展的科学技术属性，主要是从科学技术的角度对可持续发展进行定义。

---

① 赵蔚，赵民，汪军，等. 城市重点地区空间发展的规划实施评估 [M]. 南京：东南大学出版社，2013：36.

② 胡筱敏，王凯荣. 环境学概论 [M]. 2 版. 武汉：华中科技大学出版社，2020：17.

③ 世界自然保护同盟，联合国环境规划署. 保护地球——可持续生存战略 [M]. 北京：中国环境科学出版社，1992：2.

④ [英] 戴维·皮尔斯，杰瑞米·沃福德. 世界无末日：经济学、环境与可持续发展 [M]. 张世秋，等译. 北京：中国财政经济出版社，1996：59.

⑤ 中国地质矿产经济学会. 资源·环境·循环经济：中国地质矿产经济学会 2005 年学术年会论文集 [M]. 北京：中国大地出版社，2005：324.

没有科学技术的发展和支持，人类的可持续发展就无从谈起。因此，有学者从科学技术的角度出发扩展了可持续发展的定义。詹姆斯·古斯塔夫·史贝斯（James Gustave Spath）认为："可持续发展就是转向更清洁、更有效的技术——尽可能接近零排放或密闭式工艺方法——尽可能减少能源和其他自然资源的消耗。"[①] 他们认为污染不是工业活动不可避免的结果，而是技术差、效益低的表现，因而可持续发展就是建立极少产生废料和污染物的工艺或技术系统[②]。这些学者主张要加强发达国家和发展中国家之间的技术合作和交流，缩短技术差距，以提高发展中国家的经济发展水平和自然资源的利用效率。从本质上来看，可持续发展的科学技术属性就是以技术来提高资源、能源的利用效率，尽可能地减少对资源的消耗和对环境的污染，从而实现可持续发展[③]。这种观点就是要建立先进的生产体系，提高科学技术的发展水平，以尽可能减少能源和自然资源的消耗。

三、可持续发展的主要原则

可持续发展理论的形成是一个漫长而复杂的过程，也是人们认识不断深化的过程。自 1992 年，里约热内卢联合国环境与发展大会之后，可持续发展理论逐渐被世界各国政府和人民所接受。

就可持续发展的基本理念与原则而言，大多认同布伦特兰夫人在《我们共同的未来》报告中所提及的"健康的发展应当建立在生态能力持续、社会公正和人民积极参与自身发展决策的基础之上"的基本观点，以及在此基础上所强调的可持续发展的基本原则。因此，可持续发展理论主要有以下几点原则。

（一）公平性原则

公平性原则是指机会选择或机会使用上的公平性和平等性。可持续发展的公平性原则主要包括代际公平和代内公平两个方面。一是代际公平，即纵向公平，指的是当代人与后代人之间纵向的公平和平等。由于人类赖以生存的自然资源是有限的，当代人不能因为自己的发展和需求而损害后人公平使用自然资源与环境的权利。换句话讲，未来各代人应当与当代人有同样享受资源与环境的需求和权利。二是代内公平，即横

---

① 科学发展观丛书编委会. 资源节约与环境友好型社会建设 [M]. 北京：党建读物出版社，2012：30.

② 诸大建. 生态文明与绿色发展 [M]. 上海：上海人民出版社，2008：43.

③ 胡小静. 城市规划及可持续发展的原理与方法研究 [M]. 成都：电子科技大学出版社，2017：100.

向公平，指的是代内的所有人，不论其国籍、种族、性别、经济发展水平和文化等方面的差异，对于自然资源和良好环境享有平等的权利^①。同一时代不同国家和地区的人民对自然资源的使用和分配应尽可能达到公平，尽可能满足全体人民的基本生活需求和追求美好生活的愿望。代内公平是代际公平的基本和保障，如果当代人之间的资源分配公平和经济发展权利等方面的公平都无法满足，那么就会加大同代人之间的贫富差距，进而破坏人与自然环境的和谐共处，更遑论对后代资源和利益的保护。

（二）可持续性原则

可持续性原则是指人类的经济建设和社会发展不能超越自然资源与生态环境的承载能力^②。自然资源和生态环境是人类赖以生存和发展的基础和条件，因而自然资源的持续利用和生态系统的可持续性是人类社会可持续发展的重要保障。布伦特兰夫人在《我们共同的未来》报告中论述可持续发展"需求"内涵的同时，还论述了可持续发展的"限制"因素，因为没有限制就不可能持续^③。报告中指出，人类对自然资源的损耗应该考虑其临界性，经济发展和技术开发会加速资源的负荷能力，但负荷是有限度的，一旦超出，那么整个生态系统将会崩溃。这就要求人们必须充分考虑自然资源和生态系统的承载能力，在其承载能力范围内合理开发和利用自然资源，使可再生资源能够保持再生产能力，非再生资源能够得到替代能源的补充，生态系统的自净能力能够得以维持。换言之，人类社会在发展过程中，要根据可持续性原则合理地调整自己的生产和生活方式，处理好经济发展和保护生态环境之间的关系，而不是盲目且过度地消耗自然资源，损害生态环境。

（三）共同性原则

《21世纪议程》第三章序言中指出：没有任何一个国家能单独实现这个目标，为圆满实施议程，首要的是各国政府要负起责任，并对本议程目标的实现作出贡献，这就是可持续发展的共同性原则^④。共同性原则并不等于对于要解决的全球性环境问题，各国要负同样责任。一些发达国家强调在全球性环境问题上负有"共同的责任"，而发展中国家则强调"共同但有区别的责任"。尽管各国经济发展水平、历史文化传统和自然

---

① 胡德胜. 环境与资源保护法学 [M]. 2 版. 西安：西安交通大学出版社，2017：105.

② 胡筱敏，王凯荣. 环境学概论 [M]. 2 版. 武汉：华中科技大学出版社，2020：23.

③ 王军. 可持续发展——一个一般理论及其对中国经济的应用分析 [M]. 北京：中国发展出版社，1997：40.

④ 牛建波，剧晓哲，靳永慧. 经济全球化与可持续发展 [M]. 保定：河北大学出版社，2003：186.

资源条件不尽相同，可持续发展的具体目标、政策措施和实施步骤也各有差异，但是可持续发展作为全球发展的总目标却是需要各国共同遵循的，要求各国为实现这一总目标采取共同的联合行动和建立共同的责任。正如《我们共同的未来》中写的，"今天我们最紧迫的任务也许是要说服各国，认识回到多边主义的必要性，进一步发展共同的认识和共同的责任感，是这个分裂的世界十分需要的"[①]。这也就是说，实现可持续发展需要人类共同促进人与人之间、人与自然之间的协调，这是人类共同的道义和责任。

四、可持续发展的核心理论

可持续发展理论是对传统发展理论的突破，从单纯追求经济增长转向经济、社会和环境的综合发展；从以物为本转向以人为本的发展；从注重眼前和局部利益转向注重长远和整体利益的发展；从资源推动型转向知识推动型的发展。可持续发展理论在长期的形成和发展过程中不断得到完善，目前已具雏形的核心理论主要包括以下几种。

（一）资源永续利用理论

资源永续利用理论的认识论基础在于：人类社会能否实现可持续发展取决于其赖以生存的自然资源能否被永续利用。可持续发展的目标是人与自然关系的协调和社会经济的可持续发展，而经济社会发展所依赖的重要物质基础就是资源，特别是自然资源的可持续利用，因而自然资源的持续利用是实现经济社会可持续发展的重要物质保证[②]。我国对资源永续利用理论研究起步较晚，主要体现在对特定的可再生自然资源的研究上。如西南大学的周宝同研究员在对中国土地资源的永续利用问题进行研究时，提出了土地资源的可持续利用的衡量标准可从两大领域即土地资源消耗和利用特征分析标准、土地资源利用的效益特征分析标准分别进行数据计量，其中的资源消耗和利用是指在经济发展的过程中，资源的数量、质量上的变化和利用效率的关系[③]。基于这一认识，该理论致力于探索使自然资源得到永续利用的理论和方法。

（二）外部性理论

外部性理论的认识论基础在于：生态环境持续恶化和人类社会不可持续现象出现的根源在于，人类认为自然资源是可以免费使用的"公共物品"，不承认自然资源具有经济学意义上的含义，并把自然资源的投入排除在经济核算体制之外。研究外部性问

---

① 于秀娟. 环境管理 [M]. 哈尔滨：哈尔滨工业大学出版社，2002：30.

② 田雪原. 全面建设小康社会：人口与可持续发展报告 [M]. 北京：中国财政经济出版社，2006：242.

③ 丛林. 可持续发展的理论与实践 [M]. 福州：海风出版社，2008：29.

题与经济社会的可持续发展密切相关。外部性的危害实质是导致效率的缺失，这种缺失对合理、有效利用资源提出了挑战，引致了对公共物品低效率的过度消耗，对环境资源的掠夺性过度使用，导致巨大的污染和生态破坏，从而造成恶性循环，危及现代人和后代人的生存①。就我国而言，经济社会的迅速发展对生态环境和自然资源构成了超乎寻常的压力，面临着严峻的环境保护和可持续发展问题。基于这一认识，该理论致力于从经济学的角度探讨把自然资源纳入经济核算体系的理论与方法。

（三）财富代际公平分配理论

财富代际公平分配理论的认识论基础在于：人类社会出现不可持续现象的根源在于，当代人过度使用和消耗了自然资源来满足其自身生存和发展的需要，而损害了本该属于后代人所享有的资源和财富。财富代际公平分配理论主要沿着两个方面发展：一是财富论与代际公平；二是自然资源有效配置与代际公平。该理论从社会财富概念出发，根据人造资本、自然资本和人力资本三种资本之间的关系来判定代际公平，并将当代社会的可持续性分成弱可持续性、中等可持续性和强可持续性。从国家财富的概念出发，将国家财富的概念拓展为产品资本、自然资本和人力资源。实际上，这一理论强调财富人均占有量并不随着时间变化而减少，并认为可持续发展本质上是一个创造、保持和管理财富的过程②。基于这一认识，该理论致力于探讨财富在代际实现公平分配的理论和方法。

（四）三种生产理论

三种生产理论的认识论基础在于：人类社会可持续发展的物质基础在于人类社会和自然环境组成的世界系统中物质的流动是否通畅并构成良性循环。他们把人与自然组成的世界系统的物质运动分为三大"生产"活动，即人的生产活动、物资生产活动和环境生产活动③。在人类社会和自然环境组成的复杂的世界系统中，人与环境之间存在着紧密联系，主要体现在物质、能量和信息的交换和流动上。其中，物质的交换和流动是最基本的，是能量和信息流动的基础和载体。在这个层面，物质流动还可以分为物质生产、人口生产和环境生产三个子系统，以进一步研究和把握整个世界系统的运动变化规律。事实上，整个世界系统的运动与变化取决于这三个子系统自身内在的

---

① 沈剑飞，张学江. 外部性视角下的产业和谐发展研究 [M]. 长春：吉林大学出版社，2009：42.

② 余敬，张京，武剑，等. 重要矿产资源可持续供给评价与战略研究 [M]. 北京：经济日报出版社，2015：28.

③ 潘鸿，李恩. 生态经济学 [M]. 长春：吉林大学出版社，2010：79.

物质运动，以及各子系统之间的联系状况。因此，可以说没有"生产"活动就没有子系统的生命力，也谈不上三个子系统之间的联系[①]。基于这一认识，该理论致力于探讨三大生产活动之间和谐运行的理论与方法。

（五）生态文明理论

生态文明理论是在可持续发展理论与实践的基础上发展起来的，是可持续发展理论的延伸拓展与中国化。国际社会往往认为可持续发展在近二十年间的理论创新缺乏突出进展，然而实际上，可持续发展理论在世界各国都得到了或多或少的本土化延伸和拓展，生态文明理论便是其中之一。生态文明理论从经济学、社会学和伦理学上对可持续发展理论作出了突出贡献，是可持续发展理论的中国化[②]。党的二十大报告更是鲜明地指出，要大力推进生态文明建设，全方位、全地域、全过程加强生态环境保护。可见，该理论"涵盖了全部人与人的社会关系和人与自然的关系，涵盖了社会和谐和人与自然和谐的全部内容，是实现人类社会可持续发展所必然要求的社会进步状态"[③]。它要求人们树立经济、社会与生态环境协调发展的新观念，以维护生态秩序为宗旨，以实现人类社会可持续发展为着眼点，强调在开发和利用自然的过程中，必须树立人与自然的平等观念，从而实现人与自然的和谐共生以及可持续发展。

第二节　生态现代化理论

生态现代化（Ecological Modernisation）理论是随着人们对生态环境关切思考视角的转变而出现的理论流派。与可持续发展理论一样，生态现代化理论的基点也在于如何实现生态环境关切与传统政治思维的结合，但与前两者不同的是，它更多地体现出一种生态现实主义的色彩，即在最大限度地保持工业文明物质成果的基础上建设一种绿色社会[④]。生态现代化理论为环境管理的深入研究提供了切实可行的理论方法。

一、生态现代化理论的产生及发展

生态现代化理论的产生与发展并非偶然，是对现代化所面临的生态危机的关注，

---

① 李永峰，陈红，徐春霞 . 环境管理学 [M]. 北京：中国林业出版社，2012：30.

② 张永亮，俞海，高国伟，等 . 生态文明建设与可持续发展 [J]. 中国环境管理，2015，7（5）：
　　38-41.

③ 赵建军 . 论生态文明理论的时代价值 [J]. 中国特色社会主义研究，2012（4）：69-74.

④ 郇庆治 . 环境政治国际比较 [M]. 济南：山东大学出版社，2007：35.

以及经济社会发展与生态环境关系的思考中逐渐发展起来的。资本主义国家在很长时间采用的是"先污染，后治理"的线性经济发展模式，以牺牲生态环境换取经济的一时增长，结果付出了沉痛的代价。西方学者开始思考如何能够将二者结合起来、实现共赢的途径和方式，生态现代化的理论最终被提出，它标志着人们尝试将环境与经济发展这二者的关系"重新定义"[①]。

（一）生态现代化理论的产生背景

任何理论的兴起都有其深刻的社会背景。西方生态现代化理论正是在西欧发达工业国家的现代化与生态化之间矛盾激化以及试图解决这一矛盾的努力之中应运而生的，导致现代化与生态化之间矛盾激化的首要原因就是资本逻辑普遍支配地位的确立[②]。资本逻辑可以简单地理解为不惜任何代价追求经济增长，并以利润最大化为根本目标的逻辑，这也就体现出资本主义生产方式中人对自然进行支配和剥削的逻辑。在早期的资本主义时期，资本家不仅剥削工人阶级来扩大生产，提高利润，而且支配着自然界，造成了人与生态异化的局面，产生了严重的生态危机。资本逻辑催生了资本的快速积累，但对造成的环境问题却置之不理甚至无所作为。随着资本逻辑普遍支配地位的确立，其所带来的生态危机也必然会逐渐扩大，进而形成全球性环境问题。

正是对资本的快速追求迫使资产阶级开始积极开拓世界市场，形成了资本主义的全球化。这种全球化加速了生产要素和经济资源在全世界范围内的流动，不仅促进各国经济的发展，也使生产力得到进一步提高。但同时全球化也造成了各国经济发展的不平衡，发达国家在这个过程中获得了大量资金和核心技术，而发展中国家则承接了发达国家转移的高能耗和高污染产业，致使资源消耗和环境污染现象愈发严重。西方生态现代化理论认识到了过去的现代化过程带来的生态环境问题，但他们认为，现代化并不必然反自然，现代化可以与生态化相融。如果说过去的现代化是反生态化的，生态现代化理论则主张一种以重视环境治理、加快经济转型、强调科技创新为核心的新型现代化道路，即生态现代化道路。这就是生态现代化理论产生的理论和现实背景[③]。

---

① 刘建伟. 中国生态环境治理的现代化：问题与对策——基于马克思主义的视角 [M]. 西安：西安电子科技大学出版社，2016：128.

② 周鑫. 西方生态现代化理论与当代中国生态文明建设 [M]. 北京：光明日报出版社，2012：12.

③ 刘薇. 习近平生态文明思想与西方生态现代化理论的比较研究 [D]. 北京：北京林业大学，2019.

（二）生态现代化理论的发展历程

生态现代化理论的发展历程既是遵循自身逻辑的演变过程，也是回应外部批判的改进过程。目前，学术界将生态现代化理论的发展历程划分为三个阶段。

第一个阶段是 20 世纪 70 年代至 80 年代中期，称之为生态现代化理论的萌芽期，其代表人物有马丁·耶内克、约瑟夫·胡伯等人。这一阶段将技术创新作为经济发展与生态环境相协调的重要手段加以强调，尤其是工业生产领域的技术创新，而技术创新更多地依靠市场行为主体的调节作用，它们在环境改造中发挥着积极的作用。此外，研究对官僚化国家持批评态度；对市场行为体和市场动力在环境改革中的作用持肯定态度；采用系统理论和进化论观点，较少涉及人类机构和社会斗争；分析层面主要是民族国家[①]。

第二个阶段是 20 世纪 80 年代后期至 90 年代中期，称之为生态现代化理论的完善期，其代表人物有亚瑟·摩尔、约瑟夫·胡伯、格特·斯帕格伦、皮特·克里斯托弗等人。这一阶段的研究重点发生了变化，较少强调技术创新在生态现代化中的重要作用，减弱了技术创新是生态现代化的关键动力；从之前强调技术创新转变为对政府和市场调节并行的研究，重点突出政府、市场和社会对环境友好的引导，重视生态现代化转型中的政府和市场的不同作用，重视生态现代化的文化内涵和制度体制的作用；从经合组织国家之间比较的层面进行研究。

第三个阶段是 20 世纪 90 年代后期至今，称之为生态现代化理论的扩展期，其代表人物有戴维·索南菲尔德、达娜·弗希尔、弗雷德里克·巴特尔、斯蒂芬等人。这一阶段生态现代化理论的研究范围得以扩展，研究重点有所增加。从整体上看，理论研究呈现出多样化的状态，如消费方面的生态转型；生态现代化理论在非欧洲国家，如新兴工业国家、后发国家、美洲国家等的发展；重视生态现代化的全球进程，并关注其对单一国家的影响。这些关于生态现代化理论的讨论不仅限于西方发达国家，在东南亚地区也得到发展，研究范围和视野得以进一步扩大。

二、生态现代化理论的核心主张

生态现代化理论之所以被广泛关注，是因为其对现代社会环境问题独辟蹊径的思考路径。与蕾切尔·卡森《寂静的春天》和罗马俱乐部《增长的极限》对环境问题所持的悲观基调不同，生态现代化理论认为，人类社会的现代化进程对环境的影响呈倒 U

[①] 薛建明，仇桂且. 生态文明与中国现代化转型研究 [M]. 北京：光明日报出版社，2014：26.

形特征。环境问题在现代化初期加剧，但随着现代化的推进，在现代科技、市场经济和政府行政力量共同推动下的绿色工业结构调整过程中，环境问题将得到缓解①。不同的学者从不同的研究视角和目的出发来阐述生态现代化理论的主要观点，在相关学者的基础上，将生态现代化理论的核心主张归纳和总结为以下几点。

（一）对现代化方向的坚持

生态现代化理论的第一个核心主张是对现代化方向的坚持。生态现代化理论的最初愿景是实现人类社会的发展进步，而实现现代化则是人类社会发展的目标之一。与反工业化和反现代化的激进理念不同，生态现代化理论坚持现代化的发展方向，认为生态化和现代化是可以兼容的，并不需要为了实现生态化而使社会倒退到贫穷落后的模样。生态现代化理论认为现代化是实现生态化的关键动力，主张通过深入和理性的现代化摆脱环境治理的困境。此外，该理论提出生态化和现代化共赢的主张，由于生态环境问题涉及生产、分配和消费的各个环节，单靠某一方的力量是无法解决的，必然需要政府、社会、市场等主体的协调一致和共同配合。

（二）生态环境问题是技术性问题，而非社会政治制度问题

生态现代化理论认为生态环境问题是由于工业社会的结构性设计缺陷引起的，而不是资本主义制度的弊端所导致的结果。通过对技术领域的生态重构，而不是重新建立一个政治经济体制来解决生态环境问题。可以说，生态现代化理论承认生态环境问题是技术性问题，而非社会政治制度问题，现存的政治经济和社会制度可以通过自身的净化得以解决。历史经验证明，科学技术在推动社会进步和解决生态环境问题中发挥着至关重要的作用。生态现代化的过程就可以理解为科学技术不断进步和发展的过程。实质上，生态现代化理论在强调科学技术的重要作用的同时，也注重支持这种技术革新的环境政策和政府治理的核心推动作用。这在一定程度上已经超越了技术中心主义的约束，更加强调生态现代化是一个系统的社会经济生态化转型的综合性工程。生态现代化本质上是一个工业社会的生态大转型，而科学技术和技术的革新是这个复杂过程中最重要的动力。因此，对科学技术的认识应当超越"环境问题制造者的角色"，转而重视它在解决和预防环境问题中的潜在现实作用，实现生态现代化就是要开发和利用先进的科学技术，一改传统的治理和修复模式，在技术和组织的创新和设计阶段将环境问题加以解决②。

---

① 包智明. 环境公正与绿色发展 [M]. 北京：中央民族大学出版社，2020：201.

② 赖华先. 中国文象思维 [M]. 南昌：江西高校出版社，2017：248.

（三）经济发展与环境保护的协调发展，互惠共赢

生态现代化理论的学者们认为，经济发展与环境保护之间的协调发展与互惠共赢是该理论的核心和主题。从胡伯在生态现代化理论建立的早期阶段，将生态现代化的精华看作是"经济生态化"和"生态经济化"的双重过程；耶内克和西蒙尼斯将"经济结构的转型，包括技术和部门结构的重构、宏观经济结构的生态化"，看作是生态现代化的核心内容；到亚瑟·摩尔的社会变革与生态转型论、哈杰的综合性新政策论等都主张通过综合运用多重调控手段调整传统的社会结构，以使经济发展生态化[①]。胡伯认为，生态现代化是一种利用人类智慧去协调经济发展和生态进步的理论，他主张把减少污染看成是加强经济竞争力的工具，而不是要求额外地增加和维持昂贵的末端处理技术，使清洁环境和经济增长不再成为一对矛盾[②]。在早期的生态政治理论话语中，经济发展和环境保护是一种相互对立的关系。面对环境问题，形成了两个相互竞争的政治联盟，一方坚持积极保护环境，另一方则担心环境保护会制约经济发展，环境保护因而成为这两个政治力量发生冲突的根源。生态现代化理论的核心任务就是重新定义二者之间的关系，寻求一条不同的回应环境问题的思路和方法。该理论的一个核心论点就是严格的环境政策和环保标准并非经济发展的阻力，从长远看反而是经济发展的重要助推力。与传统理论中将环境保护看作经济发展的负担不同，生态现代化理论更加强调要实现经济发展与环境保护的兼容，借助生态技术的进步，依托消费转型升级，不仅可以推动经济的快速增长，还可以降低资源消耗，缓解生态环境压力，实现二者的共赢。

（四）注重科学技术革新在解决环境问题中的核心作用

强调科学技术革新在解决环境问题中的核心作用是西方生态现代化理论自始至终的一个基本主张。早在生态现代化理论的萌芽时期，以约瑟夫·胡伯等为代表的学者就非常重视科学技术在社会新陈代谢中的作用，并认为这是产生生态转型的根本[③]。随着理论研究的不断拓展，生态现代化理论的倡导者对技术革新的认识更加深入，认为科学技术革新对环境的作用从原来的治疗和修复转向预防性措施的普遍施行。从本质上来讲，生态现代化就是一个科学技术不断革新和演进的过程，技术革新在生态现代化过程中发挥着核心作用。正因为如此，生态现代化理论也常常被一些学者认为是"技

---

① 张明. 中国共产党生态文明思想的发展轨迹及当代价值 [M]. 沈阳：沈阳出版社，2019：48.

② 路日亮. 现代化理论与中国现代化 [M]. 银川：宁夏人民出版社，2007：77.

③ 周鑫. 西方生态现代化理论与当代中国生态文明建设 [M]. 北京：光明日报出版社，2012：59.

术决定论"。实际上，生态现代化理论在强调科学技术革新的同时，也同样注重支撑这种技术革新的环境政策和政府管治的核心推动作用，注重摆脱末端治理的预防性技术革新，这实质上已经超越了"技术中心主义"的束缚而更加强调生态现代化是一个系统的社会经济生态化转型的综合工程①。可以说，生态现代化是工业社会的生态大转型，而科学技术革新是这个过程的重要驱动力。

总之，生态现代化理论的核心之点，是对人类当代社会面临的生态挑战作了另外一种解释，认为市场经济压力刺激和有能力国家推动下的革新，可以在促进经济繁荣的同时减少环境破坏，而不必对现存的经济社会活动方式和组织结构作大规模或深层次的重建②。

三、生态现代化理论的贡献与不足

生态现代化理论作为绿色发展的一种典型理论取向，起初在德国、荷兰、英国等少数西欧国家引起关注，后来逐渐发展成为欧美等发达国家环境治理的主要理论与政策导向③。但不可否认，生态现代化理论是一个正在发展的，还不成熟的理论，存在一定的理论局限性。

（一）生态现代化理论的贡献

生态现代化理论是一门新的理论，而且正逐渐成为环境社会学中较引人注目的理论之一。该理论之所以能够取得这样的发展成就，除了特定的时代条件，更主要在于其理论本身适应了时代发展的要求，回应了时代发展的难题④。

首先，生态现代化理论抛弃了传统观念中单纯追求工业化、城市化等不合理因素，明确生态现代化是超越工业化、走向合理化的社会发展过程。生态现代化主张在吸收经济、政治等诸多方面合理因素的同时，把生态化和系统化贯穿其中，从而实现社会各个领域的和谐共处。生态现代化理论还认识到了环境问题产生的系统性和综合性，以及环境问题解决的公众作用，肯定和认可了政府的宏观调控、市场机制的作用以及社会的广泛参与。生态现代化理论在肯定市场机制发挥作用的同时，也指出政府在干预和纠正市场失灵中的作用，力图建立一个经济发展和环境保护相协调的框架。政府作为市场的促

---

① 薛建明，仇桂且.生态文明与中国现代化转型研究 [M].北京：光明日报出版社，2014：29.

② 郇庆治.环境政治国际比较 [M].济南：山东大学出版社，2007：48.

③ 包智明.环境公正与绿色发展 [M].北京：中央民族大学出版社，2020：200.

④ 曹顺仙，薛桂波.高校思想政治理论课"一体化"探究式教学模式的理论探索与实践创新 [M].北京：北京理工大学出版社，2014：114.

进者和保护者，更多地依赖税收、生态商标等手段来实现生态环境保护的目标。此外，社会公众在生态环境保护中也发挥着非常重要的作用，只有充分调动广大人民群众的环保意识，积极参与环保事业，并将其付诸行动，才能更好地促进环境问题的解决。

其次，生态现代化理论重视经济发展和环境保护的双赢，对当今社会面临的生态挑战作了全新阐释。生态现代化理论是在现代化的基础上形成和发展的，现代化的建设离不开生态层面的现代化发展。该理论致力于在促进经济增长的同时保护生态环境，注重追求经济的生态化，在谋求经济发展的同时不再单纯追求经济效益和经济利益，更多地从生态角度来考虑，在追求经济增长的同时更多地考虑环境保护，使经济增长不能以牺牲环境为代价，从而减少对环境的影响。生态现代化可以简单地理解为，在保持经济增长和控制人口的同时，降低人均环境压力和单位 GDP 的环境压力，实现经济增长与环境压力的脱钩、人类与自然的互利共生。实现生态现代化，需要将生态环境放在经济增长之上进行考虑，不能以生态环境为代价追求片面的经济增长，必须选择低碳发展、绿色发展、生态发展的经济发展道路[①]。这种经济生态化和生态经济化的双向流程，在很大程度上就是经济增长和环境保护实现共赢的过程。

最后，生态现代化理论强调科技创新在生态改革中的重要地位，对生态环境问题的解决具有积极意义。生态现代化理论倡导者认为，可以通过科学技术的创新实现生态环境的变革。强调技术创新始终是生态现代化的一个基本主张，这一观点认为科学技术的发展会增加人们对环境问题的预测程度，补救已经发生的环境危机，提前预防和消除将要发生的环境危机，进而减少环境危机给人类社会带来的灾难。马丁·耶内克认为，生态现代化是一个首先与经济和技术相关的概念，是使环境问题的解决措施转向预防性策略的过程[②]。通过技术创新，自然界中的水、空气和土壤等自然资源都可以为生产所用，在实现清洁技术和科技创新的基础上实现经济的转型发展，促进自然资源利用效率的提高，进而增强生态环境的承载能力。

（二）生态现代化理论的不足

多年来，生态现代化理论一直面临着来自不同理论观点的各种挑战，对生态现代化的理论批评也从未停止过。就连马丁·耶内克也承认由于外部环境和理论自身两个方面的原因使得"生态现代化"理论与方法对于实现一种长期可持续绿色发展具有很大的局限性[③]。

① 陆小成. 首都生态文明体制改革研究——基于世界级城市群的视角 [M]. 北京：中国经济出版社，2017：23.

② 刘德海. 绿色发展 [M]. 南京：江苏人民出版社，2016：33.

③ 乔永平. 生态文明视域下的生态现代化：成功经验、局限性及启示 [J]. 生态经济，2014，30（5）：182-185.

首先，生态现代化理论拘泥于资本逻辑，克服不了公地悲剧。在资本主义制度下，服从资本逻辑的生产方式，对生态环境问题的产生具有直接影响，然而，生态现代化理论却认为，环境问题的解决不需要变革生产关系和社会制度，只需要在资本主义制度内追求制度和生态的重构即可。从这点可以看出，生态现代化理论并不否定资本主义制度，他们认为资本主义制度具有自我完善的功能，生态环境问题可以在资本主义制度内部得以解决。在资本逻辑的推动下，加重了对工人阶级的剥削和对自然界的榨取，这就决定了资本主义制度无法实现人与自然和谐相处以克服公地悲剧的发生。在资本主义框架内的生态现代化理论，仅仅是对生态环境一定程度上的改善，其阶级局限性从根本上决定了无法克服人与自然之间的矛盾。

其次，生态现代化理论的污染转移措施具有生态环境的全球非正义。生态现代化理论往往从发达国家自身的利益出发，却很少将这种价值观衍生到全球正义。西方发达国家生态环境状况的改善在很大程度上是通过对污染进行转移来实现的，可以说，这些污染的外部化转移，就是将西方工业国家的高污染和高能耗产业转移到欠发达地区和发展中国家，或者用不可持续的方式开发自然资源和利用廉价劳动力。对于西方工业国家来说，生态环境问题是得到了改善，生态现代化理论的实施大有成效，但是从全球范围内来看，环境问题并未减少，只是从发达国家转移到欠发达地区或发展中国家。总之，西方工业发达国家通过污染转移来实现生态环境改善的做法不仅具有生态环境的全球非正义性，更具有不可模仿性，不能为欠发达地区或发展中国家提供经验借鉴。

最后，生态现代化理论作为一种社会合理化发展模式的规划，存在地域差异性。生态现代化理论根源于西欧发达国家，它在德国、荷兰等国取得了成功。然而即使在这些地方，关于生态现代化有效性的证据也是有限的[①]。从 20 世纪 90 年代后期开始，生态现代化理论进入扩展期，在地域范围上延伸到欠发达国家、发展中国家以及新兴工业国家等欧洲以外的国家，甚至经合组织国家。然而生态现代化理论对于这些国家的适用性常常受到质疑，如斯·弗里金斯等人对越南进行研究后认为生态现代化理论对于分析越南当代的环境改革进程与努力而言，其价值是有限的，如果要利用生态现代化理论为处在工业化进程中的国家构筑环境改革的可行途径，就必须对该理论进行完善，以适应这些国家特定的当地条件与体制发展情况[②]。

---

① [英] 卡罗琳·斯奈尔. 环境政策概要 [M]. 宋伟，译. 上海：上海交通大学出版社，2017：106.

② 乔永平. 生态文明视域下的生态现代化：成功经验、局限性及启示 [J]. 生态经济，2014，30（5）：182-185.

第三节　公共治理理论

面对全球化的冲击和信息技术的浪潮，传统应对公共问题的机制受到巨大挑战，当政府和市场不再是解决公共问题的"灵丹妙药"，以非政府的和非正式的第三方力量参与探讨解决公共问题之道的公共治理理论应运而生①。环境问题属于典型的公共问题，其产生过程和应对机制都是基于公众或环保组织意识的觉醒和环境社会运动。公共治理理论对以命令与控制方式为主要特色的传统科层式官僚管理体系形成冲击，对环境治理领域也产生了深远影响②。因而，生态环境问题是公共治理理论最典型和最适切的实践领域。

一、公共治理理论的产生及发展

公共治理理论缘起于西方国家，既是西方学术传统的产物，也扎根于西方的政治与行政实践中。探究公共治理理论的产生及发展历程，可以为环境管理的深入研究提供较为可靠的理论依据。

（一）政府与市场关系的调整促发了公共治理理论的产生

西方公共治理理论是在问题导向的思路下产生的，因此西方的公共管理关注现实，特别是针对政府与市场关系的调整而作出变革。在自由资本主义时期，亚当•斯密的自由主义经济理论被西方国家推崇，政府的职能主要是维护国家主权，保护私有财产不受侵犯和市场机制不受破坏，政府秉持着"守夜人"的角色。在资本主义发展阶段，自由竞争促进了社会的发展，但是 1929—1933 年的资本主义经济危机爆发，使人们认识到单纯依靠市场的力量无法进行资源的有效配置。面对"市场失灵"的现象，凯恩斯主义开始盛行，政府加强了对经济和社会事务的全面干预，有效解决了经济危机，缓解了社会矛盾，但是福利国家的兴起引发了新一轮的经济危机，在"市场失灵"之后再次出现了"政府失灵"的现象。为解决"政府失灵"和"市场失灵"所造成的双重困境，公共治理理论作为一种既不同于政府管理也不同于市场调节的新的治理形式应运而生。治理理论家们提倡多元主体治理，强调回应、互动、协作、公开、法治等

---

① 史亚东．全球视野下环境治理的机制评价与模式创新 [M]. 北京：知识产权出版社，2020：30.

② 彭小华，孔东菊．企业环境污染第三方治理法律问题研究 [M]. 北京：知识产权出版社，2019：39.

精神，在"政府"和"市场"二元观点中，加入了"社会"这一新的单元，突破传统二维世界，开启了一个新的管理模式①。

（二）新公共管理理论的式微催生了公共治理理论的形成

西方公共治理理论的形成也有其特定的学术背景，新公共管理理论作为 20 世纪 70 年代兴起的主导性理论，在指导政府改革、公共管理实践方面的确起到了中流砥柱的作用，但是经过实践的发展，该理论也出现了这样或那样的问题，新公共管理理论的不足之处逐渐显现出来，遭到了诸多学者的批评，新公共管理理论逐渐式微②。新公共管理理论提倡通过市场化和竞争机制改革政府部门，对公共部门区别于市场的特征重视程度不够，容易导致公共部门丧失公共性。在管理主义倾向下容易导致公共部门过分追求效率，而忽视公平、责任和公共利益等价值目标。可以说，新公共管理运动"放弃了政府的基本职能，破坏了政府和社会之间的关系，背离了民主社会的基本价值"③。20 世纪 90 年代末开始，公共治理理论在批判和继承新公共管理和重塑政府理论范式的基础上产生，成为公共管理的新模式。由此可见，随着世界范围内新公共管理理论的衰落，公共治理等新理论已经开始成为大学公共管理课程教学的主题，人类政治过程的重心也正在从统治走向治理，从善政走向善治，从民族国家的政府管理走向全球治理④。

（三）全球化进程推动了公共治理理论的发展

20 世纪后期，在生产力发展的推动下，掀起了全球化浪潮，人类社会进入了全球化、后工业化的时代⑤，西方公共治理理论正是在全球化和后工业化的不断推动下得以发展的。随着全球化进程的推进，各国之间的交往日益密切，已经从经济领域逐渐扩展到政治、社会、文化等多个领域，冲击着原有国家的政治结构和社会治理体系，特别是互联网和信息技术的发展，深刻地改变了人们的生产和生活方式，人们的需求呈现出前所未有的变化，众多代表着不同经济和政治的社会组织如雨后春笋般迅速成长起来，形成了新的管理主体。科学技术的进步和公民社会的成熟为治理理论的兴起提供了物质基础和组织条件，但同时也产生了大量的矛盾和问题，如金融危机、环境恶

① 施雪华，张琴. 国外治理理论对中国国家治理体系和治理能力现代化的启示 [J]. 学术研究，2014（6）：31-36.

② 韩兆柱，翟文康. 西方公共治理理论体系的构建及对我国的启示 [J]. 河北大学学报（哲学社会科学版），2016，41（6）：96-104.

③ 范逢春，谭淋丹，张天作. 县域社会治理现代化：基于质量视角的实证研究 [M]. 南京：江苏人民出版社，2021：80.

④ 李超雅. 公共治理理论的研究综述 [J]. 南京财经大学学报，2015（2）：89-94.

⑤ 韩兆柱. 西方公共治理前沿理论的本土化研究 [J]. 人民论坛·学术前沿，2016（17）：72-90.

化、人口问题等全球性公共问题层出不穷。全球化加速了社会的不稳定性和复杂性，任何一个国家都难以置身事外，且现有的社会治理方案也难以解决超出本国能力范围内的公共问题。面对全球化对传统的以国家统治为核心的权力运作方式的挑战，面对新公共管理领域在传统政治统治结构下的虚弱与不足，西方学者提出了应该对传统的行政学理论进行反思，对传统的官僚体制进行质疑的要求，并由此直接推动了公共治理理论的产生和发展①。

二、公共治理的基本内涵

从 20 世纪 70 年代开始，西方国家的政府行为经历着由统治向治理的转变过程。实践呼唤理论，理论解释并指导实践，伴随着社会实践的发展，治理概念随之产生②。"治理"一词真正进入学术视野是在 20 世纪 80 年代末，当时面对发展中国家经济增长危机的情形，1989 年世界银行发布的《撒哈拉以南非洲：从危机到可持续增长》的报告认为，非洲发展问题的根源在于"治理危机"③。之后，1992 年世界银行发布年度报告《治理与发展》，系统阐述关于治理的看法；同年，联合国成立"全球治理委员会"并创办《全球治理》杂志，"治理"概念迅速成为政治学、公共管理学、行政学等众多学科探讨的热点，引发延续至今的研究热潮④。在国外学者的研究中，治理是一个不断发展、更新的概念，被广泛运用于各个领域，而治理本身也被学者描述为是跨学科研究的一座桥梁⑤。治理理论的主要创始人之一罗西瑙（J. N. Rosenau）在其代表作《没有政府统治的治理》和《21 世纪的治理》等文章中将治理定义为一系列活动领域里的管理机制，它们虽未得到正式授权，却能有效发挥作用。与统治不同，治理指的是一种由共同的目标支持的活动，这些管理活动的主体未必是政府，也无须依靠国家的强制力量来实现⑥。在关于治理的各种界定中，联合国全球治理委员会的定义颇具有代表性和权威性。该委员会在《我们的全球伙伴关系》中指出：治理是个人与机构、公共部门和私

---

① 张铭，陆道平．西方行政管理思想史 [M]．天津：南开大学出版社，2008：331.

② 高秉雄，张江涛．公共治理：理论缘起与模式变迁 [J]．社会主义研究，2010（6）：107-112.

③ 任勇．治理理论在中国政治学研究中的应用与拓展 [J]．东南学术，2020（3）：67-76.

④ 何翔舟，金潇．公共治理理论的发展及其中国定位 [J]．学术月刊，2014，46（8）：125-134.

⑤Sehuppert G F. Governance Reflected in Political Science and Jurisprudence[C]//Dorothea J. New Forms of Governance in Research Organizations. Berlin：Springer，2007：3-29.

⑥ 俞可平．治理与善治 [M]．北京：社会科学文献出版社，2000：2.

人部门共同管理共同事务的所有方式的总和①。国内学者陈振明在《公共管理学》一书中，把治理定义为一个上下互动的管理过程，它主要通过多元、合作、协商、伙伴关系、确立认同和共同的目标等方式实施对公共事务的管理，其实质在于建立在市场原则、公共利益和认同之上的合作②。

公共治理是治理体系中的一部分，是公共部门对公共事务的管理过程，是治理理论丛林中关于公共行政方面的一种代表性理论③。这一概念既不同于传统公共行政中的政府作为公共物品和服务的提供者，也有别于新公共管理中的市场作为资源配置的主体，更加强调公共行政过程中的多元主体参与和互动。从治理理论的缘起和定义中，可以发现公共治理的内涵主要包括以下几个方面：第一，在治理主体上，公共治理理论认为，政府并不是唯一的治理主体，非政府组织、社会组织、私人集团等都可以参与到公共事务的管理中来，这些治理主体的地位是平等的，政府更多发挥的是控制和引导作用，通过与社会组织的互动来实现对公共事务的管理。第二，在治理方式上，传统的统治型政府是以下达命令的方式来进行管理，而公共治理除了采用正式的法律法规制度予以强制管理之外，还会与市场、社会组织和私人机构等其他治理主体进行民主协商，实现多方共赢。第三，在治理目的上，政府与私人部门在相互信任的基础上通过协商、合作等方式，将一部分社会事务的管理交给私人部门，政府与私人部门通过不断地谈判、妥协、让步，使社会得到不断发展，最终实现公共利益最大化④。公共治理理论作为一种新型的公共行政理论，它的内涵还会随着实践的发展而修正，但其理论内核总体上讲还是较为清晰的，那就是主张通过合作、协商、伙伴关系，确定共同的目标等途径，实现对公共事务的良好管理⑤。由此可见，政府作为传统意义上公共服务的提供者的角色将发生转变，而是更多地将公共服务的生产和提供交给非政府组织、社会团体等主体承担，政府则主要承担实现公共利益、维护公共权益的责任。

三、公共治理理论谱系

公共治理理论的兴起源于时代发展的需要。公共治理理论在变迁过程中不断地继

---

①Commission on Global Governance. Our Global Neighborhood[M]. Oxford：Oxford University Press，1995：23.

② 陈振明 . 公共管理学 [M].2 版 . 北京：中国人民大学出版社，2017：59.

③ 韩兆柱，翟文康 . 西方公共治理前沿理论述评 [J]. 甘肃行政学院学报，2016（4）：23-39，126-127.

④ 叶大凤，汪晗 . 区域公共政策 [M]. 南宁：广西人民出版社，2014：34.

⑤ 张铭，陆道平 . 西方行政管理思想史 [M]. 天津：南开大学出版社，2008：337.

承、创新和发展，大致形成了包括网络化治理理论、整体性治理理论、数字治理理论、公共价值管理理论、协同治理理论等在内的理论谱系。分析公共治理理论谱系中各个理论流派的缘起、发展，归纳其核心观点和主张，对当前以生态环境为代表的公共问题的解决具有重要借鉴价值。

（一）网络化治理理论

网络化治理（Governing by Network）是公共治理理论兴起至今的重要理论分支，主要是由美国学者斯蒂芬·戈德史密斯和威廉·埃格斯在《网络治理：公共部门的新形态》一书中提出[①]，他们将网络治理定义为一种全新的通过公私部门合作，非营利组织、营利组织等多主体广泛参与提供公共服务的治理模式[②]。在这种新的模式下，政府的工作不太依赖传统意义上的公共雇员，而是更多地依赖各种伙伴关系、协议和同盟所组成的网络来从事并完成公共事业[③]。在全球化、网络化和信息化潮流的推动下，国家和私人部门相互依赖程度不断加深，科层治理模式和市场治理模式都难以有效满足治理体系的动态需要，因此有必要催生一种新的公共治理形式，网络化治理理论应运而生。与科层治理模式和市场治理模式比较，网络为行动者提供了经常性互动的平台，使公共和私人的集体行动者能够以一种非科层的形式连接起来，利益共享和彼此信任，从而形成一种解决问题的能力，更能契合环境治理研究的内在要求。

当前，区域环境公共事务的复杂性已经超出单个政府的治理能力，这给政府为主导的环境治理工作带来了严峻挑战，因而需要最大限度地吸纳多元治理主体形成决策网络系统。在区域环境污染治理中，网络化治理强调以简单经济增长为目标的竞争关系转变到地区的经济和环境协调发展的合作关系，管理主体从地方政府单一主体转变为地方政府、私营部门、非营利组织和公众等多元主体，管理方式从政府行政命令为主转变为中央与地方、上游与下游、政府与企业多方面合作和共同参与[④]。这些观点为公私部门和社会力量之间网络关系的建立，以及区域环境污染治理提供多种治理渠道，对于提高治理主体参与环境治理的积极性和强化区域环境治理效果发挥着重要作用。

---

① 刘波，王力立，姚引良.整体性治理与网络治理的比较研究 [J]. 经济社会体制比较，2011（5）：134-140.

② 许才明，李坦英，赵静.公共管理学 [M]. 10 版.北京：中国中医药出版社，2017：165.

③ [美] 斯蒂芬·戈德史密斯，威廉·D 埃格斯.网络化治理：公共部门的新形态 [M]. 孙迎春，译.北京：北京大学出版社，2008：17.

④ 马晓明，易志斌.网络治理：区域环境污染治理的路径选择 [J]. 南京社会科学，2009（7）：69-72.

总体而言，网络化治理理论为我们有预见性地分析和解决环境问题提供了可行的分析思路和理论视角。

（二）整体性治理理论

整体性治理（Holistic Governance）理论产生于 20 世纪 90 年代的英国，这一理论的出现具有其深刻的时代背景，既是对官僚制理论和新公共管理理论所造成的政府治理碎片化、政府组织功能裂解化等复杂问题的批判性反思，也是数字时代信息技术发展的现实驱动。该理论最初由安德鲁•邓西尔提出，他在 1990 年发表的《整体性治理》一文中初步阐述了整体性治理的思想，但尚未形成系统的认识。1997 年，整体性治理理论的主要代表人物和集大成者英国学者佩里•希克斯在其所著的《整体性政府》一书中正式提出"整体性治理理论"，深刻描绘了该理论产生的社会背景、治理目标等方面内容。他认为整体性治理重视公民需求，强调政府责任，并以信息技术为治理手段，通过多元主体的协调合作，进行治理层级、治理功能和公私部门之间的整合，从而为公民提供无缝隙而非分离的整体性服务[①]。

在环境问题成为公共问题，治理碎片化状况严重影响人们生产和生活的当前，整体性治理理论通过强调协调、整合和信任来促进政府间以及公私部门之间的互动与融合，并形成相对稳定的治理网络，从而为环境治理提供强大动力。首先，整体性治理理论由于拥有清晰可操作的组织结构和运作方式，强调通过整合和协调对政府进行改造，更有助于解决行政区划分割所导致的碎片化问题。其次，在区域环境治理中，由于涉及的政府部门较多，地区发展和治理观念也存在差异，造成政府间不协调，整体性治理理论通过协调机制可以有效促进政府间合作。最后，整体性治理理论通过建立信息平台，形成生态治理网络，整合区域治理主体的行为来解决环境问题。作为一种解决部门化、碎片化问题而出现的公共治理理论，整体性治理理论不仅以其独有的理论创新性和学术包容性为我们提供了一个具有强大解释力的理论分析工具[②]，而且也为环境问题的解决提供了全新的治理方式。

（三）数字治理理论

数字治理理论（Digital Governance Theory）属于公共治理理论的范畴，是后新公

---

① 董树军 . 城市群府际博弈的整体性治理研究 [M]. 北京：中央编译出版社，2019：81.
② 韩瑞波 . 整体性治理在国家治理中的适用性分析：一个文献综述 [J]. 吉首大学学报（社会科学版），2016，37（6）：67-73.

共管理理论丛林中的重要分支，也是公共治理理论的最新发展[①]。20世纪90年代，信息技术的发展，使政府管理走上了与信息技术相结合的道路，政府管理日益数字化，对政府组织结构、政府任务、公共管理改革和政策变革均产生了重大影响[②]。随着信息技术和数字技术在政府中的普遍运用，西方出现了与信息时代相适应的新的公共治理理论，即数字治理理论。数字治理理论由英国学者帕特里克·邓利维（Patrick Dunleavy）提出，他认为数字治理的核心内容主要包括以下三个方面：重新融合、基于需求的整体主义，以及数字化变革[③]。数字治理理论主张信息技术和信息系统在公共部门改革中的重要作用，从而构建公共部门扁平化的管理机制，促进权力运行的共享，逐步实现还权于社会、还权于民的善治过程[④]。

数字治理理论是在整体治理理论基础上结合数字时代而提出的，它并不是完全的数字化变革，而是一个数字时代社会整体的变动。就环境治理领域而言，数字治理理论强调以信息技术为治理手段，重视数字技术的应用，通过数据的流通和共享实现整体治理，为信息化时代背景下解决环境治理碎片化提供新的思路与框架。此外，数字治理理论还强调通过数字技术跨部门、跨地域搭建数据流通共享的环境治理体系，以数据融合代替部门、地域融合，从而提升环境治理的整体绩效和环保部门的治理能力[⑤]。虽然不同部门之间环境治理数据有所差异，再加上部门间利益冲突和权责关系的模糊，可能会影响数据的流通和共享，但相比部门间和地域间的融合来说，数据融合能最大限度地减轻环境治理成本，提升环境治理的科学化水平。可以说，数字治理理论打破了以往的治理范式，在治理方式、治理文化等方面为环境管理注入了新的元素，推动了环境管理学的发展。

（四）公共价值管理理论

公共价值管理（Public Value Management）理论兴起于新公共管理理论式微与新公共服务理论发展之际，是工具理性和价值理性融合的产物。20世纪90年代，马克·穆尔（Mark H. Moore）首次提出"创造公共价值"，其在《创造公共价值：政府战略管

① 翁士洪. 数字时代治理理论——西方政府治理的新回应及其启示 [J]. 经济社会体制比较，2019（4）：138-147.

②Patrick Dunleavy. Digital Era Governance：It Corporations，the State，and E-Government[M]. Oxford：Oxford University Press，2006：17-57.

③ 王少泉. 数字时代治理理论：背景、内容与简评 [J]. 国外社会科学，2019（2）：96-104.

④ 韩兆柱，马文娟. 数字治理理论研究综述 [J]. 甘肃行政学院学报，2016（1）：23-35.

⑤ 陈少威，贾开. 数字化转型背景下中国环境治理研究：理论基础的反思与创新 [J]. 电子政务，2020（10）：20-28.

理》一书中系统地回答了公共价值是什么、谁来创造公共价值以及公共价值创造的途径或过程是什么等问题[①]。他认为公共价值是公民对政府期待的集合，是公众所获得的一种效用[②]。其后，穆尔分别出版了《公共价值：理论与实践》（2011）和《认知公共价值》（2013），三本书的出版标志着公共价值管理理论从创立到完善[③]。公共价值理论将公共事务看作一个系统，公共系统涉及的所有人员是这个系统的"股东"，共同思考如何提升公共服务质量和创造公共价值。该理论主张公共组织应当由原来按部就班维护好组织运行转变为根据内外环境变化创造公共价值。可见，公共价值管理理论为公共治理理论体系确立了治理的使命和目标，即创造公共价值。

公共价值管理理论作为反思超越传统公共行政和新公共管理理论的新型公共治理范式，能够将政治价值、经济价值、社会价值、生态价值统摄到公共价值统一体系，为环境问题的解决和环境治理提供崭新的战略性分析框架[④]。公共价值管理理论视角下的政府是公共价值的创造者，追求的是整体公共价值最大化，这与环境治理的价值取向不谋而合。由于公共价值管理理论的终极目标是创造公共价值，而生态环境治理政策的实施过程就是政府创造公共价值的过程，一方面，政府向社会提供生态服务这种公共产品，另一方面，政府通过政治动员来促进生态环境取得良好效益。在信息化时代，公共价值理论可以为全球化语境中如何应对环境治理挑战提供新的视角和方法论。在此意义上我们可以认为，延续了公共治理理论脉络的公共价值管理为生态环境的良好治理开辟了一条崭新道路。

（五）协同治理理论

协同治理理论是协同学和治理理论相结合的产物，在本质上是一种交叉理论。协同学由德国物理学家赫尔曼·哈肯提出，他将协同学界定为，通过系统各个部分的相互协作，以形成新的结构和特征。作为一门横跨自然科学和社会科学的综合性学科，协同学旨在研究由诸多子系统构成的系统如何从混沌无序向协同有序转变[⑤]。协同治理理论所提出的各治理主体之间加强协作、促进各主体之间的行为从无序向有序转变、发

① 雷浩伟，廖秀健.社会主义核心价值观融入法治建设研究[M].长春：吉林大学出版社，2020：76.
② 樊胜岳，聂莹，陈玉玲.沙漠化、政策作用与耦合模式[M].北京：中国经济出版社，2015：205.
③ 韩兆柱，翟文康.西方公共治理前沿理论的比较研究[J].教学与研究，2018（2）：86-96.
④ 韩兆柱，翟文康.西方公共治理前沿理论的比较研究[J].教学与研究，2018（2）：86-96.
⑤ 裴索亚.跨行政区生态环境协同治理绩效生成机制与提升路径研究——以京津冀、长三角、汾渭平原为例的实证分析[D].西安：西北大学，2022.

挥 "1+1>2" 的协同效应等观点便是有效吸收了协同学的重要思想①。关于协同治理的内涵，比较有代表性的是联合国全球治理委员会所提出的定义，认为协同治理是调和利益冲突和开展合作的连续过程。治理目标的公共性、治理主体的多元性、治理行为的协调性以及治理过程的规范性是协同治理的重要特征。

作为治理理论和实践发展的产物，协同治理是新兴的公共事务治理模式，旨在解决跨区域、超越单一主体能力范围的公共问题②。生态环境问题作为典型的公共问题，其本身所具有的公共性、不确定性、外溢性以及行政区划利益分割所带来的行政壁垒，使得生态环境的跨行政区治理成为一项十分棘手的问题，势必需要有效的治理方式加以调试。生态环境的内在属性以及治理需求，客观上要求生态环境实行协同治理。作为一种典型的生态治理模式，协同治理能够针对各类跨区域性的生态损害与环境污染问题进行有效施策，进而促进区域整体生态环境质量的改善。可以说，协同治理适应了生态环境不可分割的特性，有效地回应了跨行政区生态环境治理的根本诉求，打破了传统单一治理主体的局限，强调多元主体的共同参与和良性互动，能够有效应对环境污染的外溢性与扩散性，已经成为环境治理的重要理论工具。

第四节　公共政策理论

政府的行政管理活动与公共政策紧密相关，因为政府的任何经济社会目标都需要借助一定的公共政策来实现③。环境问题事关经济社会的稳定发展，制定切实可行的公共政策，甚至以法律的形式予以制定和落实，对于解决环境问题至关重要。公共政策作为政府行为的重要表现，是一种有目的的活动过程，而这种目的旨在处理和解决正在发生的各种社会问题，如生态环境问题。因此，公共政策理论作为解决环境问题，加强环境管理的重要理论工具，必将对生态环境的真正改善发挥重要的引领作用。

---

① 王伟伟. 跨行政区生态环境协同治理绩效问责机制的构建与完善——基于扎根理论与多案例比较研究 [D]. 西安：西北大学，2022.

② 田玉麒，陈果. 跨域生态环境协同治理：何以可能与何以可为 [J]. 上海行政学院学报，2020，21（2）：95-102.

③ 丁煌. 行政管理学 [M].3 版. 北京：首都经济贸易大学出版社，2016：164.

一、公共政策理论的产生及发展

公共政策理论是战后西方各国扩大政府干预的产物，1929—1933 年的经济大危机和"二战"后经济的恢复与发展，使得世界各国政府由自由放任主义转向国家干预的凯恩斯主义，政府的公共政策不再局限于军事和政治等领域，而是呈现出空前扩大的趋势，为公共政策理论的形成和发展创造了有利的条件。

（一）公共政策理论的起步阶段（20 世纪 50—60 年代）

公共政策理论是 20 世纪 50 年代从政治学中独立出来的科学理论，是综合运用各种科学知识和方法来研究政策系统及其规律的理论体系。"二战"后，西方科学技术得到了迅猛发展，然而这些进展并未直接促进或提高人类对政策问题的解决能力，迫切需要一个解决人类社会基本问题，指引人类社会发展方向的跨学科和综合性的研究领域，这是公共政策理论得以产生的前提条件。1950 年，美国著名的政策分析家、现代公共政策理论的创立者哈罗德·D.拉斯韦尔与卡普兰合著了《权力与社会：政治研究的框架》一书，书中正式使用了"政策科学"这一概念[1]，并把政策制定过程划分为信息、建议、法令、援引、实施、评价、终止七个步骤。1951 年，他与同事丹尼尔·勒纳又主编了《政策科学：范围和方法的新近发展》。在这一著作中，拉斯韦尔第一次对公共政策研究对象、研究内容、发展方向作了较为具体的表述[2]。这被人们认为是现代公共政策理论诞生的标志。虽然拉斯韦尔在 20 世纪 50 年代初就确立了公共政策理论研究的初步范式和研究纲领，但以拉斯韦尔为代表的第一代政策学家把方法论的建立和完善看成是公共政策学在学术上取得进步的唯一动力，认为它是解决社会问题的唯一逻辑基础，而忽视了对政策问题"质"的分析[3]。20 世纪 60 年代中期以后，著名的哲学家库恩的《科学革命的结构》在当时起到了方法论的解放作用，给公共政策理论的发展提供了新的生机[4]。总体而言，这一阶段的公共政策理论研究仍然较为狭窄，主要致力于政策制定过程和对某些重大问题进行论证，公共政策理论的框架还没有真正建立起来。

（二）公共政策理论的发展阶段（20 世纪 70—80 年代）

20 世纪 70—80 年代，以德洛尔为代表的政策研究学者对拉斯韦尔等人倡导的行为主义方法论作了全面的批评，公共政策理论进入发展阶段。1968—1971 年，德洛尔

---

① 黄维民.公共政策研究导论[M].西安：陕西人民出版社，2009：48.

② 徐晨.公共政策[M].北京：对外经济贸易大学出版社，2015：8.

③ 谷荣.中国城市化公共政策研究[M].南京：东南大学出版社，2007：12.

④ 吴光芸.公共政策学[M].天津：天津人民出版社，2015：12.

在旅居美国期间，发表了政策科学"三部曲"，即《公共政策再审查》（1968）、《政策制定的探索》（1971）、《政策科学的构想》（1971），构成了公共政策理论发展的里程碑。德洛尔在肯定拉斯韦尔等人的成绩和批判他们过分强调方法论的基础上，把研究方向转向政策的实际内容和政策评价，强调政策执行与结果，注重政策周期是这一历史阶段的主要特征。[①] 公共政策研究的代表学者除了德洛尔之外，还有美国著名的经济学家、政治学家林德布洛姆和托马斯•R.戴伊等人。林德布洛姆的贡献在于他首先提出了"政策分析"概念，并致力于政策分析模型研究，提出了著名的渐进决策模型。在德洛尔和林德布洛姆研究的基础上，其他学者们也分别从不同的角度促进公共政策理论的发展。如托马斯•R.戴伊在《理解公共政策》一书中提出了分析公共政策的八个著名的政治决策模型。安德森在《公共政策》一书中提出政治家也应当关注政策，政策实施过程无疑与政治密切相关。奎德在《公共政策决策分析》等著作中系统阐述了他的政策分析理论，他认为政策分析不仅是一种应用的分析形式，也是政策科学的研究方法论，其目的在于帮助决策者制定和改进政策[②]。这一阶段，政策科学的研究范围不断拓展，从原来单纯的政策制定研究开始关注政策评估、政策执行和政策终结等问题，强调政策制定系统的改进，并对政治制度、体制和文化给予关注，特别是重大政治与社会事件的影响，使得公共政策理论得以进一步发展。

（三）公共政策理论的深化阶段（20世纪90年代以后）

进入20世纪90年代以来，公共政策理论进入全面深化阶段，不仅注重对原有公共政策理论研究进行深化，更致力于不断拓展新的研究方向。关于原有公共政策理论研究主题进行深化主要体现在公共政策的伦理和价值研究，以及公共政策和公共管理关系的研究两个方面。在公共政策的伦理和价值研究方面，公共政策学者们更加关注从不同的途径去探索公共政策的伦理价值。罗尔斯在《正义论》、布坎南在《伦理与公共政策》、高斯罗伯在《公共管理部门、系统与伦理》中分别提出了有关社会哲学、社会道德和专业伦理的研究方法[③]。在公共政策和公共管理关系的研究方面，与之前的研究有所不同，学者们不再去关注这两者的区别，而是积极探索公共政策和公共管理两者的结合。如梅尔斯诺和贝拉威在《政策组织》一书中提出了政策管理、政策沟通、政策组织、政策行动四者相互影响的理论；林恩则在《管理公共政策》一书中提出组织行为、政治理论与公共政策的融合思想[④]。关于拓展新的研究方向也主要体现在开辟了新的研究领域和增强

---

① 谷荣.中国城市化公共政策研究 [M].南京：东南大学出版社，2007：12.

② 吴春华.西方现代公共行政理论 [M].天津：天津教育出版社，2007：134.

③ 舒泽虎.公共政策学 [M].上海：上海人民出版社，2005：13.

④ 吴光芸.公共政策学 [M].天津：天津人民出版社，2015：14.

公共政策的实践性两个方面。随着社会的不断发展，一些新的社会问题不断涌现，各种突发事件层出不穷，这需要社会迅速回应寻求解决。公共政策理论研究者的兴趣也逐渐转向一系列新的社会问题，如温室效应等。作为一门应用性很强的学科，公共政策研究必须直面现实问题，针对这些问题制定完善合理的公共政策，而这也必然要求公共政策理论研究不断向纵深推进。总之，这一阶段，公共政策理论研究呈现出许多新的特征，更加注重对实践的指导作用，理论体系逐渐成熟和完善。

二、公共政策的含义与功能

公共政策的含义与功能的阐述是公共政策理论研究的基石。公共政策对经济发展、环境保护等方面都具有广泛和深远的影响，通过公共政策的制定和实施对经济社会进行调节，对社会资源进行有目的的分配，在促进经济发展的同时改善生态环境是公共政策特有的功效。

（一）公共政策的含义

公共政策是人类社会发展到一定阶段的产物，是随着阶级和国家的出现而形成的社会政治现象。关于公共政策的含义，不同的学者因其研究角度的差异而对其含义的具体界定也有所区别。行政学的鼻祖，美国学者伍德罗·威尔逊认为，公共政策是由政治家即具有立法权者制定的并由行政人员（国家公务员）执行的法律和法规[1]。这一定义是从政策制定和执行的角度对公共政策进行的界定，对理解公共政策具有一定的启发作用。拉斯韦尔被认为是政策研究的先驱，他和卡普兰将公共政策定义为"一种含有目标、价值与策略的大型计划"[2]。政治学者戴维·伊斯顿界定公共政策为"整体社会价值的权威性分配"。这个定义突出了三个思想：制定公共政策是为了价值的分配；分配的范围是全社会；分配的影响力是权威性的[3]。詹姆斯·安德森则认为"政策是一个有目的的活动过程，而这些活动是由一个或一批行为者为处理某一问题或事务采取的"，他强调政策的动态性，把政策视为相互联系的活动所组成的一个完整的过程[4]。美国著名政治学家托马斯·R.戴伊认为公共政策是关于政府所为和所不为的所有内容[5]。公共政

---

① 谭开翠. 公共政策分析概论 [M]. 武汉：武汉大学出版社，2020：52.

② 金书秦. 流域水污染防治政策设计：外部性理论创新和应用 [M]. 北京：冶金工业出版社，2011：37.

③ 魏娜. 公共政策 [M]. 北京：新华出版社，2004：4.

④ 杨瑾瑜. 政策、公共政策、教育政策的内涵及其逻辑关系分析 [J]. 湖南师范大学教育科学学报，2012，11（3）：95-99.

⑤ [美] 托马斯·R 戴伊. 理解公共政策 [M].10 版. 彭勃，等译. 北京：华夏出版社，2004：2.

策这一概念强调的是实际所做的事情，而不只是提出或打算要做的事情。

从上述各位学者对公共政策含义的讨论可知，公共政策具有明确的主体对象，只有获得法律授权、享有公共权威的人或组织才可以制定、执行和评估公共政策。公共政策的制定是为了解决社会公共问题，协调利益矛盾。公共政策是主客体的统一，是掌握公共权力的组织运用一定的资源进行公共管理的活动过程，通常通过具体的形式表现出来。虽然学者们大多是基于某个侧重点对公共政策进行界定，并从不同的角度反映了公共政策所具有的内在特征，但对我们全面且深入地理解公共政策的含义大有裨益。

（二）公共政策的功能

公共政策的功能是公共政策的内部结构要素相互作用后，对社会带来的总体效能与效用，是政策本质的具体体现[①]。公共政策主要有管制功能、引导功能、调控功能、分配功能和象征功能。

1. 管制功能

公共政策的管制功能所要达到的目标是制约，即制约那些政府不希望做的事情。公共政策的管制功能主要包括积极的管制功能和消极的管制功能两种。积极的管制功能是指公共政策的具体内容规定使得管制对象能够进行自我约束。消极的管制功能就是政策管制对象不遵守政策内容时就会受到相应的惩罚。公共政策的管制功能对个人、组织等不同的管制对象都具有约束力和效力。

2. 引导功能

公共政策是一定时期政策主体所制定的整体目标和行动准则。政府通过公共政策引导社会组织、公民个人行为方向或事物的发展朝着实现政策目标的方向发展。这便是公共政策的引导功能。公共政策之所以具有引导功能是由于政策本身的权威性和政策指导性。公共政策体现了政府引导社会向哪个方向发展以及如何发展的总体思路，如政府制定的战略性公共政策实际上是政府对社会发展目标的判断，引导社会组织和公民个人发挥积极性和主动性。

3. 调控功能

公共政策的调控功能是指政府可以通过政策对社会中人们的行为和事物的发展发挥制约或促进作用。政策主体要促进或制约政策对象的行为，就要充分运用公共政策进行有针对性的调节和控制。公共政策的调控功能主要体现在调控社会的各种利益关

---

① 赵礼寿. 我国出版产业政策体系研究（1978—2011）[M]. 杭州：浙江工商大学出版社，2014：25.

系，平衡利益矛盾，实现社会的稳定和发展。个人或群体在社会活动中都会有一定的行为，而这种行为具有明显的利益指向，因而不可避免就会存在利益冲突，需要发挥公共政策的调控功能。

4. 分配功能

公共政策是一种对社会价值进行的权威性分配，这种分配体现着社会不同阶层的利益和要求。公共政策的分配功能着重回答了满足社会需求的价值或利益向谁分配、如何分配和最佳分配方式是什么的问题。政府在制定公共政策时，不仅要考虑维护本阶级和政党的利益，同时也要考虑进行社会资源的合理分配。可以说，错综复杂的利益关系需要通过公共政策的分配功能进行合理协调，才能保证社会的健康稳定发展。

5. 象征功能

公共政策也具有一定的符号意义，一定程度上也表现出要求人们应当向某一方向努力的象征性功能。通常来讲，制定公共政策的目的在于改变社会状况，使得社会能够稳定发展，即公共政策会产生实质性效果，但有些公共政策并不产生实质性效果，仅在于影响公众的观念和思想意识，也就是说这类公共政策的制定只具有象征性功能，并不在于能否造成实际作用。

三、公共政策理论谱系

公共政策学是一个跨学科和综合性的研究领域，人们从不同的立场和角度出发，必然会在有关公共政策的理论上形成不同的观点和学派[①]。在西方公共政策理论的发展中，形成了几种比较有影响力的理论，主要包括倡导联盟框架、制度分析与发展框架、多源流理论、政策扩散理论和政策网络理论。

（一）倡导联盟框架

倡导联盟框架（Advocacy Coalition Framework）是由美国政策学家萨巴蒂尔和简金斯·史密斯于 20 世纪 80 年代提出的，该框架最初主要用于解释和分析能源环境政策，如大气污染政策、水政策等，随后逐渐向经济、社会、健康等公共政策领域迈进，成为一种分析公共政策过程的重要理论工具。20 世纪七八十年代，社会政治经济发生着深刻变革，如新兴民主独立国家的解放运动，科学技术的广泛传播。在这样的时代背景下，一直被奉为主流公共政策过程理论的"阶段论"难以回应时代需要，倡导联盟框架应运而生。倡导联盟框架是在诸多基本概念的基础上建构和发展起来的，深入

---

① 蒋云根. 公共管理与公共政策 [M]. 上海：东华大学出版社，2005：141.

分析和阐述这些概念是理解倡导联盟框架的基础和前提。该框架主要包括倡导联盟、信念体系、政策子系统、相对稳定的参数、外部（系统）事件、联盟机会结构、政策学习与政策变迁等核心概念。这些核心概念和要素之间的相互作用构成了倡导联盟框架的基本思想和逻辑观点。

通过对上述倡导联盟框架的形成背景、基本概念和核心观点的深入考察和分析可以发现，倡导联盟框架可以简单地理解为：相对稳定的参数和外部（系统）事件通过长期或短期的联盟机会对政策子系统产生影响，同时，政策子系统也会受到内部各个倡导联盟（拥有共同信念体系）的策略性互动和政策经纪人的影响，在内外部因素的共同作用下，影响政策产出过程，从而推动政策变迁。随着全社会对环境保护工作的重视，政府倡导建立多元主体共同参与的现代环境管理体系，倡导联盟框架正逐渐成为多元主体参与环境保护和管理的重要理论工具。相对于其他公共政策过程理论来说，倡导联盟框架从最开始就关注资源与环境政策领域，因而对于分析和理解环境管理活动具有非常重要的借鉴意义。

（二）制度分析与发展框架

制度分析与发展（Institutional Analysis and Development）框架是探究包括应用规则在内的外生变量如何影响行动情境的结构以及结果产出的分析框架。该框架最早由奥斯特罗姆夫妇于 1982 年提出，此后不断发展并被广泛应用于不同实际情境的分析。这是从制度视角理解和研究公共政策的重要政策过程理论之一。制度分析和发展框架起初被广泛应用于公共池塘资源自主治理中，目的在于为资源使用者提供一套能够增强信任与合作的制度设计方案及标准，并且用来评估和改善现行的制度安排。作为一个理论分析框架，制度分析和发展框架由外部变量、行动舞台、相互作用和评估结果等部分构成，用于分析在给定的外部变量的影响下，行动舞台中的行动者在行动情境的约束下相互作用，建立互动模式，并对在此模式下产生的结果进行评估，而评估结果又通过直接或间接的方式反过来作用于行动舞台和外部变量。

奥斯特罗姆夫妇提出的制度分析与发展框架是一个带有一般性和普遍性的框架，具有极强的适用性和解释力，可以帮助我们进一步明确在制度分析的过程中应该将哪些因素考虑在内，以及这些因素之间是何种关系。作为一个从上千个公共池塘资源治理的案例中整理并逐步发展的理论框架[①]，制度分析与发展框架可以有效地用于研究生态环境问题。此外，制度分析与发展框架具备的动态性和开放性特征，以及强大的情

---

① 王雨蓉，陈利根，陈歆，等.制度分析与发展框架下流域生态补偿的应用规则：基于新安江的实践 [J]. 中国人口·资源与环境，2020，30（1）：41-48.

景适应性、微尺度分析和操作清晰性优势，为研究复杂的生态环境问题提供了可能[①]。由于生态环境治理具有整体性特征，跨域治理不可避免，然而行政区划分割形成的利益冲突，使得跨行政区生态环境治理收效甚微，制度分析与发展框架作为环境治理的重要制度工具，为分析跨行政区环境治理问题提供了创新性的视角。

（三）多源流理论

多源流理论（Multiple Streams Theory）是由美国政策科学家约翰·W.金登（John W. Kingdon）于20世纪80年代在垃圾桶模型的基础上提出的，以此来解释政策是如何制定的。该理论认为在政策制定过程中存在问题源流、政策源流和政治源流三条源流。其中，问题源流是指问题需要通过指标、焦点事件、危机与符号等来推动和彰显，从而引起政策制定者的注意。政策源流阐述的是由政策共同体中的专家提出的政策建议和政策方案的产生、讨论、重新设计以及受到重视的过程。政治源流指的是影响政策问题上升为政策议程的政治活动或事件，包括国民情绪的变化、压力集团的行动、行政或立法机构的换届以及执政党执政理念等[②]。三种源流沿着不同的路径分别流动，并在某一关键时间点汇合到一起，这个关键的时间点就是政策之窗。政策之窗是根据给定的动议而采取行动的机会，它们呈现并且只敞开很短暂的时间[③]。当政策之窗被打开的时候，政策企业家必须迅速抓住机会开始行动，从而使得社会问题被提上政策议程。

多源流理论通过问题、政治、政策、政策之窗与政策企业家等结构要素，刻画了在政治与行政分离的制度环境下，面临着模糊的条件、复杂无序的情境以及显著的时间约束，国家政府层面如何进行政策议程设置[④]。近年来，随着经济社会的快速发展，生态环境问题成为备受人们关注的重要问题，要求经济发展与环境保护协调发展的呼声日益高涨，政府对生态环境的重视使这一问题形成广泛共识，进而使问题源流与政治源流得以汇合。同时政策源流也对政治源流产生重大影响。在政策企业家的推动下，三条河流汇集，政策之窗打开，生态环境问题被提上政策议程，形成生态环境政策。由于多源流理论对于不同领域的政策制定和议程设置均具有较强的解释力和适用性，因此也常常被用来解释和分析生态环境政策。作为重要的政策分析工具，多源流理论

① 袁方成，靳永广.封闭性公共池塘资源的多层级治理——一个情景化拓展的IAD框架[J].公共行政评论，2020，13（1）：116-139，198-199.

② 姜艳华，李兆友.多源流理论在我国公共政策研究中的应用述论[J].江苏社会科学，2019（1）：114-121.

③ [美]约翰·W金登.议程、备选方案与公共政策[M].2版.丁煌，方兴，译.北京：中国人民大学出版社，2004：209.

④ 陈贵梧，林晓虹.网络舆论是如何形塑公共政策的？一个"两阶段多源流"理论框架——以顺风车安全管理政策为例[J].公共管理学报，2021，18（2）：58-69，168.

可以为正确解读生态环境政策内容以及把握当前生态环境政策的侧重点提供理论依据。

（四）政策扩散理论

政策扩散理论（Policy Diffusion Theory）兴起于 20 世纪 60 年代末的美国，1969 年美国学者沃克（Walker）在《美国政治学评论》上发表了《美国各州的创新扩散》一文，被公认为政策扩散理论研究兴起的标志[①]。经过罗杰斯、格雷、贝瑞夫妇等人的深入研究，政策扩散理论在概念体系、理论基础以及研究方法等方面都得到不断的丰富和发展，成为研究公共政策变迁的重要理论之一[②]。国际政策科学界通常将政策扩散定义为一项创新通过某种渠道随着时间流逝在一个社会系统的成员之间被沟通的过程[③]。我国学者王浦劬认为公共政策扩散是指一种政策活动从一个地区或部门扩散到另一地区或部门，被新的公共政策主体采纳并推行的过程[④]。政策扩散既包括政策转移和政策学习等有意识和有计划的活动，也包括政策自然传播和扩散活动。政策扩散理论不仅为美国行政体制改革提供了有力的学理支撑，也迅速发展成为公共政策领域研究的重点。

当前，我国环境治理领域出现了政策扩散现象，一些治理领域获得成功的做法容易被作为"示范样本"推广到其他治理领域，而政策扩散理论作为公共政策研究的重要理论工具，可以有效地解释这一现象。美国学者罗尼·利普舒茨（Ronnie D. Lipschutz）认为，环境难题是由各种形式的权力运作引起的，因而要解决的话，也必须借助其他权力运作形式[⑤]。在我国，政府是环境治理的主体，而环境政策的传播则是环境治理的重要环节，在环境治理领域，我国从中央到地方政府在不断探索，如河长制的推行。河长制是我国生态文明建设的重要举措，全面推行河长制不仅是环境政策扩散的重要表现，更彰显了政府在环境治理领域的责任与担当。可以说，政策扩散理论研究的兴起，为理解环境政策的创新扩散提供了新的思路。

（五）政策网络理论

政策网络（Policy Network Theory）理论兴起于 20 世纪 70 年代的美国，是将网络理论引入公共政策领域而形成的一种分析途径和研究方法。该理论既是西方公共政

① 鲍伟慧. 政策扩散理论国外研究述评：态势、关注与展望 [J]. 内蒙古大学学报（哲学社会科学版），2021，53（4）：82-89.

② 陈芳. 政策扩散理论的演化 [J]. 中国行政管理，2014（6）：99-104.

③ 吴光芸. 公共政策学 [M]. 天津：天津人民出版社，2015：422.

④ 王浦劬，赖先进. 中国公共政策扩散的模式与机制分析 [J]. 北京大学学报（哲学社会科学版），2013，50（6）：14-23.

⑤ 柴巧霞. 电视媒体中的生态文明与环境价值观传播研究 [M]. 武汉：武汉大学出版社，2019：120.

策实践发展的需要，也是现代西方政府管理的客观要求。由于各国的政治制度、文化差异和学术传统的不同，学者们对政策网络的理解也存在差异，从而呈现出流派林立、观点各异的局面。英国的政策网络是一种利益集团中介模型，主要有政府官员与政策利害关系者参与，而德国学者却视政策网络是一种治理结构[①]。尽管各国学者对政策网络的解读不同，但从本质上说，政策网络是对多元主义、法团主义的有效纠正和超越，是一种不同于市场、科层的社会协调机制，其本质是一种新型的集体行动[②]。政策网络理论的核心观点和内涵主要包括以下几个方面：在方法论上追求宏观研究和微观研究的结合；在参与主体上，呈现出主体多元化和关系网络化的特征；在主体间关系特征上，强调多元主体之间保持平等、对话和协商的关系[③]。作为一种分析政策过程的重要手段，政策网络理论的兴起无疑是政治学和公共政策领域研究的一大贡献。

随着政策网络理论研究的深入探索，把政策网络作为一种国家治理模式或者管理工具来研究，正在逐渐成为政策网络研究的新趋势。当前，我国生态环境问题具有严重性和复杂性，传统的以单一政府为主体的环境治理体系难以有效应对环境危机，建构一个多元主体共同参与、协同互动的政策网络，对于解决环境问题和加强环境管理至关重要。政府对生态环境保护的重视，非政府组织的参与和公民环保意识的增强都为生态环境保护政策网络的形成提供了可能。由于拥有的资源和利益取向不同，政府、非政府组织和公民等多元主体在生态环境保护政策网络中有着不同的动力、作用、优势和不足，并且这些多元主体之间存在着错综复杂的竞争和合作关系，政策网络运行的关键就是要维护和增强合作关系，协调和引导竞争关系，减少冲突，以实现政策网络的集体行动。

思考题

1. 可持续发展理论是如何提出的？
2. 可持续发展的基本内涵与主要原则是什么？
3. 可持续发展的核心理论有哪些？其主要观点和政策主张是什么？
4. 生态现代化理论的核心主张是什么？如何评价生态现代化理论？

---

① 雷涯邻，吴三忙，李莉，等. 我国绿色矿业发展研究 [M]. 武汉：中国地质大学出版社，2017：197.

② 侯云. 政策网络理论的回顾与反思 [J]. 河南社会科学，2012，20（2）：75-78，107.

③ 陶希东. 中国跨界区域管理：理论与实践探索 [M]. 上海：上海社会科学院出版社，2010：63.

5. 公共治理理论的产生背景是什么？如何理解公共治理？

6. 公共治理理论谱系包括哪些理论？其主要观点和政策主张是什么？

7. 公共政策理论谱系包括哪些理论？其主要观点和政策主张是什么？

案例分析

欧盟后京都国际气候谈判立场的形成

应对气候变化是欧盟整体经济社会发展的一个重要环节，欧盟气候战略的形成必须放在更加宽泛的国际和欧盟内部经济社会发展的大背景下去考察。经过近8年的艰苦努力，《京都议定书》最终生效。2006年，英国财政部发布了"气候变化经济学评论"，也就是著名的"斯特恩评论"，运用经济学知识为欧盟的气候行动提供注脚，强调尽早、强有力应对气候变化的行动所带来的好处将大大超过行动的成本。里斯本战略进展毁誉参半，虽然取得重大进展，但并没有达到理想的目标，诸多行动遭遇新的挑战，欧盟处于一个面对内部和外部挑战的关键十字路口，从2005年年初开始欧盟决定重新发起里斯本战略。

根据欧盟气候政策的决策程序和机制，欧盟的气候政策是欧盟委员会（发起和提出政策草案）、欧盟理事会（包括欧洲理事会和部长理事会）（对委员会的提案作出决定）和欧洲议会（与理事会一起行使联合决策权）三个主要决策机构相互作用形成的。2005年《京都议定书》生效之后，欧盟就开始准备2012年之后的国际气候治理机制及减排目标的谈判。2005年2月9日，欧盟委员会发布《赢得应对全球气候变化的战斗》的政策文件，正式拉开了欧盟"后京都时代"国际气候谈判立场形成的序幕。该文件强调采取行动所达到的目标要超过行动的成本，呼吁广泛的国际参与，并鼓励发展中国家参与减排行动。2005年，欧盟环境部长理事会和欧洲理事会对欧盟委员的提议作出积极回应，强调欧盟将来的气候战略应该努力与所有国家进行最广泛的合作，包括温室气体排放和驱动技术革新等方面。2006年，欧洲理事会讨论了"革新、能源与气候变化"问题，把技术革新、能源供应安全与应对气候变化问题放在一起协同解决。在理事会的积极推动下，欧盟的后京都国际气候谈判战略逐渐明朗。2007年，在题为《限制全球气候变化到2摄氏度：走向2020年的道路及其超越》的政策文件中，欧盟委员会正式全面阐述了欧盟"后京都时代"应对气候变化的内外政策主张。欧盟认为，为了达到2℃目标，国际社会必须签订一个新的气候协议，确保全球温室气体排放到

2025 年前达到峰值，然后到 2050 年减少 50%（在 1990 年的基础上）。

欧盟的整体气候战略可以说是通过应对气候变化促进欧盟整体经济社会的生态化转型，也就是通过技术革新促进生态效率和经济效率的提升，实现经济社会的可持续发展，使经济增长和环境保护目标一同实现。而这也正是里斯本战略的宗旨"把欧洲建设成为世界上最具有竞争力、最具活力的知识经济体"的核心与精髓。而这种战略的核心价值也正是生态现代化理论的核心理念。对照前文阐述的生态现代化理念的核心主张，我们可以从欧盟委员会、欧洲议会、欧洲理事会和环境部长理事会的政策文件文本看到生态现代化理念的重要影响，比如集中阐述欧盟后京都气候战略的文件《2020 年的 20/20：欧洲的气候变化机会》，把应对气候变化视为实现欧盟经济社会全面转型、走向低碳经济的一个重大"机会"，这种战略本身事实上就是一种生态现代化战略。

——资料引自：李慧明.生态现代化与气候治理——欧盟国际气候谈判立场研究[M].北京：社会科学文献出版社，2017.

结合以上材料，请分析：

1.请运用"生态现代化理论"对欧盟后京都国际气候谈判立场的形成进行分析。

2.结合当今全球气候变化的形势，谈谈如何促进经济社会的生态化转型。

第三章 环境管理政策与制度

随着中国环境保护工作的深化，我国逐渐形成了一套既符合国情，又能强化环境保护管理的环境管理政策与制度。尽管这些政策与制度需要随着时代的发展不断完善，但其分别曾在各个时期为环境保护工作提供了指导与依据，在控制污染、保护生态方面发挥了重要的作用。本章简要概括了现行环境管理政策体系和环境管理制度，并在此基础上重点介绍了环境行政管理政策、环境技术管理政策、环境经济管理政策、环境社会管理政策等四个方面政策的概念和内容，以及环境影响评价制度、环境保护目标责任制、环境排污许可制度、环境信息公开制度等四个方面环境管理制度的特点及作用，为后续章节探讨环境管理问题提供制度基础。

第一节 环境管理政策与制度概述

一、环境管理政策

（一）环境管理政策的概念与特点

1. 环境管理政策的概念

环境管理政策是指公共组织为保护和改善人类环境、防治生态破坏和污染所采取的一系列方针、路线、原则及行为准则等的总称。从宏观层面上看，环境管理政策是公共政策的一个组成部分，包括环境管理思想体系、环境管理法律法规、环境管理战略设计等；从微观层面上看，环境管理政策包括环境管理行政政策、环境管理技术政策、环境管理经济政策、环境管理社会政策等。中国环境管理政策是指党和国家在总结社会发展情况的基础上，以马克思主义为指导思想，结合经济发展与环境管理保护的实际情况，为保护和改善生态环境而决定并实施的行动、计划、规则以及相关对策的总称，是中国进行环境管理和保护的行为准则①。

2. 环境管理政策的特点

环境管理政策的调整对象不同于其他政策，既调整人与人之间的关系，也调整人与自然、人与社会、组织与组织之间的关系。其调整对象的广泛性与特殊性，决定了环境管理政策在政策制定、执行机制、实施方法等方面具有综合性、公益性及科学技术性的特点。中国的环境管理政策，除了具有上述环境管理政策的一般特点外，还有如下特点：

（1）环境政策以被动型为主

中国环境法规的产生与制定一般由国家主管部门领导，部分专家参与起草，经过科学论证后，再由国家机关审查通过、颁布实施。中国环境立法多为"主体立法"，只规定相对人应承担的义务，对其享有的权利未予规定，缺乏公平性。同时，在各政策法规运行时，过度强调单行法规的作用，忽略了各组织、法规之间的协调性，导致不同法规的解释较为混乱。由此可见，当前环境管理政策缺乏主动型的法律体系，多以被动型政策为主，法律条文的修改也未能及时跟进，造成环境管理政策实施时难以主动兼顾首尾的现象。

（2）注重环境与经济的平衡

中国在制定环境管理政策时，不仅考虑到了环境保护的目标，同时还注重环境政策对经济发展的影响，将经济系统对环境政策的承受力作为制定政策时要考虑到的重要因素。且在环境政策的制定中，注重平衡经济发展与环境保护之间的关系，二者相互妥协、相互让步。这就是说，中国环境管理政策的战略是"环境与经济协调型"的，不是单纯的"环境优先型"或"经济优先型"。

（3）强调政府管制的作用

中国环境管理政策中的各项制度和具体措施，大部分被作为一种行政行为通过政府管理来实施，或者由政府部门直接强制操作，这使得中国的环境管理政策体现出浓厚的政府管制色彩。近年来，我国进行的大气污染治理、黄河流域生态环境治理等行动，主要也是依靠政府力量进行，社会团体和民众个体的政策参与力量较为薄弱。

（二）环境管理的基本国策、基本政策和保护方针

1. 环境保护基本国策

1983 年召开的第二次全国环境保护会议提出环境保护是现代化建设中的一项战略

---

① 蔡守秋 . 环境政策学 [M]. 北京：科学出版社，2009：54.

任务，是中国的基本国策，会议确立了环境保护在国家社会和经济发展中的地位。基本国策是国家整体政策的重要组成部分，是一个国家立国、治国、兴国之策，关系着国家发展的全局，当其他具体政策与基本国策冲突时，应服从于基本国策。

将环境保护作为中国的基本国策，是有其必要性的。第一，中国本身就人口众多，人均资源相对紧缺，且在国家发展的过程中，由于科学技术落后、环保设施不完善以及环保意识欠缺，使得国家资源利用率较低、资源过度消耗问题和环境问题逐渐凸显，如果不加以重视，最终可能会影响人民的基本生活和国家的可持续发展。第二，中国的环境问题是随着经济社会的发展不断产生、积累的，如果任其发展，会给生态带来巨大的压力，产生不可设想的后果。第三，为了实现国家可持续发展的战略目标，就要将社会、经济与环境作为一个整体统筹规划，实现协调发展。将环境保护定为基本国策，会使得环境保护上升至与经济、社会相等的高度，进一步推动三者的协调发展。

2. 环境管理的基本政策

中国环境保护管理有三大基本政策，包括"预防为主、防治结合、综合治理""谁污染、谁治理"和"强化管理"政策，这三大基本政策以中国国情为基础，以解决环境问题为目标，是在总结国内外环保实践与经验的基础上制定的独具中国特色的环境保护管理政策。

（1）"预防为主、防治结合、综合治理"政策

"预防为主、防治结合、综合治理"政策的核心思想是，在经济开发和建设之前或之中，实施消除污染和保护环境的措施，通过全过程控制，从根源解决环境问题，减少事后污染治理和生态保护所需付出的沉重代价。环境保护与经济发展是相互联系的统一整体，解决环境问题必须从经济发展的全过程入手，因此环境保护政策的制定也必须贯穿于经济发展的全过程，"预防为主、防治结合、综合治理"政策恰好体现了全过程环境保护的规律与特点。

（2）"谁污染、谁治理"政策

"谁污染、谁治理"政策强调治理污染、保护生态环境是生产者不可推卸的责任和义务，由污染产生的损害以及治理污染所需的费用，都该由生产者来承担和补偿，从而使"外部不经济"内化到企业生产中去。这项政策会推动企业主动改造和升级环保设备，从技术上减少污染的产生，将企业纳入污染治理的主体中。

（3）"强化管理"政策

"强化管理"政策提出于1983年的第二次全国环境保护会议，是三大基本政策的核心，最符合中国的基本国情，该政策强调解决部分环境问题可以通过强化管理的手

段进行，具体内容包括：《环境保护法》《海洋环境保护法》《水污染防治法》《大气污染防治法》和《防沙治沙法》等单项环境保护法律，以及一些与环境保护密切相关的资源法规，如《森林法》《草原法》《土地管理法》《矿产资源法》《水法》等。截至目前，中国已基本形成了较为完善的环境保护法规体系，在实践中确立了环境保护与管理的法律权威性。

3. 环境管理的基本方针

到目前为止，中国正式提出的环境保护管理基本方针共有两个："三十二字方针"和"三同步、三统一"方针。

（1）"三十二字方针"

中国政府意识到环境保护问题的重要性是在 1972 年斯德哥尔摩的人类环境会议上，这次会议后，中国政府开始着手制定环境保护管理的方针政策；1973 年，中国召开第一次全国环境保护大会，在会上提出了"全面规划、合理布局、综合利用、化害为利、依靠群众、大家动手、保护环境、造福人民"的三十二字方针[①]。该方针是中国环境保护政策发展的起点，是中国早期环境立法的指导思想，对中国环境保护管理工作的方向、重点进行了高度概括，被写进《关于保护和改善环境的若干规定（试行草案）》和《中华人民共和国环境保护法（试行）》两个政策文件中，以法律的形式确定下来。

（2）"三同步、三统一"方针

"三同步、三统一"方针是在 1983 年第二次全国环境保护会议上提出的，"三同步"即城乡建设、经济建设与环境保护要做到同步规划、同步实施、同步发展；"三统一"即经济效益、社会效益与环境发展要统一，这一方针是中国制定环境保护政策、组织实施环境政策的出发点和落脚点。在 2018 年召开的第八次全国环境保护会议上，政府将"三同步、三统一"方针与可持续发展战略结合起来，提出在新的历史时期，要加大力度推进生态文明建设、解决生态环境问题，坚决打好污染防治攻坚战，将经济效益、社会效益、环境效益三者统一起来，推动中国生态文明建设迈上新台阶。

（三）环境管理政策的发展概况

中国的环境管理政策是伴随着解决环境问题的实践而产生、发展起来的，在不同的历史时期有不同的内容和表现形式。在新中国成立后，环境管理政策的发展可以分为两个时期[②]。

---

① 蔡守秋.环境政策学 [M].北京：科学出版社，2009：66.

② 李永峰，陈红，徐春霞.环境管理学 [M].北京：中国林业出版社，2012：169.

从新中国成立至 1978 年，这是新中国环境管理政策起步和缓慢发展的时期。在新中国成立初期党和人民政府制定了大量保护森林、水资源、野生动植物、矿产资源以及防治工业废水、废气、农药污染的法规和政策性文件。

从 1978 年至今，是中国现代环境管理政策迅速发展、全面发展的时期。这个时期的环境管理政策具体包括《中华人民共和国环境保护法（试行）》、《海洋环境保护法》（1982 年）、《水污染防治法》（1984 年）、《固体废物污染防治法》（1995 年）、《防洪法》（1998 年）、《气象法》（1999 年）、《环境影响评价法》（2002 年）、《可再生能源法》（2005 年）、《循环经济促进法》（2008 年）、《规划环境影响评价条例》（2009 年）、《关于推进大气污染联防联控工作改善区域空气质量的指导意见》（2010 年）、《国家环境保护"十二五"规划》（2012 年）、《大气污染防治行动计划》（2013 年）、《中华人民共和国环境保护法》（2015 年）、《"十三五"环境监测质量管理工作方案》（2016 年）、《建设项目环境保护管理条例》（2017 年）、《打赢蓝天保卫战三年行动计划》（2018 年）、《中央生态环境保护督察工作规定》（2019 年）、《排污许可管理条例》（2021 年）、《"十四五"生态环境保护规划》（2022 年）等内容。

（四）环境管理政策体系

环境问题和环境保护涉及社会生活的各个领域及经济发展的方方面面，因此实际中的环境管理政策有众多种类和表现形式，但是各环境管理政策之间并不是各自独立、毫无关系的，而是存在着有机联系。从不同的角度可以归纳出中国环境管理政策的不同框架和体系，反映了不同主体对环境管理政策的认识、理解。从制定环境管理政策的组织级别来看，中国环境管理政策由中央级和地方级组成；从政策的表现形式来看，中国环境管理政策包括与环境保护相关的法律性文件与规范、环境保护行动以及非环境法律规范性文件等形式所组成的体系。虽然环境管理政策可以人为分类，但切记不可忽略中国整个环境管理政策体系的有机联系性和统一性。

1. 按政策内容划分的环境管理政策

从环境管理政策的内容出发，中国环境管理政策体系包括总政策和综合性政策。环境管理总政策指中国环境管理政策的基本方针、路线和原则，例如环境管理工作的"三十二字方针"和"三同步、三统一"方针，都属于我国环境管理工作的基本方针；环境管理综合性政策则指的是那些跨部门、跨领域，具有全局性、综合性和整体性的政策，体现出整体性、全局性、综合性的特点。

2. 按防治对象划分的环境管理政策

从环境管理政策的防治对象划分，中国环境管理政策体系包括三个部分：第一部分是防治环境污染的政策，例如大气污染防治政策、水污染治理政策等；第二部分是防治生态环境破坏的政策，如防治水土流失、土地沙漠化、盐碱化、沼泽化等的政策；第三部分是防治自然灾害的环境政策，如保护陆地及水等自然资源的政策、保护遗传资源的政策、防治地震灾害的政策、防洪防涝的环境保护政策以及保护自然生活区生态环境的政策等。

3. 按实施强制性程度划分的环境管理政策

从政策实施的强制性程度划分，中国环境管理政策体系包括命令型和控制型政策、经济型和激励型政策、鼓励型和自愿型政策。命令型和控制型环境管理政策以法律手段、行政手段为主要内容，执法主体一般是立法机关和行政机关，具有法律强制性、执行力度大、行政效率高等特点，在环境管理中发挥着重要的作用。经济型和激励型环境管理政策注重市场经济制度的作用，依赖现代技术的发展，具有经济效率高、激励成本大、灵活性高、多样性丰富以及长期效果明显等特点，是注重经济效率及激励机制的政策类型，在实际中需与其他政策配套才能有效实施。鼓励型和自愿型环境管理政策指的是随着环境意识的提高，各主体自觉、自愿、积极、主动地参与环境管理的政策类型，与传统的法律、行政、鼓励及自愿型政策不同，这种基于管理主体的自觉性和主动性的政策已越来越受到关注，如当前倡导的环境信息公开、环境绩效管理、环境宣传教育等都属于鼓励型和自愿型的环境管理政策。

4. 按主要手段、方法和调整机制划分的环境管理政策

从政策实施的主要手段、方法和调整机制划分，中国的环境管理政策体系包括环境行政管理政策、环境技术管理政策、环境经济管理政策、环境社会管理政策、环境产业管理政策以及环境政治管理政策等。

环境行政管理政策指的是采取行政控制手段、行政调整机制的环境政策。环境技术管理政策指的是由国家机关制定并发布的，关于环境保护的科学技术原则、技术方法、技术手段和技术要求的环境政策，其核心思想是发展技术含量高、附加值高的环境保护产品以及成本低的污染治理技术等。环境经济管理政策指的是利用经济手段与市场调节机制的环境政策，典型的如中国排污权交易政策、绿色税收政策、环境收费政策等。环境社会管理政策是指采用社会治理机制、调整机制的环境管理政策，如中国的环境民族政策、环境宗教政策、环境人口政策等。环境产业管理政策是指利于产业发展和产业结构调整的专项政策，具体包括环境保护产业发展政策和环境保护产业结构调整政策。环境政治管理政策指的是采用政治手段进行环境管理的政策，包括与环境保护相关的政体制度、选官制度、国家结构形式、决策程序等政策类型。

5. 国际环境政策和涉外活动的环境管理政策

除了上述各类型的环境管理政策之外，还有国际环境管理政策和涉外活动的环境管理政策这两种特殊的政策类型，相对于纯粹的国内环境政策而言，这两种政策都涉及了中国对外国、中国对国际环境保护事务的政策。如中国对待国际环境问题、涉外环境问题的总指导思想以及中国国际环境外交政策等。

二、环境管理制度

（一）环境管理制度的概念与特点

1. 环境管理制度的概念

环境管理是环境保护的重要领域，也是政府部门一项重要的管理职能。环境管理的核心是对人的管理，以解决人类活动造成的各种环境问题为目的，运用各种管理手段，实现人与自然的协调发展，进而推动区域社会的可持续发展[1]。环境管理制度是国家为了推动环境管理工作的法治化、制度化、规范化而制定出来的，这些环境管理制度推动了环保事业的创新与发展。

2. 环境管理制度的特点

自 1979 年以来，随着我国环境保护工作的深化而逐渐形成了一套既符合我国基本国情，又能为强化环境管理提供保障的环境管理制度，在控制环境污染和保护自然生态方面发挥了重要的积极作用[2]。根据环境管理制度发展的先后顺序可以将中国的环境管理制度概括为"老三项"制度和"新五项"制度，"老三项"制度分别是环境影响评价制度、"三同时"制度和排污收费制度；"新五项"制度则分别是环境保护目标责任制度、城市环境综合整治定量考核制度、排污许可证制度、污染集中控制制度、限期治理制度。

整体上看，中国环境管理制度体现出联系性、交叉性和网络性三个特点：联系性是指中国在制定环境管理制度时注重各个制度之间的前后联系，保证了环境管理的连贯性；交叉性则指中国各环境管理制度之间存在着重叠与交叉，强调环境管理的重点部分；网络性体现在中国环境管理制度的运行机制之中，各个制度间存在着正向联系与反馈联系的网络关系，环保部门在实际统筹规划中可以利用此网络关系使各个制度间充分配合与协调。

---

① 白志鹏，王珺 . 环境管理学 [M]. 北京：化学工业出版社，2007：62.
② 李永峰，陈红，徐春霞 . 环境管理学 [M]. 北京：中国林业出版社，2012：396.

（二）环境管理制度体系

随着经济社会的发展，中国环境管理制度在"老三项"和"新五项"的基础上产生了环境管理监察制度、环境信息公开制度、污染物排放总量控制制度、污染事故报告制度、环境保护现场检查制度、生态保护红线制度以及区域联防联控等新的环境管理制度，它们与原来的八项制度共同构成了中国环境管理制度体系，这个体系是环境管理事业实现的条件和保证。

1. "老三项"环境管理制度

（1）环境影响评价制度

《建设项目环境保护管理条例》将环境影响评价定义为：对拟定协议中可能对周围环境造成影响的人为活动进行分析、预测和评估，并进行各种替代方案的比较，提出各种减缓措施，把对环境的不利影响减小到最低程度的活动，可以为相应的项目决策提供科学依据。《环境影响评价法》中指出环境影响评价是对规划和建设项目实施后可能造成的环境影响进行分析、预测和评估，提出预防或者减轻不良环境影响的对策和措施，进行跟踪监测的方法与制度。环境影响评价制度是环境影响评价在法律上的表现，该制度以法律的形式规定了环境影响评价的内容、范围、程序和法律后果，可以为一个地区的发展方向和规模提供依据。

（2）"三同时"制度

"三同时"制度指的是一切新建、扩建、改建项目，区域开发建设项目，自然开发项目，技术改造项目，以及可能对环境造成不利影响的其他工程项目，其有关防治污染和其他公害的设施和其他环境保护设施必须与主体工程同时设计、同时施工、同时投产的制度[①]。"三同时"制度是在中国社会制度建设基础上提出的一项具备中国特色的环境法律制度，是中国环境管理的基本制度之一，在控制新污染源产生方面发挥了重要的作用，且"三同时"制度体现了"预防为主"的重要原则，是"预防为主"环境保护方针的规范化、制度化与具体化。

（3）排污收费制度

排污收费制度是指按照污染物的数量、种类和浓度，对于超过国家排放标准向环境排放污染物的污染者，依据有关规定征收一定的费用或实现排污款专项专用的制度，排污款主要用于补助重点污染源防治、区域性污染防治等方面。这项制度主要运用经济手段促进污染治理，通过执行"污染者负担原则"，使污染者承担一定的防治费用，

---

① 白志鹏，王珺. 环境管理学 [M]. 北京：化学工业出版社，2007：64.

其目的是促进排污者加强环境管理，治理老污染源，控制新污染源，节约和综合利用资源，改善环境，并为补偿污染损害和保护环境筹集资金。

2."新五项"环境管理制度

（1）环境保护目标责任制

环境保护目标责任制是指按照规定要求各级政府领导人及有关污染单位对当地的环境质量负责并承担起污染防治责任的环境管理制度。环境保护目标责任制体现了目标管理的特点，该制度以目标为中心，以法律为依据，确定各地区环境保护的主要责任者及其责任范围，将权利、责任、义务和利益四者有机结合起来，运用目标化、制度化的管理方法，推动各级领导和有关主体贯彻执行环境保护的基本国策，有利于促进环境保护工作的深入开展。环境保护目标责任制解决了"到底谁该对环境质量负责"这一重要问题，各地可以根据实际情况，确定本地区环境治理的考核方法和考核指标体系，有助于调动全社会的积极性，使保护环境的任务落实到各行各业、方方面面。

（2）城市环境综合整治定量考核制度

城市环境综合整治，就是在市政府的统一领导下，以城市生态理论为指导，以发挥城市综合功能和整体最佳效益为前提，采用系统分析的方法，从总体上找出制约和影响城市生态系统发展的综合因素，理顺经济建设、城市建设和环境建设的相互依存又相互制约的辩证关系，用综合的对策整治、调控、保护和塑造城市环境，为城市人民群众创建一个适宜的生态环境，使城市生态系统良性发展[①]。城市环境综合整治定量考核制度是推动城市环境综合整治、解决城市环境污染的有效措施，它将城市环境作为一个整体系统，采取多目标、多层次、多功能的理论和方法，把城市各行各业以及各部门组织起来，以最小的投入换取城市环境质量的优化，做到经济建设、城乡发展与环境治理同步推进。

（3）排污许可证制度

排污许可证制度是以改善环境质量为目标，以污染物总量控制为基础，规定排污单位许可排放何种污染物，许可污染物的排放数量、排放去向等的一项具有法律含义的行政管理制度。排污许可证制度是为了强化环境管理而提出的，体现了总量控制的观念，综合考虑保护环境的目标，确定污染物的排放负荷，并采取相应控制措施，将人类环境污染控制在生态环境允许范围之内，从整体上有目的、有计划地减少污染物的排放量。

---

① 白志鹏，王珺.环境管理学 [M].北京：化学工业出版社，2007：70.

（4）污染集中控制制度

污染集中控制是创造一定的条件，形成一定的规模，实行集中生产或处理以使分散污染源得到集中控制的一项环境管理制度，治理污染的根本目的不是追求单个污染源的处理率和达标率，而应当是谋求整个环境质量的改善，同时讲求经济效益，以尽可能小的投入获取尽可能大的效益[①]。污染的集中处理要以分散治理为基础，如果各单位的分散防治达不到要求，污染集中处理便不能正常运行，只有集中处理与分散治理相结合，才能将环境效益和经济效益统一起来。

（5）污染限期治理制度

污染限期治理制度是指针对污染严重的企业，由法定国家机关规定一定的期限，要求其在一定期限内完成治理任务的一项环境保护制度[②]。限期污染治理制度是环境管理制度中的重要组成部分，它由国家法定机关作出决定，带有一定的直接强制性，强令排污单位在规定期限内完成对污染物的治理，并达到规定的要求，否则将承担更严重的责任。限期治理包括对污染严重的排放源以及行业性污染严重的某区域的限期治理等，有利于集中有限的资金解决突出的环境污染问题，推动相关行业治理污染和改善区域环境质量。

3. 其他环境管理制度

随着环境保护实践的推进，环境保护形式也发生了一些变化，国家又先后提出、制定和推行了一些新的要求，环境管理制度得到了进一步的完善和发展。这些新的制度有环境管理监察制度、环境信息公开制度、污染物排放总量控制制度、污染事故报告制度、环境保护现场检查制度等。

第二节　环境管理的主要政策

一、环境行政管理政策

（一）概念与类型

环境行政管理政策，是指为了加强环境行政管理工作，根据不同的管理对象、管

---

① 李永峰，陈红，徐春霞 . 环境管理学 [M]. 北京：中国林业出版社，2012：409.

② 张亚莉 . 环境保护之限期治理制度 [J]. 法制博览，2016（26）：208.

理事务和所要达到的目标而确定实施的对策，是各项具体行政管理活动的行为准则[①]。国家环境行政管理政策一般有两方面内涵：一是指约束、指导国家环境行政管理行为的政策，重点是对国家行政管理机关及其工作人员的行政管理行为进行指导；二是指约束、指导行政管理对象的政策，重点是对行政管理对象与环境行政管理相关的行为进行指导。环境行政管理政策具有丰富的内涵，不仅包括与国家环境行政管理相关的法律、法规、方法、制度及其他政策文件所规定的文本内容，还包括国家环境管理体制机制、职责、方法、制度、措施等方面的内容。

环境行政管理政策有不同的分类方法，按政策保护对象的不同可以分为水资源环境管理政策、土地资源环境管理政策、城市环境管理政策、名胜古迹环境管理政策等。按防治对象的差异可以分为防治环境破坏的管理政策、区域环境管理政策、部门环境管理政策、能源环境管理政策等。按政策的性质则可以分为管制型环境管理政策、引导型环境管理政策。管制型环境行政政策的形式主要是行政命令、法律法规以及环境行政管理制度，如排污收费制度、"三同时"制度等，由国家强制力保证其实施；引导型环境行政政策的形式则主要是宣传教育、社会舆论以及各种非法律法规性的文件，通过启发公众的环保意识，达到指引其参与环境保护活动的目的。

（二）环境行政管理政策的主要内容

1. 制定环境标准

环境标准是实现环境科学管理的基础，是处理环境纠纷、追究环境责任的主要执法依据。环境标准是在保护人类健康与生态平衡的基础上，对大气、水、土壤等自然资源制定的质量评判标准，以及对污染源及其排放物的评价和监测标准。环境保护标准体系，是环境保护机关为推动环境保护工作而统筹制定协调一系列标准所形成的完整体系，从广义上讲，环境保护标准是一种综合性的标准体系，它既包括了防治环境污染、保护生活环境和生态环境的内容，也包括了国家其他如军工标准、医疗卫生标准、工农业产品标准中有关环境保护的部分。加强对环境保护标准的管理，完善环境保护标准体系，有利于环境保护标准的具体化与制度化，对于推动环境保护工作的进行有着重要的意义。

2. 环境行政许可

环境行政许可指的是行政机关依法对申请人在开发建设过程中可能给环境带来影响的行为进行审查，并决定是否给予申请人许可的具体行政行为，该制度的实质是依

---

① 蔡守秋. 环境政策学 [M]. 北京：科学出版社，2009：89.

法赋予申请人某种权力，使其具备从事某项活动的资格[①]。从影响申请者行为的角度进行划分，环境行政许可可以分为原则性许可和例外性许可两类。原则性许可指的是，为了事先检查那些社会大众可接受的行为是否违反了法律规定，因而要求其在行使这些行为前申请行政许可。例外性许可则针对的是那些社会大众不可接受的行为，由于特殊情况，申请人在经过行政机关审查后，可以例外地实施该行为。获得环境行政许可并按照要求实施的行为，其他主体不得非法进行干扰，未获得环境行政许可的行为不得实施。由此可知，环境行政许可制度是一种事前防治环境污染、阻止生态破坏的制度，在环境保护中发挥着积极的作用。

3. 环境行政合同

环境行政合同指的是行政机关与行政相对人为防治环境破坏和环境污染，在行政法律关系的基础上达成的协议。环境行政合同的内容主要包括合同签订的法律依据，合同所规定的具体任务，为实现任务应采取的具体措施，为履行环境行政合同所给予的优惠，违反环境行政合同应承担的责任及相应的处理措施，环境行政合同变更、解除和终止的条件，合同纠纷的处理成本及损失赔偿等内容。

4. 建设项目环境管理政策

建设项目环境管理政策指的是各种工程项目从提出到实现整个过程中的一套全过程管理政策的总称，主要包括以下四个方面的内容：一是所有对环境有影响的建设项目必须执行防治污染的工程"三同时"制度以及环境影响审批制度；二是明确环境管理制度的工作程序，严格按照国家管理机关规定的环境管理工作程序进行，按时编写环境影响报告书、环境影响报告表、初步设计环境保护篇章、环境保护竣工验收报告等文件，报于环境保护管理部门审批；三是加强对建设项目的总体布局与控制，防止盲目建设、过度建设，有效利用资源，将对环境的不利影响降到最低；四是各级人民政府环境保护部门在环境保护方面对各建设项目实施统一的监督管理，按规定将建设项目的审批、影响评估、审查、竣工验收等环节纳入工作计划。

5. 环境行政处罚

环境行政处罚指的是行政机关对违反环境法律法规的行政相对人所实施的一种制裁，它是行政机关在环境管理过程中运用最广的一种制度，可以保证环境管理活动的有效性[②]。中国环境行政处罚的方式主要有警告、罚款以及责令停产、停业三种，其中，

---

① 蔡守秋 . 环境政策学 [M]. 北京：科学出版社，2009：95.

② 蔡守秋 . 环境政策学 [M]. 北京：科学出版社，2009：112.

警告是轻微的行政处罚方式，罚款则是行政机关强制执行的对较为严重违法行为的经济制裁，责令停产、停业主要适用于严重危害环境的行为，是一种严厉的行政处罚方式。一般来说，环境行政处罚损害的是被处罚者的实体权力，因此行政机关在作出环境行政处罚行为时，要遵循处罚合法的原则和一事不再罚的原则，避免环境行政处罚越权越位或内容不当，使行政相对人遭受损害。

二、环境技术管理政策

（一）概念与特点

环境技术管理政策是指为了保护和改善环境而制定的，针对特定的行业和领域，在许可范围内引导企业采取的有利于防治环境污染的生产技术政策。环境保护技术政策不仅是企业制定污染防治对策的基础，也是政府部门进行环境监督的依据。行业和领域的差异决定了环境问题的差异，这使得解决环境问题的治理技术也存在着差异，因此，不同领域不同行业有着不同的环境保护技术政策。

环境技术管理政策的主要特点就是其既有技术性，又有政策性，在制定环境技术政策时既考虑到人与自然关系的调整，又考虑到与技术相关的人与人关系的调整。环境技术政策涉及多个领域，主要有防治生态破坏的技术政策、发展循环经济的技术政策、生态建设的技术政策、可持续开发利用资源能源的技术政策等，它既能促进改善环境的技术的创新与发展，也能限制不利于环境保护的技术的发展。

（二）环境技术管理政策的主要内容

1. 防治自然灾害的技术政策

自然灾害指的是自然界中发生的反常现象，主要有海啸、干旱、地震、火山爆发、沙尘暴、暴风雪等，会给人类社会带来严重的危害。中国是世界上自然灾害极其严重的国家之一，因此防治自然灾害对中国来说至关重要。自然灾害的防治并不容易，其中离不开科学技术的支撑，当前，中国出台的防治自然灾害的技术政策有许多，具体包括防治气象灾害的技术政策、防治地质灾害的技术政策、防治海洋灾害的技术政策等内容。

2. 防治生态破坏的技术政策

防治生态破坏的技术政策是指为解决生态环境问题，保护生态环境而推行的针对性技术政策，主要体现在相关法律、法规和政策性文件中，主要包括防治水土流失的技术政策，防治土地沙化的技术政策，保护森林、草原的技术政策等内容。

3. 可持续开发利用资源能源的技术政策

资源能源是国民经济发展的重要物质基础,可以分为可再生能源和不可再生能源两大类。随着经济增长,中国的资源能源已开始面临退化和枯竭,如何以最低的环境成本确保资源能源可持续开发利用,成为经济发展中面临的一大难题。可持续开发利用资源能源的技术政策正是为解决这一难题提出的,其政策主要体现在相关的法律、法规和政策性文件中,具体包括矿产资源勘察、开发、新能源替代、建筑节能、交通节能等技术政策。

4. 发展循环经济和清洁生产的技术政策

循环经济指的是以低消耗、低排放、高效率为基本特征,符合可持续发展理念的经济增长模式。清洁生产则指的是采用先进工艺与设备,从生产源头减少污染、提高资源利用率,消除对人类健康的危害的一种生产方式。发展循环经济和清洁生产需要解决一系列技术问题,相关的技术政策包括固体废物方面的技术政策、资源综合利用技术政策、循环经济技术政策等内容。

5. 防治环境污染的技术政策

环境污染一直是中国环境问题中最突出、最严重的问题,防治环境污染的技术政策是环境技术政策的重要组成部分。按照污染因素划分,环境污染技术政策可以分为防治废气污染技术政策、防治放射性污染技术政策、防治有毒化学品污染技术政策、防治农药污染技术政策、防治电磁辐射污染技术政策、防治噪声污染技术政策等内容。按照环境因素划分,环境污染技术政策大致可以分为大气污染防治技术政策和水污染防治技术政策两种。大气污染防治技术政策大致包括防治煤烟型污染、防治燃煤二氧化硫排放污染、防治机动车排放污染等技术政策;水污染防治技术政策包括防治工业水污染、防治城市污水污染等技术政策。

6. 生态建设的技术政策

技术政策是中国在生态建设领域众多政策中最为主要的政策。《全国生态环境建设规划》中就强调"把科技进步放在突出位置,大力推广先进适用的科技成果宣传和普及植树种草、水土保持、防治荒漠化、草原建设、节水农业、旱作农业、生态农业等方面的科技知识"。中国生态建设技术政策按照区域的差异,可以分为城市生态建设的技术政策和农村生态建设的技术政策两大类。城市生态建筑技术政策指的是依据生态学原理,完善城市绿地系统,防治和减少城市环境问题,使城市环境更加清洁、舒适、安全,促进城市人与自然的和谐发展。农村生态环境技术政策指的是利用技术进步,改善农村的生产环境和居住环境,促进农民休养生息和农业可持续发展。

三、环境经济管理政策

（一）概念与特点

环境经济管理政策是指依照市场经济规律，运用经济手段协调环境保护与经济发展的政策类型，对促进中国环境保护与经济可持续发展有着重要的意义。与传统的环境行政管理政策相比，环境经济政策依靠的是"内在约束力"，它运用经济手段将环境行为内化为各主体的内部行为，从经济利益冲动的角度去引导各主体的环境行为，具有增强市场竞争力、降低行政监控成本、促进环保技术创新、降低环境治理成本等优点[①]。

环境经济管理政策既属于经济政策，也属于环境政策，通过影响市场主体的具体行为，使得环保工作和经济工作之间相互渗透、相互结合，在中国环境保护政策中发挥着特定的功能，占据重要地位。环境经济管理政策最大最鲜明的特点是它与市场经济活动密切联系，发挥着协调经济发展与环境保护的双重作用。环境经济政策在制定时，贯彻经济利益原则，运用保险、税收、收费、财政、价格等经济手段，控制各种有损于环境的活动，调动各方主体的积极性，促使其从物质利益上关心并践行环境保护工作。

（二）环境经济管理政策的主要内容

1. 环境税收政策

环境税收也叫生态税、绿色税、资源税等，它是对所有保护环境和资源的各种税收的总称，既包括国家为了限制环境污染范围而专门征收的税种，也包括其他对环境有保护作用的税种[②]。环境税收从总体上大致可以分为三类：对污染排放物直接征收的排污税；对商品或服务间接征收的资源税；对与环境相关的某些经济活动的税收优惠、税收激励以及为消除不利环境影响的各种税收补贴和收费政策等。环境税收政策指的就是征收上述各种环境税的国家政策，是国家对污染环境、破坏生态及过度消耗资源等消极环境行为所采取的税收政策的总称，具体包括资源与生态消费税、环境污染税、资源补偿税、生态补偿税等政策。

2. 排污权交易政策

排污权交易政策指的是利用市场力量，通过法律和经济手段进行环境污染防治，实现环境保护目标的一种环境经济管理政策，其最大的特点就是在降低控制污染总成

---

① 白志鹏，王珺. 环境管理学 [M]. 北京：化学工业出版社，2007：52.

② 白志鹏，王珺. 环境管理学 [M]. 北京：化学工业出版社，2007：54.

本的同时调动污染者治理环境的积极性。在市场上买卖排污权，是排污权交易政策的核心，也是实现排污权优化配置的关键环节。在实际执行中，排污权交易政策可与环境管理的排污总量控制制度、排污许可证制度等结合使用，确保排污交易目的的实现。

3. 环境投资政策

环境投资政策是环境经济管理政策的重要组成部分，国家环保局 1995 年制定的《"九五"城市环境综合整治定量考核指标实施细则》中规定："城市环境保护投资是指国民经济和社会发展过程中社会各有关投资主体从社会积累资金和各种补偿资金中支付的用于保护和改善城市环境，促进经济和环境协调发展的投资，是社会固定资产投资的重要组成部分。"环境投资政策指的就是与环境投资相关的国家政策，制定正确的环境投资政策，拓宽环境资金渠道，建立健全多元化、社会化的环境投资融资体制和机制，对促进国家环境保护资本的形成、建设环境友好型社会来说意义深远。

4. 环境保险政策

环境保险又称生态保险或绿色保险，是在市场经济下进行环境风险管理的一项基本政策，它是国家环境经济管理政策的重要组成部分，具有风险监察、风险评价及损害救济等功能，在公众利益维护、环境污染监察、社会和谐安定以及减轻国家财政负担等方面发挥着重要的作用[①]。合理运用环境保险政策能够保障环境受害人的救济权利，减轻企业的环境责任，促进环境污染的治理。在西方发达国家，环境保险发展得较为成熟，可以最大范围内调动市场力量加强环境监管，实现经济和环境的"双赢"，但是中国的环境保险总体上还处于初步发展阶段。

5. 生态补偿政策

生态补偿政策指的是以改善和恢复生态为目的，来调整与环境保护相关的利益者之间的利益分配关系，实现经济与生态协调发展的政策。当前，中国从生态补偿费的征收入手，初步建立起了生态环境补偿机制，具体的生态补偿政策包括土地损失补偿、森林资源补偿、矿产资源补偿、生态农业补偿和水资源补偿等内容。

6. 其他环境经济管理政策

除上述比较重要的五类环境经济管理政策外，在政策执行过程中，还存在着其他的环境经济政策。例如将生态资源耗竭成本和环境污染成本纳入会计核算的绿色会计政策；为实现经济社会可持续发展而产生的绿色审计政策和以税收优惠、价格优惠、贷款优惠、折旧优惠和财政援助等为主要内容的环境保护经济优惠政策。

---

① 蔡守秋. 环境政策学 [M]. 北京：科学出版社，2009：130.

四、环境社会管理政策

（一）概念

环境社会管理政策指的是由国家制定和实施的，为调整环境社会关系、缓解环境保护和社会发展之间的矛盾，解决环境社会问题的一系列计划、方针、原则和策略等的总称[①]。环境社会政策既是环境政策的重要组成部分，也是社会政策的重要组成部分，具体包括环境人口政策、环境民族政策、环境宣传教育政策、环境法制建设政策、环境科学技术活动政策、环境宗教政策、环境纠纷处理政策以及环境社会团体政策等内容。

（二）环境社会管理政策的主要内容

1. 环境人口政策

环境人口政策指的是从人口规模与自然资源、环境承载力相适应的角度出发，而制定的人口控制与发展政策，主要研究的是人口状态与环境质量之间的相互关系，是与环境保护密切相关的人口政策。中国的环境人口政策体现在控制人口数量增长方面，通过建立完善的人口综合管理体系，提高人口素质，实现人口与经济社会、环境资源的协调发展，并根据国家环境特点，结合经济、社会、民族的实际情况，做好人口预测和规划，确定资源与环境所能承载的最适度人口规模。

2. 环境民族政策

环境民族政策是环境社会管理政策的重要组成部分，早在 1949 年中国人民政治协商会议第一届全体会议通过的《中国人民政治协商会议共同纲领》中，就已经明确规定"中华人民共和国境内各民族，均有平等的权利和义务"。各民族在环境保护方面都肩负着平等的责任，根据我国的《宪法》《民族乡行政工作条例》《中华人民共和国民族区域自治法》《关于西部大开发若干政策措施实施意见》等法律法规和政策文件的规定，我国对少数民族参加环境保护的环境民族政策主要体现在以下几点：一是充分认识到少数民族及少数民族组织参与环境保护的重要意义；二是采取切实可行的措施促进少数民族及少数民族组织参与可持续发展；三是加强少数民族和民族地区的可持续发展的能力建设，建立健全少数民族及其组织参与环境保护和可持续发展的机制和程序；四是坚持尊重少数民族优秀的环境保护风俗习惯和传统、坚持"将生物多样性保护与文化多样性保护相结合"的环境民族政策。

3. 环境社会团体政策

环境社会团体政策是指国家机关制定的关于环境保护和社会运动的法律法规、政

[①] 白志鹏，王珺. 环境管理学 [M]. 北京：化学工业出版社，2007：86.

策文件以及相关的方针、原则、路线、制度和措施的总称。环境社会团体政策既是国家环境政策的一个重要组成部分，也是群众路线和群众运动的组成部分。环境社会团体政策的制定，有利于提高全社会的环境意识、促进环境保护宣传教育活动，推动环境保护事业的发展。

4. 环境纠纷处理政策

环境纠纷处理政策指的是党和国家制定的，处理环境纠纷的一系列途径、原则、对策和措施，以及相关的控制、管理和调节措施的总称。中国的环境纠纷处理政策包括环境信访政策、环境行政执法和行政监督政策、环境刑事诉讼、环境行政诉讼和环境公益诉讼等内容。环境纠纷政策作为解决社会成员环境权益矛盾的良方，其实施有利于解决环境社会矛盾、打击环境违法犯罪分子、调动社会成员保护环境的积极性，对加强环境法制建设有着重要的意义。

5. 环境宗教政策

环境宗教政策指的是与宗教活动、宗教团体、宗教信仰等有关的各类环境政策的总称，正确的环境宗教政策，会推动宗教团体和信教人士形成热爱环境、保护自然的意识，调动其参与环境保护的积极性，形成保护环境的群众运动[①]。根据《宪法》规定，国家有关部门制定的环境宗教政策主要有以下内容：宗教团体、宗教活动场所和信教公民应当遵守国家环境保护法律法规；对建设寺观教堂等宗教活动场地，要实行环境控制和环境管理、防止因大肆建设宗教建筑影响环境美、破坏自然资源；必须加强对名山胜地重要寺观教堂的保护，使之成为清洁幽静、环境优美的文化和游览胜地；要加强有关生态文明和环境保护知识的宣传，改善环境保护领域某些落后的宗教观念和宗教习俗等政策内容。

第三节　环境管理的主要制度

一、环境影响评价制度

（一）概念与特点

1. 环境影响评价制度的概念

环境影响评价制度是指把环境影响评价工作以法律、法规或行政规章的形式确定

---

① 李永峰，陈红，徐春霞．环境管理学 [M].北京：中国林业出版社，2012：336.

下来的一种约束制度。《中华人民共和国环境影响评价法》第二条规定：环境影响评价，是指对规划和建设项目实施后可能造成的环境影响进行分析、预测和评估，提出预防或者减轻不良环境影响的对策和措施，进行跟踪监测的方法与制度。环境影响评价制度不等同于环境影响评价，环境影响评价是指导人类开发活动的一种科学方法和技术手段，而环境影响评价制度则是法律关于在进行对环境有影响的建设和开发活动时，应当事先对该活动可能给周围环境带来的影响，进行科学的预测和评估，制定防止或减少环境损害的措施，编写环境影响报告书或填写环境影响报告表，报经环境保护部门审批后再进行设计和建设的各项规定的总称[①]。

2. 环境影响评价制度的特点

中国环境影响评价制度是在借鉴国外经验的基础上，结合中国实践逐步形成的，主要表现出以下几个特点。

（1）法律强制性。中国环境影响评价制度是国家环境保护法中明令规定的法律制度，以法律形式约束人们的行为，具有不可违背的法律强制性。

（2）具备分类管理的特点。国家环境保护法对不同程度影响环境状况的建设项目实行分类管理。对环境影响微小的项目，只需填报环境影响登记表，对环境影响较小的项目需编写环境影响报表，对环境影响较大的项目则必须编写环境影响报告书。

（3）实行评价资格审核认定制。为确保环境影响评价工作的质量，中国建立了环境影响评价资格审核认定制，强调评价机构必须具有法人资格，对承接评价工作的单位实行资格认定和审核。评价单位必须持有"建设项目环境影响评价资格证书"，从事证书规定范围内的评价工作，并对评价报告和评价结论负责。评价资格审核认定后才可由相关单位发给相应等级的环境影响评价证书，乙级证书由省、自治区、直辖市环保局发放即可，甲级证书则必须由国家环保总局发放。

（二）环境影响评价制度的发展历程与内容

1. 环境影响评价制度的发展历程

环境影响评价的概念最早是在 1964 年加拿大召开的第一次国际环境质量评价学术会议上提出的。中国于 1973 年首先提出了关于环境影响评价制度的概念，而后在 1979 年颁布的《环境保护法（试行）》中确立了环境影响评价制度。1981 年，国家计委、建委、经委和国务院环境保护领导小组联合发布的《基本建设项目环境保护管理办法》，

---

① 陈蕃. 我国环境影响评价制度研究 [D]. 长沙：湖南大学，2018.

明确把环境影响评价纳入基本建设项目审批程序中。1986 年，国家环保局发布了《建设项目环境影响评价证书管理办法》，开始实行环境影响评价单位的资质管理。同年，原国务院环境保护委员会、原国家计划委员会和原国家经济委员会联合颁布《建设项目环境保护管理办法》，对环境影响评价的程序、内容和审批进行了详细规范。

自此之后，国家先后颁布了一系列政策、法令，环境影响评价制度逐步发展成熟。如 1987 年颁布的《建设项目环境保护设计规定》，1999 年颁布的《建设项目环境保护分类管理名录（试行）》《建设项目环境影响评价资格证书管理办法》，2000 年全国人大环境与资源保护委员会提出的《环境影响评价法（草案）》，2002 年通过的《中华人民共和国环境影响评价法》，2009 年通过的《规划环境影响评价条例》，2017 年修订的《建设项目环境保护管理条例》，2019 年颁布的《中央生态环境保护督察工作规定》等法规。

2. 环境影响评价制度的内容

一是环境影响评价标准体系。中国自 1993 年以来，陆续出台了包括《环境影响评价技术导则　总纲》在内的多项环境影响评价技术导则和规范，包括地面水环境、大气环境、声环境、水利水电工程、非污染生态影响、石油化工建设项目、开发区区域环境影响评价、民用机场建设工程、规划环境影响评价、建设项目环境风险评价技术导则等。

二是环境影响评价技术服务体系。环境影响评价技术服务体系包括《环境影响评价工程师职业资格制度暂行规定》（2004 年）和《建设项目环境影响评价资质管理办法》（2015 年）等内容，分别对环评工程师的从业资格和环境影响评价机构的资质条件作出了明确规定，将环境影响评价机构与人员的管理纳入了统一轨道[1]。

三是环境影响评价法律体系。环境影响评价法律体系不仅包括《防沙治沙法》（2001 年）、《放射性污染防治法》（2003 年）、《水污染防治法》（2008 年）、《环境保护法》（2014 年）、《大气污染防治法》（2015 年）、《环境影响评价法》（2016 年）、《海洋环境保护法》（2017 年）等相关法律法规，还包括《规划环境影响评价条例》（2009 年）、《环境保护公众参与办法》（2015 年）、《建设项目环境管理条例》（2016 年）、《关于深化环境监测改革提高环境监测数据质量的意见》（2017 年）、《打赢蓝天保卫战三年行动计划》（2018 年）、《中央生态环境保护督察工作规定》（2019 年）等相关行政法规及部门规章。

---

[1] 陈蕃 . 我国环境影响评价制度研究 [D]. 长沙：湖南大学，2018.

二、环境保护目标责任制

（一）概念与特点

1. 环境保护目标责任制的概念

环境保护目标责任制作为我国政府为了环境保护事业首创的一项制度，具体是指一种具体落实各级地方人民政府和有污染的单位对环境质量负责的法律制度，它以现行法律为依据，以责任制为手段，以行政制约为机制，明确了地方各级人民政府在保护、改善环境质量上的权利、义务和责任[1]。环境保护目标责任制实施的核心是环境保护责任书，其明确了各级行政首长在保护环境方面的责任，理顺了环境保护各层次、各部门间的关系，运用定量化、目标化、制度化的管理方法，将环境保护区域进行细分，使环境保护任务得以层层落实。

2. 环境保护目标责任制的特点

通过对环境保护目标责任制进行分析，可以看出其有以下三个特点[2]：

（1）显效性。环境保护目标责任制以政府为中心，通过目标分解、分级传递，可以形成锁链，使环境管理工作环环相扣，把各方面的力量、积极性和可能的措施都集中起来，使环保工作最终得到落实，因而往往可以立竿见影，易见成效。

（2）契约性。责任制是以责任书形式签订的，责任书一旦签订，便对当事人产生契约约束。它的约束力来自考核结果的作用，即上级要按考核结果给予奖惩。

（3）自费性。环境保护目标责任制是建立在自费原则基础上的，即签订行政首长环保目标不附带上级政府对下级政府环境保护投资的许诺。地方政府要根据国家环保的战略、方针政策、法律法规、目标和指令性要求，自主地确定环保措施，从而贯彻地方政府对本地环境质量负责的原则。

（二）环境保护目标责任制的发展历程与作用

1. 环境保护目标责任制的发展历程

从时间来看，中国对环境保护的认知是不断完善的。早在 1985 年，全国城市环境保护工作会议根据《中共中央关于经济体制改革的决定》的精神，指出各级政府要把环境的综合整治作为一项重要的制度。1986 年，甘肃等 5 个省、直辖市签订了环保目标责任书。1987 年，甘肃省政府将环保目标责任制在全省推广。1989 年，曲格平在

---

[1] 鄂英杰. 论环境保护目标责任制——环境保护目标责任制之立法的几点建议 [C]// 环境法治与建设和谐社会——2007 年全国环境资源法学研讨会（年会）论文集（第四册），2007：361-363.

[2] 于永清，朱群. 论行政首长环境保护目标责任制 [J]. 云南环境科学，1999（3）：42-43.

第三次全国环保会议上，正式提出在全国推行环保目标责任制。1996 年，国务院提出一项关于环境保护的决定，首次指出中国各级政府和环保部门应列明本地区的污染物排放量及减排目标并制定相应细则，以此作为领导政绩考核的重要衡量标准。随后的 2000—2019 年间，《中华人民共和国大气污染防治法》《中华人民共和国水污染防治法》《中华人民共和国固体废物环境污染防治法》《中华人民共和国大气污染防治法》等相关法律都在不断完善，关于目标责任制和考核评价制度的政策也在不断涌现。2022 年最新修订的《"十四五"生态环境保护规划》再次明确提出了环境保护目标责任制和考核评价制度。

这些法律制度都明确地规定了各级政府应该对环境质量负责。在当前科学发展观的要求下，各级政府部门应继续完善环境保护目标责任制，政府领导人应当切实地承担起环境保护的责任和义务，推动环境保护工作的开展。

2. 环境保护目标责任制的作用

环境保护目标责任制是环境管理制度中的重要组成部分。环境质量问题是一个地方社会经济发展的综合体现，只能由有权决定该地区社会经济生活的政府行政首长对本地区的环境质量负责。由于环境问题的复杂性、广泛性、综合性，只有政府才能全面负责，任何一个部门或者人民政府之外的机关都无法独立承担这一责任，这是环境保护目标责任制出台的必然性。在我国政府对环境保护目标责任制越来越重视的今天，加强地方立法、完善政府环境保护目标责任制，有着时代的特征及意义^①。

具体来讲，中国实施环境保护目标责任制的意义如下。

（1）实行环境保护目标责任制有利于理顺环境管理体制，克服环境管理工作中的扯皮、推诿现象。环境保护工作涉及多个管理部门以及多方的利益，很容易显露出多头领导的弊端，实施环境保护目标责任制，明确政府对环境质量的领导责任，由政府出面协调各部门，有利于推动环境保护工作的顺利实施。

（2）环境保护目标责任制的实施有利于加强地方环境保护工作，促进地方治理污染工作的开展。由于各地社会、经济、生态的差异，在实践中产生的环境问题也呈现出不同层次、不同状况的特点。实施环境保护目标责任制，由当地政府负责环境保护，有利于因地制宜地保护各地环境，推动环境保护更合理、更有效地开展。

（3）环境保护目标责任制的实施有利于提高各级政府部门环境保护的意识。实施环境保护目标责任制，有利于各级政府部门克服其在地方管理工作中只重视经济效益，

---

① 袁鹰. 论我国政府环境保护目标责任制 [D]. 长沙：湖南师范大学，2014.

忽视环境效益的现象，实现经济效益与环境效益的统一。

三、环境排污许可制度

（一）概念与特点

1. 环境排污许可制度的概念

环境排污许可制度是以改善环境质量为目标，以污染物总量控制为基础，规定排污单位许可排放何种污染物，许可污染物的排放数量、排放去向等的一项具有法律含义的行政管理制度[①]。排污许可制度通过排放许可证把总量控制目标落实到各排污单位，事先审查和控制各种开发利用环境的活动，在环境污染出现前将排污者的排污定量化，通过颁发排污许可证的方式来限制各主体的排污行为。

2. 环境排污许可制度的特点

环境排污许可制度有四个基本特点。

（1）排污许可证的申请具有普遍性和强制性。普通的许可证通常有行业申请限制，且遵从愿者申请的原则，而排污许可证则不分行业，强制要求会产生排污行为的全部企业按照污染程度申请排污许可证，并规定时限，有些污染单位甚至需要对某些排污行为额外再进行申请。

（2）排污许可制度有较强的实际操作性。排污许可制度实施的关键在于污染源排污限值的制定。在制定污染源排污限值的过程中需要综合考虑多方面的因素，如经济上的合理性、技术上的可行性和科学性、政策上的配套措施以及监督管理的可操作性等。

（3）排污许可证管理以行为程度为核心。排污单位申请排污许可证不仅是对排污权利的申请，更关键的是对排污行为程度即污染物排放量的申请，这与其他许可证制度有区别。因此，排污许可证的管理主要是对行为程度的承认、限制或制裁[②]。

（4）排污许可制度体现出总量控制的特点。排污许可制度中的要求都是围绕污染物总量控制展开的，通过排污许可证制度将环境目标和污染源的削减联系起来，行为规范以限制排放总量为前提，以实现总量控制为目标。

（二）环境排污许可制度的发展历程与作用

1. 环境排污许可制度的发展历程

20 世纪 80 年代后期，中国在杭州、上海等城市试点实施排污许可制度，这是中国的首次排污许可实践。20 世纪 90 年代中后期，排污许可证制度再次引起了立法部门的

---

① 李永峰，陈红，徐春霞 . 环境管理学 [M]. 北京：中国林业出版社，2012：398.

② 李永峰，陈红，徐春霞 . 环境管理学 [M]. 北京：中国林业出版社，2012：405.

注意，经过激烈的争论，1996 年通过的《水污染防治法》修正案通过了类似"排污许可制度"的"重点污染物排放量的核定制度"。直至 2008 年，再次修订后的《水污染防治法》明确指出"国家实行排污许可制度"，规定了该制度的基本内容，并且提出由国务院规定排污许可制度的具体实施办法，为后续相关行政法规的制定奠定了基础。

2014 年修订的《环境保护法》将排污许可制度明文入法，加大了对无证排污的惩罚力度。2005 年第二次修订的《大气污染防治法》将排污许可由"两控区"（酸雨控制区和二氧化硫控制区）扩大至全国，2015 年中共中央、国务院印发《生态文明体制改革总体方案》，指出"完善污染物排放许可制"，"尽快在全国范围建立统一公平、覆盖所有固定污染源的企业排放许可制，依法核发排污许可证，排污者必须持证排污，禁止无证排污或不按许可证规定排污"。由此，确立了排污许可制度在环境治理制度中的核心地位。

2016—2019 年间，国务院办公厅相继印发了《控制污染物排放许可制实施方案》《水污染防治法》《防治船舶污染海洋环境管理条例》《国家环境保护"十二五"规划》《"十三五"环境监测质量管理工作方案》以及《中央生态环境保护督察工作规定》等法规和政策，对固定污染源的污染预防以及污染管控提出了相应处置办法。直到 2021 年通过了《排污许可管理条例》，进一步明确了排污许可证申请的主体范围、排污许可证书中应当载明的内容以及持证单位的基本义务。

2. 环境排污许可制度的作用

当前，污染源治理工作，尤其是固定污染源治理工作要将实施排污许可制度作为重点，以污染预防为主要原则，以控制总量为基础，以改善环境质量为目标，统筹协调环境治理制度，促进各个制度间有效衔接与配合，提高政府整体环境治理能力。

排污许可制度在环境保护与治理中的作用如下[①]：

（1）排污许可制度作为防治固定点源污染的基础制度，可以将原来若干零散的环境管理制度予以整合，形成环境治理的制度束，更好地发挥环境治理的功能，实施排污许可，既是排污申报登记的结果和排污总量控制的具体方式，又是排污权交易的前提。

（2）排污许可制度可以为规划或建设项目的生命周期提供实时、有效的综合治理方法，弥补环境评价制度与"三同时"制度侧重于前期审查、"点"上治理等不足，协调并整合环境影响评价、环境标准、环境监测、"三同时"等制度，从而发挥固定污染源环境治理制度组合的整体效能。

---

① 梅宏. 排污许可制度何以成为点源环境治理的核心制度？[J]. 郑州大学学报（哲学社会科学版），2017，50（5）：31-34，158.

（3）排污许可制度以点源污染物的排放量为规制目标，既约束排污单位的排污行为，维护其合法排污权，又赋予环保主管部门行政许可权，规制其行政行为，防止权力滥用，故其具备维权与限权的双重功能。

四、环境信息公开制度

（一）概念与特点

1. 环境信息公开制度的概念

所谓环境信息公开，是指政府将环境的状况及其环境监督管理行为，企业自身将企业环境行为、环保表现等信息向个人、公众团体公开，通过环境信息的发布，使个人、企业、公众团体、机关政府共享环境信息，利用监督机制对环境破坏行为产生压力，提高环境决策的质量，从而改进环境行为，改善环境质量[①]。环境信息公开制度指的是与环境信息公开相关的政策及法律法规的总称。政府拥有遍及全国的环保行政机构及附属单位，且具备完善的环境信息收集手段，如环境监测、环境影响评价、排污许可证制度等。因此，政府在环境信息公开制度中占据着重要的地位。

2. 环境信息公开制度的特点

环境信息公开制度主要有以下三个特点：

一是环境信息公开的主体是政府，即国家行政机关和依照法律法规授权的社会组织。选取政府作为信息公开的主体，主要源于政府在环境治理、环境监察等环境保护执法工作的职责要求，以及由其向社会或个人发布环境信息更具有权威性[②]。

二是环境信息公开的客体是环境信息。根据《中华人民共和国环境保护法》第二条规定："本法所称环境，是指影响人类生存和发展的各种天然的和经过人工改造的自然因素的总体，包括大气、水、海洋、土地、矿藏、森林、草原、野生动物、自然遗迹、人文遗迹、自然保护区、风景名胜区、城市和乡村等。"环境信息公开的客体指的就是与该定义相关的所有环境信息，这些环境信息都应及时予以公布。

三是环境信息公开的类型分为主动式与被动式。主动式是指政府部门在法定的范围内履行政府职责，主动面向公众或利害关系人公开相应的环境信息。被动式是指政府部门依据权利人的申请公开所掌握的环境信息或环境资料，若没有请求权人的主动要求，政府无义务公开有关环境信息[③]。

① 王立平. 我国环境信息公开问题与对策研究 [D]. 上海：华东师范大学，2011.
② 于现忠. 我国环境信息公开制度及其完善 [J]. 云南行政学院学报，2012，14（2）：96-100.
③ 张建伟. 政府环境责任论 [M]. 北京：中国环境科学出版社，2008：135.

（二）环境信息公开制度的内容

《环境信息公开办法（试行）》第十一条规定了政府环保部门应主动公开的信息内容，主要指各环境因素的基本状况信息、对环境产生影响的活动信息等。具体包括：环境保护法律、法规、规章、标准和其他规范性文件，突发环境事件的应急预案、预报、发生和处置状况信息，环境质量状况、环境统计和环境调查信息，环境保护规划，主要污染物排放总量指标分配及落实情况，城市环境综合整治定量考核结果以及法律、法规、规章规定应当公开的其他环境信息等。

《环境信息公开办法（试行）》第十九条规定了国家应鼓励企业自愿公开的企业环境信息，主要包括：企业污染物排放、生产经营信息，企业环境保护方针，年度的环境保护目标，企业环境战略，资源能源消耗，企业污染物排放强度，企业年度资源消耗总量，企业排放污染物种类、数量、浓度和去向，企业履行社会责任的情况以及企业自愿公开的其他环境信息等[①]。《关于企业环境信息公开的公告》规定，对超过污染物排放总量规定限额的污染严重的企业，应强制公开企业环境保护方针、污染物排放总量、企业环境污染治理、环保守法和环境管理等信息。

除上述两类信息外，环境信息公开内容还应包括公众和 NGO 应公开的信息。随着网络和新闻媒体的发展，一些可供个人发表信息的平台不断出现，如微博、博客、各种网络论坛等，这些为公众和 NGO 公布环境信息提供了平台。事实上，许多重要的环境事件或环境问题都是由一些公众和 NGO 揭露的，一些非常有影响的环境报告也是由 NGO 编写的，但公众和 NGO 公布的环境信息与政府和企业公布的在科学性、客观性上还存在一定差距。因此，提高公众和 NGO 环境信息公开的准确性、科学性、客观性对充分发挥其作用是十分重要的。

思考题

1. 中国环境管理政策的产生背景是什么？

2. 中国环境管理政策的体系是怎样的？

3. 中国环境管理制度的特点有哪些？体系是怎样的？

4. 如何理解环境保护目标责任制的作用？

5. 排污许可制度的发展历程是什么？

---

① 杨丹萍．我国环境信息公开制度研究 [D]．昆明：昆明理工大学，2012.

案例分析

案例材料 1：嘉陵江"1·20"甘陕川交界断面铊浓度异常事件

2021 年 1 月 20 日 4 时，嘉陵江陕西入四川断面铊浓度出现异常，铊浓度超过《地表水环境质量标准》铊标准限值的 0.12 倍，经专家核算，铊浓度异常的河道约 248 千米，其中嘉陵江干流约 187 千米，一级支流青泥河约 52 千米、东渡河约 1 千米，二级支流南河约 8 千米。此次水污染事件涉及三个省市，造成直接经济损失 1807.7 万元。

2021 年 1 月 21—23 日，四川、陕西、甘肃三省组织对嘉陵江干流和相关支流、相关企业开展溯源监测，判断铊污染来自上游陕西和甘肃境内的东渡河、青泥河及其支流南河，锁定肇事企业分别是位于南河的成州锌冶炼厂和东渡河的略阳钢铁厂。成州锌冶炼厂位于陇南市成县抛沙镇姜家坪村，2017 年取得排污许可证，企业因故自 2019 年 5 月起停产，于 2020 年 3 月恢复生产。略阳钢铁厂位于汉中市略阳县兴洲街道办大沟口社区，2017 年取得排污许可证，同年 5 月正常生产至今，其中 2020 年 2 月至 4 月停产 3 个月。

在完成污染溯源后，2021 年 1 月 21 日 6 时，陇南市组织对成州锌冶炼厂污水排口完成封堵，切断了污水外排通道，17 时对企业实施停产整改。2021 年 1 月 23 日 17 时，汉中市组织对略阳钢铁厂球团车间实施停产，并对厂区内积水、积尘、淤泥进行清理，1 月 25 日完成 17 个雨水排口的封堵，切断污染排放途径。通过三省应急处置，甘肃入陕西断面、陕西入四川断面以及西湾水厂取水口断面陆续稳定达到水源地标准限值。

（根据中华人民共和国生态环境部公开信息整理）

案例材料 2：湖北省孝感市"臭气扰民"事件

2022 年 5 月 2—3 日，有居民通过 12369 环保举报平台、人民网地方领导留言板反映湖北某某生物科技有限公司生产过程中恶臭气味扰民。云梦分局立即对该公司进行现场检查，发现该公司内仅酵母浸粉产品生产环节安装了废气收集处理设备，但酵母浸膏生产环节以及存储罐、压滤设备未按要求安装废气收集处理设施，导致部分生产工序废气无组织排放。

2022 年 5 月 5 日，分局委托第三方环保检测公司对该公司无组织废气进行了检测（氨、硫化氢、臭气浓度），现场采样 4 组分别是：3 组位于厂区大门口、1 组位于厂区消防池旁。检测结果显示厂界南侧、厂界东北侧臭气浓度超标。该公司行为涉嫌违反了大气污染防治管理制度。

2022 年 5 月 6 日，云梦分局对其环境违法行为依法立案调查。2022 年 5 月 10 日，云梦分局召开了专案集体讨论会，按照《湖北省生态环境行政处罚裁量基准表》（第四十三项）的规定，对该公司下达《行政处罚决定书》（孝环罚字〔2022〕502 号），罚款人民币 55000 元。目前，该公司按分局要求积极主动整改，4 号车间废气收集处理装置整改完成，经监测，显示废气达标排放，行政处罚执行完毕。

（根据云梦县人民政府网政务公开信息整理）

案例材料 3：美利纸业因污染腾格里沙漠被索赔近两亿元

宁夏美利纸业集团环保节能有限公司于 2003 年 8 月至 2007 年 6 月违法倾倒造纸产生的黑色黏稠状废物，造成腾格里沙漠内蒙古、宁夏交界区域 14 个地块的土壤、地下水和植被受损。经鉴定评估，生态环境损害赔偿数额为 1.98 亿元。

通过探索"一次签约、分段实施"的方式，宁夏中卫市政府、内蒙古阿拉善盟行政公署与美利纸业公司于 2020 年 12 月达成赔偿协议。赔偿工作分两个阶段实施：第一阶段开展污染状况调查以及污染清理实施工程，支出费用 4423 万元；第二阶段开展补偿性恢复、地下水监测、污染地块风险管控、林区管护、生态环境效益评估等工作，并以开展补偿性恢复荒漠和以林地生态效益抵扣两种方式，赔偿生态资源期间服务功能损失 1.54 亿元。

（根据中国法治网《法治日报》信息整理）

结合上述材料，请分析：

1. 案例材料 1 涉及了哪些环境管理政策？其处理结果对其他类似地区治理环境污染有何启示？

2. 案例材料 2 政府在环境污染治理中扮演了什么角色？其具体做法体现了环境保护的什么原则？

3. 结合案例材料 3 分析环境经济政策在解决环境污染事件时应注意的事项。

4. 通过分析上述材料，你对环境管理各主体间的分工与关系有什么新的理解？

第四章　环境大数据管理

随着第四次科技革命的飞速发展，物联网、人工智能、区块链、云计算以及大数据技术，将整个世界纳入一个巨大的数据网络之中，任何人、事、物都可以通过数据的形式呈现出来。数据成为资本、土地、劳动力、技术之外的第五大资源，已然成为经济社会发展的重要支撑。大数据时代的到来，为解决生态环境治理困境提供了重要的契机和动力。环境大数据管理既是政府适应大数据时代发展的必然趋势，也是解决生态环境治理这一长期性问题的客观选择。本章在介绍环境大数据管理相关概念、中国环境大数据管理发展历程及特征的基础上，对环境大数据管理的工作机制和平台建设进行了系统的阐述，并对环境大数据管理的应用与未来发展作了简单的探讨。

第一节　环境大数据管理概述

一、环境大数据管理的概念与特点

（一）环境大数据管理的概念

1. 大数据

大数据（Big Data）一词最早出现于 20 世纪 90 年代，当时并未对"大数据"作出明确清晰的界定，只是将其视为"更新网络搜索索引以及需要同时进行批量处理和分析的大数据集"[①]。21 世纪初，美国创造性地将大数据应用于公共行政领域，推出"Data.gov"数据网站[②]，这标志着大数据开始应用于社会治理领域。大数据作为科学技

[①] 深圳国泰安教育技术股份有限公司大数据事业部群，中科院深圳先进技术研究院—国泰安金融大数据研究中心 . 大数据导论：关键技术与行业应用最佳实践 [M]. 北京：清华大学出版社，2015：1.

[②] 刘叶婷，唐斯斯 . 大数据对政府治理的影响及挑战 [J]. 电子政务，2014（6）：20-29.

术发展的产物，目前正处于不断发展和完善的阶段，因此学界尚未对其形成统一的认识。2015 年，国务院印发《促进大数据发展行动纲要》，将大数据定义为"以容量大、类型多、存取速度快、应用价值高为主要特征的数据集合，正快速发展为对数量巨大、来源分散、格式多样的数据进行采集、存储和关联分析，从中发现新知识、创造新价值、提升新能力的新一代信息技术和服务业态"。环境数据作为生态环境治理的重要资源和重要依据，直接影响着生态环境治理的过程和结果。一般而言，生态环境大数据是指"服务于生态环境治理的各类数据集合、大数据技术和大数据应用的总称，具有数据体量大、类型多、处理速度快、价值高、真实性、脆弱性、高维、高不确定性、高复杂性"[①] 等九大特征。

2. 环境大数据管理

数据管理是生态环境治理的基础和核心，大数据时代，结构化、半结构化和非结构化环境数据的快速涌入，使生态治理内外环境的不稳定性和复杂性大大增加，在数据标准、真实性、结构等很难保证的前提下，可能会造成环境数据混乱和无序涌入，这极大地增加了环境数据的处理难度，降低了环境数据的利用效率。如何确保环境数据的准确性、完整性、有效性、可用性和易得性就成为环境数据管理的重要任务。莎伦·S. 道斯（Sharon S. Dawes）认为，数据管理应遵循"管理"和"实用"两大原则。管理是一项保守原则，它承认信息具有公共产品的一些特征，要求政府应仔细和负责任地保管信息，其强调数据信息的安全性、可靠性、准确性。管理的主要目的是确保数据的完整性、真实性、匹配性和使用的合理性。实用指信息的效用，即认为信息是一种宝贵的资产，可以通过积极地利用和创新产生新的社会和经济效益，其强调信息资源的流动、开发和应用，实用的主要目的是提升数据资源的价值[②]。

环境大数据管理是指利用新一代信息技术，对环境数据的产生、收集、处理、存储、使用、共享、开发、监管等环节进行综合管理，以实现环境数据从简单聚合向整体性融合的转变，进而增强环境数据资源的统筹规划和整体掌握能力，进一步提高环境数据赋能深度，推动生态环境治理朝精细化、精准化和高效化方向发展，实现环境数据资源的价值最大化的过程。具体而言，环境大数据管理以新一代信息技术（如人工智能、大数据技术、物联网等）为手段，以国家生态环境数据平台为依托，以打通

---

① 蒋洪强，卢亚灵，周思，等 . 生态环境大数据研究与应用进展 [J]. 中国环境管理，2019，11（6）：11-15.

② Sharon S Dawes. Stewardship and Usefulness：Policy Principles for Information-based Transparency[J]. Government Information Quarterly，2010，27（4）：377-383.

环境数据壁垒，实现环境数据整合、互通、共享为追求，以提高生态环境治理效果为终极目标；环境大数据管理的关键是建立统一的数据管理标准，从而降低不同主体、不同地区环境数据共认和融合的困难，以便促进环境数据的互通和流动；环境大数据管理的目的是动态把握生态环境治理的过程，防范、控制、化解生态环境风险，增强生态环境治理过程中的联动性和协同性，打破生态环境治理中以邻为壑和逐底竞争的恶性循环，助力生态环境治理。

（二）环境大数据管理的特点

大数据的发展和应用，为生态环境治现代化提供了重要机遇，促使生态环境治理发生重大变革。这种变革不仅体现在生态环境治理的技术层面，而且也表现在治理思维层面。具体而言，环境大数据管理具有以下几个特征：

1. 管理主体多元化

随着新一代信息技术的发展，生态环境治理的信息化程度不断提升，政府不再是环境数据资源唯一的拥有者和使用者，其他社会主体也会参与到环境治理当中，并积累了大量真实、可靠的环境数据。对海量数据的实时处理、分析和预测，使政府、企业、公众之间的依赖性和互助性不断增强，逐步形成了以政府为主导，企业、社会组织和公众共同参与的多元环境管理新模式。

2. 数据来源多样化

生态环境治理涉及生态环境、水利、交通、农业、林业、自然资源等诸多部门，牵涉政府、企业、社会组织、公民等多个利益主体，涵盖"空天地"等不同领域的多维数据，包括结构化、半结构化、非结构化等多种数据类型。大数据时代，任何人都可以成为数据的生产者，数据传播渠道和平台的增加，提高了各类原始数据主动传播的频率和可能性，使环境大数据管理呈现出数据来源多样化的特征。

3. 管理过程透明化

环境大数据管理借助新一代信息技术，如大数据技术、人工智能、区块链等，可对所掌握的环境数据进行关联分析，从复杂多样的数据当中找出其内在的相关性逻辑和因果关系，还原生态环境治理的真实场景，其留痕记录、不可篡改和可溯源功能，能够准确掌握治理主体的每一个管理行为，使其具有"全网见证"的特点，从而让环境大数据管理的每一个环节都处于公众的监督之下，增强管理过程的透明性。

4. 数据管理的复杂化

生态环境数据种类、范围、结构、模式的复杂性，使环境数据管理在收集、存储、整理、开放、共享、应用等环节中面临前所未有的挑战。环境大数据管理的主体多样性和服务对象的多元性，会进一步增强环境数据管理的难度。此外，相关利益主体在目标、利益、数据标准、数据认同等方面的差异性，也会大大加剧环境大数据管理的复杂性。

5. 环境数据价值最大化

环境数据资源具有一定的公共物品属性，只有通过广泛地流动和使用，其潜在的价值才可能发挥出来。环境大数据管理可以使孤立分散的环境数据不断走向协同整合，从而促进环境数据资源的循环利用和创新性发展应用，真正释放数据红利，实现环境数据价值最大化。

二、环境大数据管理的发展历程

（一）政府信息化建设：环境大数据管理的开端

1. 发展概况

政府信息化建设是指国家为顺应信息社会化发展趋势，提升公共管理水平和政府治理绩效，将现代信息技术全面应用于国家机关的日常政务活动，用以辅助国家机关完成相应行政活动，优化政务工作流程，为公众提供"一站式"服务的一种新的管理方式。政府信息化建设不仅可以"实现政府部门内部的办公自动化和资源互通共享"[①]，提升政府工作效率和资源利用水平，还能实现政府与公民、企业等其他社会主体的双向互动，提高公众参与政府治理的热情，建设让人民满意的现代化服务型政府。

政府信息化建设是环境大数据管理发展的重要契机。中国政府信息化建设始于20世纪80年代初期电子计算机的普及应用。"六五"计划期间，我国成立了国务院电子振兴领导小组和计算中心，负责政府电子信息产业发展和电子数据的处理。1985年，中共中央正式启动第七个五年计划，随后国家计委、国务院环委会颁布"七五"国家环境保护计划，启动"中国100个城市环境信息系统建设项目"，这标志着我国环境信息化正式拉开序幕。1988年，国家环境保护局成为国务院的直属机构，"内设计划司信息处，主要负责信息的收集处理和办公自动化"[②]。1996年，国家环保局信息中心成立，其主要任务是为原国家环保局的环境信息化工作提供技术支撑[③]。同年9月，国务院批复《国家环境保护"九五"计划和2010年远景目标》，实施《中国跨世纪绿色工

---

① 宋香云. 我国政府信息化建设与发展前景展望 [J]. 云南行政学院学报，2004（5）：53-55.

② 章少民. 中国生态环境信息化：30年历程回顾与展望 [J]. 环境保护，2021，49（2）：37-44.

③ 李小文. 数字环保理论与实践 [M]. 北京：科学出版社，2010：4.

程》有关项目，强调信息技术赋能。1997 年 4 月，第一届全国信息化工作会议在深圳召开，"会议确定了国家信息化体系的定义、组成要素、指导方针、奋斗目标和主要任务"，我国信息化建设正式启动。1997 年 9 月，中国共产党第十五次全国代表大会召开，更是明确提出"国民经济信息化"的要求，进一步推动国家信息化建设。1998年"数字地球"提出之后，立刻引起了世界各国的广泛关注，我国正式成立国家环境保护总局（正部级），推进国家环境信息中心建设，相继提出"中国数字地球""数字环保"等概念。

2. 发展特点

这一时期，我国环境大数据管理处于初步探索阶段。中国环境信息化建设经历了从无到有的转变，环境保护的组织结构和体系也不断完善。该阶段，环境信息化主要由政府主导推动，以省级和城市环境信息系统建设为主。在这一阶段，环境大数据管理以国家信息化建设为契机，以环保项目的实施和信息化基础设施建设为主要内容，以信息技术的初步应用和系统建设为特征，初步探索、引进和实施环境质量自动监测系统，并提出环境大数据管理的相关概念。然而，由于相关基础设施平台建设、信息系统、数据标准规范、管理办法等的缺失，使其在促进和推动环境治理方面的作用非常有限。

（二）数字环保：环境大数据管理的发展

1. 发展概况

数字环保是指将信息技术（如 GIS、GPS、RS、虚拟现实、网络通信、大型数据库等技术）应用于环境管理和环境保护工作的各个环节，通过深入挖掘和分析，实现环境数据与环保业务流程的集成，最大限度地推进环境保护活动的信息化、数字化和集成化，以增强环境保护的科学性和规范性，进而提升环境数据管理效率和水平。

2001 年 12 月，国务院批复的《国家环境保护"十五"计划》中，明确提出"提高环境管理的现代化水平，依靠科技进步保护环境"的要求，有关环境大数据管理的诸多内容，如完善环境信息卫星通信系统、建设国家遥感中心、完善与加强国家信息中心的建设，逐步实现环保档案数字化写入环保"十五"计划，这标志着我国环境大数据管理进入应用发展阶段。2004 年，我国正式启动环境科学数据库建设与共享项目。2005 年，国务院印发《关于落实科学发展观加强环境保护的决定》，指出"我国环境形势依然十分严峻，应进一步完善环境管理体制，推动环境科学进步"。2006 年 2月，为进一步推动环境信息化建设，完善环境保护标准体系的建设，国家环保总局印发《"十一五"国家环境保护标准规划》。同年5月，由中国科学院遥感应用研究所、北京师范大学、北京宇图天下科技有限公司联合建设了中国第一个"数字环保"实验室。该实验室是政府、企业、科研机构三方合作推动环境保护工作的典范，实现了"产学研"的完美结合。2007年11月，国务院同意环保总局、发展改革委制定的《国家环境保护"十一五"规划》，将建设环境质量监测网络、突发性环境事故应急系统、环境科技创新支撑能力建设作为"十一五"期间的重点工程。2009年9月，环境信息化建设领导小组正式成立，同年11月，环境保护部颁布《环境信息化标准指南》。2010年1月，第一次全国环境信息化工作会议在北京召开，会议提出"在当前和今后的一个时期，要大力实施信息强环保战略，加快构建完备的数字环保体系"①。此后，贵州、深圳、广州、北京等地先后开展了数字环保的实践。

2. 发展特点

这一时期，我国环境大数据管理处于快速发展阶段。中国在可持续发展理念和"两山"理论的指导下，更加注重环境信息化的建设，提出了"信息强环保"战略，构建了相对完备的数字环保体系。该阶段，各类重大环境污染事件，如2005年松花江污染事件、2006年河北白洋淀死鱼事件、2007年太湖污染事件的暴发，加快了信息技术在环境保护领域的应用和推广，信息技术与环境保护业务融合程度不断加深。环境大数据管理的组织结构体系、制度法规、政策文件、监测体系、应急管理制度、数据管理标准、基础设施建设不断完善和优化，初步建成了从中央到地方的环境信息中心，形成了以政府为主导，社会、企业科研机构积极参与的新模式。在这一阶段，环境大数据管理以重点地区环境质量的在线监测、预警、应急为主，以遏制自然生态破坏和重点污染源治理为主要内容，不断加强环境信息化领域的国际合作，开始重视农村环境保护工作的开展，环境大数据管理正有条不紊地向前推动。但在环境信息化建设中也存在着"重视不够、工作机制不健全、重硬件轻软件、基础能力薄弱、机构队伍不健全等问题"②。

---

① 中华人民共和国生态环境部. 深入推进环境信息化建设 为探索中国环保新道路提供重要支撑——周生贤部长在第一次全国环境信息化工作会议上的讲话 [EB/OL].（2010-04-26）[2022-04-06]. https：//www.mee.gov.cn/gkml/sthjbgw/qt/201004/t20100426_188741.html.

② 中华人民共和国生态环境部. 周生贤在第一次全国环境信息化工作会议上强调 深入推进环境信息化建设 加快构建先进完备"数字环保"体系 [EB/OL].（2010-01-06）[2022-04-06]. https：//www.mee.gov.cn/home/ztbd/gzhy/ywgzh/xxgzh/tpbd/201001/t20100106_183855.shtml.

（三）智慧环保：环境大数据管理的深化

1. 发展概况

智慧环保是利用物联网、人工智能、云计算等新一代信息技术，整合环境保护过程中产生或需要的数据资源，统筹环保业务系统，深入挖掘和分析环境数据资源的价值，促使环境数据充分共享和流动，实现对环境保护的动态感知和整体把握，为环境管理决策提供支撑，以更加透明、精细、智能的方式推动环境保护目标的实现。换言之，智能环保的关键是将"智能数据采集系统、数据分析系统和数据共享系统引入到环境保护当中"[①]，进而提高环境保护的科学性和准确性。从本质上来讲，智慧环保是物联网技术在环境保护领域应用的产物，是数字环保延伸发展的新阶段。

随着"智慧地球"概念的提出和新一代信息技术的飞速发展应用，我国提出了"智慧城市"理念。在智慧城市的建设过程中，产生了对环境数据进行智能采集、智能分析、智能共享的现实需求，"智慧环保"理念应运而生。2011 年 10 月，国务院发布的《关于加强环境保护重点工作的意见》强调要加强物联网技术在环境保护领域的开发和应用。同年 12 月，国务院印发《国家环境保护"十二五"规划》，将环境监管能力基础保障及人才队伍建设作为"十二五"期间的环境保护重点工程，并首次提出"重点领域环境风险防控"战略。2012 年，国家发展改革委印发《"十二五"国家政务信息化工程建设规划》，明确提出建设生态环境信息化工程。2014 年，环境保护部颁布《关于进一步加强环境保护信息公开的通知》，强调电子政务、物联网等技术在环境保护领域的应用，江苏、山东、浙江、北京等地纷纷开展智慧保护建设，上线智慧环保云平台。2016 年 3 月，生态环境部印发《生态环境大数据建设总体方案》，初步提出了生态环境大数据建设的整体思路。同年 12 月，国务院印发《"十三五"生态环境保护规划》，提出要积极推进环境治理体系和治理能力现代化。2017 年 5 月，国务院办公厅印发《政府信息系统整合共享实施方案》，提出对相关业务系统进行整合，实现政府部门数据的互联互通，以满足跨部门、跨系统、跨层级、跨地域合作的需求。2018 年 4 月，生态环境部审议通过《2018—2020 年生态环境信息化建设方案》，提出"要建设生态环境大数据、大平台、大系统，形成生态环境信息'一张图'"，为生态环境大数据管理提供了指导。2020 年 3 月，中共中央办公厅、国务院办公厅印发《关于构建现代环境治理体系的指导意见》，提出构建"海陆统筹、天地一体、上下协同、信息共享的生态环境监测网络"，进一步加强环境数据资源的整合和信息化建设。

---

① 周仕凭 . "智慧环保"的创新与实践——访中科宇图天下科技有限公司副总裁、中科宇图资源环境科学研究院院长刘锐 [J]. 环境保护，2014，42（19）：57-59.

2.发展特点

这一时期，我国环境大数据管理处于深化发展阶段。在绿色发展理念的指导下，国家对环境保护的重视达到了前所未有的程度，并积极探索大数据在环境治理领域的应用，环境信息化建设不断向纵深发展，顶层设计不断完善，制度法律法规体系不断健全，实现了信息技术与环保业务、管理、服务的高度融合，形成了较为先进完备的环境大数据管理体系。该阶段，环境大数据管理以环境污染防控为重点，以环境大数据建设为中心，以环境信息综合管理平台建设为起点，以实现环境协同治理为目标，强调环境数据的精确性、高效性、协同性、安全性和全面性。这一阶段，"互联网+""智慧+""环保云平台"的建设，将环境保护部门与企业、社会、公众连接起来，进一步厘清了政府与市场、政府与社会之间的关系，明确了政府、企业、公众等相关主体的权责，形成了政府主导，相关部门配合协调，社会、企业、公民共同参与的良性互动。环境大数据管理赋能生态环境治理的功能显著提升，环境信息化建设也取得了长足发展，不断朝环境高水平保护、高水平治理迈进。

第二节　环境大数据管理工作机制

一、环境大数据管理工作机制

（一）数据开放共享机制

新一代信息技术的飞速发展和深入应用，使数据成为经济社会发展的基础性战略资源，同时也催生了数据开放共享的现实需求。2015年8月，国务院出台的《促进大数据发展行动纲要》中明确提出"大力推动政府部门数据共享，稳步推动公共数据资源开放"；2019年5月，生态环境部发布的《关于加强生态环境网络安全和信息化工作的指导意见》中，进一步提出要"深入推进信息资源整合共享"。2020年10月，中国共产党第十九届中央委员会第五次全体会议通过的《中共中央关于制定国民经济和社会发展第十四个五年规划和二〇三五年远景目标的建议》提出，"要加快第五代移动通信、大数据中心等建设，进一步扩大基础公共信息数据的有序开放"。数据开放共享是解决生态环境治理过程中，由于行政体制条块划分和职能分工所造成的数据资源碎片化、数据孤岛、数据烟囱林立等问题的重要举措，是打通生态环境管理各系统和各环节之间壁垒，整合信息数据，推动跨行政区、跨部门、跨层级、跨系统协作，实现环境数据价值最大化的关键所在，是减少数据资源浪费、提高生态环境管理效率、有效激发共享主体积极性的内生动力，是增强生态环境治理联动性、协同性、整体性的前提和基础。

一般而言，数据开放共享机制主要包括"目标确定机制、目标执行机制、目标评估机制和目标保障机制"①。环境数据开放共享目标确定机制的主要任务是通过多元主体的沟通协商，确定环境数据开放共享的总体目标和重点任务，形成环境数据开放共享的共识，具体表现为：明确数据开放共享的范围边界、制定数据开放共享的目录、厘清相关参与主体的权责、规定数据开放共享的标准、确定数据开放共享的方式。目标执行机制是环境数据开放共享的具体实施阶段，其主要任务是在确保数据安全性、准确性和及时性的基础上，实现环境数据的互联互通和自由流动，具体表现为：制定实施数据开放共享的计划、建立相应的领导机制和沟通协商机制、制定数据开放共享的管理办法、建立统一的数据开放共享平台、建立数据开放共享的监督机制。目标评估机制是确保环境数据开放共享目标实现的关键，是改进数据开放共享的依据，其主要任务是对环境数据共享的目标实现情况进行评估，具体表现为：明确评估的主体、制定科学合理的评估方式、落实相应的奖惩机制、确立行政问责和追责机制等。目标保障机制是实施环境数据开放共享的重要驱动力量，其主要任务是为环境数据开放共享提供政策法律和技术支撑，具体表现为：推动环境数据开放共享立法、出台基于数据生命周期的政策法规和战略规划、建立完善的数据开放共享体系、完善数据开放共享的利益补偿机制、统一数据开放共享的技术标准等。

（二）业务协同机制

大数据应用给传统生态环境治理带来了巨大变革，数据成为打破地方割据、打破业务部门壁垒、提升生态环境治理能力的重要契机。早在 2012 年国务院颁布的《关于"十二五"国家政务信息化工程建设规划的批复》中，就明确提出要"坚持需求导向，强化信息共享、业务协同和互联互通"；2021 年 12 月，国务院印发的《"十四五"数字经济发展规划》中也提出要"促进政务数据共享、流程优化和业务协同"。业务协同是生态环境治理整体性、系统性、联动性在具体实践层面的重要体现，是促进环境数据资源全面整合、加快府际和业务系统实现互联互通的重要路径，是提升生态环境治理协同效率、降低协同成本、提高环境管理水平和环境公共服务能力的客观选择。

业务协同是信息技术与生态环境治理更高层次的融合，其本质是依托信息技术，

---

① 司林波，王伟伟.跨行政区生态环境协同治理信息资源共享机制构建——以京津冀地区为例 [J].燕山大学学报（哲学社会科学版），2020，21（3）：96-106.

优化生态环境治理的业务流程，全面推进生态环境大数据管理，提高生态环境治理效果，形成以技术赋能为核心，以环境数据共享为基础，以提升环境公共服务为目的，以确保环境治理"一盘棋"为关键的新管理方式。其旨在实现环境大数据管理的多部门融合，为生态环境治理提供支持，更好地满足生态环境治理的需求。生态环境治理是一项复杂的系统工程，主要包括"环境质量管理、环境污染监控管理、生态保护管理、核安全与辐射管理、环境应急指挥管理等核心业务"[①]。建立环境大数据管理的业务协同机制，首先，应明确相关参与主体的职能定位和权责。当前，我国生态环境信息化建设不断朝纵深发展，但依旧存在环境数据信息资源分散、业务协同有待加强等局限，明晰相关参与主体的职能和权责，可降低业务协同过程中各主体相互推诿扯皮、踢皮球的可能，从而增强协同的有效性和可能性，是实现生态环境业务协同的重中之重。其次，建立生态环境信息化"大系统"。环境数据信息资源的整合共享是提高环境数据利用效率的重要手段，是实现环保领域业务协同的基础。因此，应构建涵盖环境保护核心业务领域的信息化"大系统"，为促进生态环境业务协同提供支撑，为生态环境治理的战略决策、态势研判和指挥调度提供依据。最后，建立生态环境信息资源管理体系。建立统一的数据管理标准，"统筹生态环境数据采集，形成全国统一的环境基础数据库，形成生态环境'一套数、一张图'"[②]，实现对环境数据的统一管理和使用，以解决不同地区、部门之间的数据公认、数据多源异构、标准各异、重复收集、利用效率低等问题，消除地区、部门之间数据壁垒，打破数据孤岛，从而促进环保业务流程的整合和协同。

二、环境大数据创新应用机制

（一）科学决策机制

信息是决策的基础和前提，传统政府数据信息的传递渠道有限且主要掌握在高层领导人的手中，决策者往往会根据仅有的数据信息和经验轻易作出决策，即所谓的"拍脑袋决策"，这类决策带有明显的随意性、经验性和主观性，决策结果是不确定的，且存在较大风险和隐患。生态环境大数据管理科学决策机制的本质是将大数据作为生态环境决策的重要依据，通过对各类环境数据的综合分析和深入挖掘，试图从复杂多样的环境数据中找出其内在的相关性逻辑和因果关系，从而实现对生态环境治理全过

① 徐马陵.金环工程进入审批立项阶段 [J].每周电脑报，2005（42）：10.
② 生态环境部信息中心.《2018—2020 年生态环境信息化建设方案》[EB/OL].（2018-04-10）[2021-02-10].http：//www.chinaeic.net/ywly/ghjh/201804/t20180418_434812.html.

程的宏观把握，为生态环境治理的战略政策制定、方案出台、规划设计、环境风险预测预警等提供决策依据和数据支撑，进而提高决策的效率，降低决策中由于不确定因素所导致的决策风险，缩小应然和实然之间的差距，真正做到用数据决策、科学决策。

科学决策是生态环境治理过程中的关键环节，决策的科学性、合理性和正确性直接决定着生态环境治理的发展路径和结果。加强生态环境科学决策的关键是强化大数据的融合应用。环境数据的完整性、全面性和准确性是进行科学决策的基础。大数据时代，环境数据呈指数式爆炸增长，数据融合应用能力欠缺，就会使环境数据的流动性和共享程度降低，从而导致数据资源像"一摊没有生命力的死水"制约数据价值的发挥，致使政府工作效率低但成本高等问题层出不穷。因此，政府应加快大数据的融合应用，持续推进跨部门、跨地区的环境数据开放共享，形成对生态环境的整体把握，通过大数据的统计分析和深入发掘，从宏观层面对生态环境进行研判，提升宏观决策水平。不断加强信息技术与生态环境治理的融合，进一步强化环境数据与其他基础数据的关联分析和融合利用，对生态环境治理现状进行定量化和可视化分析，从而增强决策的科学性、可行性和预见性，支撑和服务于生态环境治理。

（二）精准监管机制

近年来，我国在生态环境监管方面一直遵循垂直管理的原则[1]，在此过程中市县一级环境监测的事权整合上移，执法权则集中下沉，这导致垂直管理与属地管理之间的矛盾冲突加剧，致使环境数据信息获取呈现出碎片化的特征，这使得中央与地方政府、业务系统之间的信息不对称问题显著，严重影响了环境数据的综合利用效率，增加了生态环境数据的获取成本，最终造成环境治理的协同困境。生态环境大数据管理的目标之一是建立基于大数据的精准化监管机制，实现对生态环境治理的全过程、全方位、无死角、无障碍监管，动态把握生态环境治理的每个环节和细节，实现生态环境治理轨迹全记录和数据化。这些数据相互支撑，互相佐证，为生态环境监管提供依据，可在一定程度上弥补以事后监管为主的传统监管模式的弊端，使生态环境监管更加全面、准确和有效。

监管作为一种引入上级政府权威的约束机制，可以在一定程度上约束和规范下级政府具体行为，使生态环境治理更加规范化和有序化，形成安全有序的生态环境治理环境，促使各主体之间更加积极主动地进行沟通和协作，从而降低环境治理过程中产生的额外成本和困难。但由于监管主体的单一性和监管对象的复杂性之间的矛盾，导

---

① 周卫. 我国生态环境监管执法体制改革的法治困境与实践出路 [J]. 深圳大学学报（人文社会科学版），2019，36（6）：82-90.

致政府监管存在客观缺陷，要解决这一问题就要充分发挥信息技术和其他治理主体的积极作用，以弥补政府自身治理能力不足的问题。首先，利用新一代信息技术（如大数据、区块链、人工智能等技术）加快各类环境数据的融合和综合分析，构建以环境质量监管、环境监测预警、环评大数据应用、环境督察监管、环境风险大数据分析等为重点的环境监管新模式，依托大数据的留痕、存储、不可篡改、可视化、查询等特征，提高监管的准确性、及时性和透明性。其次，在现场抽检过程中可以引入经过第三方认证的环境监测企业，由企业承担部分抽检工作，这样既可缓解政府缺乏专业人员的问题，也可以打破政府对环境数据控制的局面[①]。再次，可以广泛发动群众设立志愿服务岗位，运用公众的力量为政府环境执法提供线索，缓解专业人员不足的问题。最后，注重利用自媒体和新媒体对公众检举的聚焦和放大作用，完善检举制度补充检举方式，缓解政府在环境监管过程中可能出现的寻租和创租行为，从而提高环境监管的精确性。

（三）公共服务机制

环境大数据管理的终极目标是在最大限度开发环境数据资源价值、合理管控环境数据风险的基础之上，提升环境公共服务的质量和生态环境治理的能力，使全社会共享数据红利，从而实现社会价值最大化。在这一目标的引领之下，环境大数据管理就必须坚持"顾客导向"和"需求导向"的原则，运用大数据建设服务型政府，进一步转变政府的服务理念和服务方式，使环境公共服务模式由大众化向个性化、定制化转变，积极推动政府服务从被动回应向积极响应转变，"利用大数据支撑生态环境信息公开、网上一体化办事和综合信息服务"，持续深化大数据应用，不断增强行业与社会化生态环境数据的融合深度，"提高环境数据资源对人民群众生产、生活和经济社会活动的服务作用"[②]，不断推进环境公共服务的高效化和便民化。

完善环境公共服务，首先，打造统一的"互联网＋"生态环境平台。坚持新一代信息技术与环保业务的融合创新，"整合集成生态环境管理的行政审批事项"[③]，建立"一站式"生态环境服务平台，进一步优化政府业务流程和环境公共服务的供给。其次，

---

① 谌杨.论中国环境多元共治体系中的制衡逻辑 [J]. 中国人口•资源与环境，2020，30（6）：116-125.

② 中华人民共和国中央人民政府.关于印发《生态环境大数据建设总体方案》的通知 [EB/OL].（2016-03-08）[2022-04-22]. https：//www.mee.gov.cn/gkml/hbb/bgt/201603/t20160311_332712.htm.

③ 生态环境部信息中心.《2018—2020年生态环境信息化建设方案》[EB/OL].（2018-04-10）[2021-02-10]. http：//www.chinaeic.net/ywly/ghjh/201804/t20180418_434812.html.

提升生态环境信息的公开力度和质量。绝对权力必然会滋生腐败，政府作为环境数据最大的拥有者和使用者，容易造成环境数据的垄断从而滋生腐败。因此，政府应积极主动推进生态环境信息公开目录体系的建设，依托大数据进一步加强环境数据信息的公开力度，提高环境信息公开的时效性，拓宽政府环境信息的公开渠道和民意反映渠道，以此对抗政府在环境监管过程中产生的失职和渎职行为，从而提高政府环境公共服务能力。最后，引导公民有序参与。公众既是生态环境治理的基础，又是生态环境大数据管理重要的利益相关者，有义务参与生态环境大数据管理。因此，政府应通过拓宽和保障公民参与渠道、简化检举程序、建立健全回应机制、建立全国统一的公共参与系统等方式，增强政府和公众的互动，引导公众有序参与，提高参与意愿。

第三节　环境大数据平台建设

一、环境大数据平台建设的现状

我国生态环境信息化建设始于 20 世纪 80 年代中期。30 多年来，生态环境信息化工作不断向前发展，取得了重大突破和成就。生态环境保护部门，在国家信息化发展的浪潮推动下，在党中央、国务院的领导和政策支持下，不断提高环境保护的信息化应用程度，积累了大量的环境数据信息。然而，在我国条块分割的行政体制下，纵向上指下派的命令形式使数据资源配置权具有很强的垂直整合性[①]，横向的职能划分，进一步强化了部门利益和数据资源的资产专用性。这种以行政边界、职能分工为依据的数据管理方式，可能会造成数据资源的碎片化，进而形成"数据烟囱"。环境数据作为一种公共资源，只有通过广泛使用和充分流动，才能真正释放数据红利发挥其潜在的价值，最终助力于经济社会的发展和生态环境治理，"数据烟囱"的存在会增加环境数据的利用难度，阻碍环境数据的开放共享，从而进一步加剧"各自为政"的环境治理局面，割裂环境治理的各个环节，增加政府的行政成本。

生态环境大数据平台建设是整合环境数据资源的重要手段，是生态环境信息化建设的重要组成部分，直接影响到跨部门、跨地区、跨系统的环境数据开放共享和协同治理。《"十五"国家环境信息化建设指导意见》将"环境信息网络平台建设、环境管

---

① 李重照，黄璜.中国地方政府数据共享的影响因素研究 [J].中国行政管理，2019（8）：47-54.

理业务应用平台建设、环境信息资源共享平台建设、环境信息资源服务平台建设"作为"十五"期间的重要工作任务；《国家环境保护"十一五"规划》将"构建环境保护信息基础平台，建设国家环境数据库"作为"金环工程"的重要内容；《国家环境保护"十二五"规划》更是提出建设环境信息资源中心的具体要求；《"十三五"生态环境保护规划》强调科技创新在生态环境保护中的重要作用，提出建设生态环保科技创新平台；"十四五"时期，生态环境治理更加注重整体性、系统性和协同性，更加重视大数据在生态环境领域的运用，《中共中央关于制定国民经济和社会发展第十四个五年规划和二〇三五年远景目标的建议》提出建设国家数据统一共享开放平台的要求。

整合、规范环境数据是生态环境大数据管理的重要任务，是统筹推进生态环境治理的关键。在党中央、国务院高度重视生态环境大数据平台建设背景下，我国生态环境大数据平台建设已初见成效。2016 年，生态环境部颁布《生态环境大数据建设方案》，提出建设大数据环境云平台、大数据管理平台和大数据应用平台；2017 年，生态环境部信息中心开始启动生态环境云平台建设，目前已拥有 42 台物理服务器，已使用 590 台虚拟服务器，已支撑生态环境部 169 个业务系统；2018 年，环保云建设安全保障体系通过最终验收①。同年 4 月，福建省建成我国第一个省级生态环境云平台。截至 2018 年 5 月，"我国环境信息资源中心共包含部内外 76 个业务系统的数据，涉及环境质量（2 个）、污染源类（26 个）、生态保护（3 个）、环境管理业务（20 个）、核与辐射（17 个）、环保产业（2 个）、环保科技（2 个）、外部委（4 个），共集成数据 50 亿条，数据集 438 个，非结构化文件 230 万个，数据量约 11T，其中 68 个系统实现动态更新，初步建成覆盖环境管理业务的基础数据库"②，并于 2021 年 7 月，上线环境信息资源中心手机端 App。

二、环境大数据平台建设的相关内容

（一）建设目标

1. 整合共享环境数据资源

整合共享环境数据资源是生态环境大数据平台建设的基本目标，是统筹推进生态环境治理、有效支撑生态环境业务一体化的重要依据。环境数据来源广泛、种类繁多，具体涉及生态环境保护、水利、农业农村、交通运输、自然资源、海洋、住房和城乡

---

① 生态环境部信息中心 . 生态环境云成果 [EB/OL] .（2018-05-14）[2022-04-22]. http：// www.chinaeic.net/xxfw/hbypt/ptcg/201805/t20180514_439450.html.

② 生态环境部信息中心 . 环境资源中心成果 [EB/OL] .（2018-05-14）[2022-04-23]. http：// www.chinaeic.net/xxfw/hjxxzyzx/ptcg/201805/t20180514_439454.html.

建设等部门，主要包括大气、淡水、海洋、土壤、自然生态、辐射、气候变化、自然灾害等数据。部门之间的业务范围、职能分工、利益差异和数据专用性，会导致"数据烟囱""信息孤岛"等问题，使不同主体之间环境数据的互通有无困难重重，从而制约环境数据资源价值发挥，影响环境数据对生态环境治理的支撑作用。生态环境大数据平台以数据为突破口，以"互联网＋""智慧＋"为引领，统筹管理各类环境数据，对分散的环境数据资源进行有效整合，从而打破原有的行政壁垒和业务系统障碍，实现环境数据共享互动。

2. 生态环境决策科学化

实现生态环境决策科学化是生态环境大数据建设的重要目标，是确保生态环境治理顺利开展、取得重大成效的关键。科学决策是决策者运用科学的手段和方法，对大量数据信息进行理性分析，从而作出正确决策的过程。这也就是说，掌握决策所需的全部数据信息是科学决策的首要任务。大数据时代的到来，为处理和掌握大量环境数据信息提供了重要技术支持。生态环境数据平台将环境治理的各个环节和业务系统以数字化的形式呈现出来，对环境数据的产生、收集、梳理、整合、流通、应用和保存作出统一的规范和要求，旨在为决策者提供更加全面、系统、真实的数据。决策者通过数据的相关性分析和综合研究判断，找出隐藏在数据背后的"真相"，量化生态环境问题，并通过计算找出问题的关键制约因素，为生态环境科学决策提供依据。

3. 环境公共服务便民化

实现环境公共服务便民化是生态环境大数据建设的终极目标，是国家治理能力和治理体系现代化的重要标志，体现了党和国家以人民为中心的发展理念。随着新一代信息技术的发展和应用，数据成为经济社会发展和公民生活的重要支撑，社会公众也更加注重环境公共服务的便捷化和使用感，对环境公共给服务提出了更高的要求。这就要求政府积极推进大数据与环保业务的融合，建设生态环境大数据平台，深化环境大数据应用，"解决经济、政治、文化、社会和生态的协同发展问题"[①]。开发各类便民应用，推动环境公共服务的创新和个性化发展，为公众提供"一站式"服务，减少不必要的工作环节和流程，实现从"最多跑一次"到"一次都不用跑"的转变。

（二）具体任务

1. 大数据环保云平台

大数据环保云平台指的是，"生态环境部建设的、以虚拟化和云计算为主要特征的

---

① 胡海波，娄策群．数据开放环境下的政府数据治理：理论逻辑与实践指向 [J]．情报理论与实践，2019，42（7）：41-47.

信息技术服务平台，在生态环境业务专网和互联网上，向部机关、派出机构和直属单位提供计算资源、存储（备份）资源、网络资源、安全资源和基础软件等云基础资源服务"[1]。环保云平台是生态环境大数据平台的基础设施层，其主要作用是为大数据处理和应用提供统一基础支撑服务，以实现环境数据资源的"集约建设、统一集中管理和整体运维"[2]。现阶段，我国已初步建成了从中央到地方的环境云平台服务体系，服务范围涵盖基础设施、基础软件应用和安全保障三方面。"基础设施服务主要包括虚拟服务器、存储、网络等；基础软件应用服务主要包括操作系统、中间件、数据库、数字证书、短信验证等；安全保障服务主要包括安全检测与监控、网络防护、应用防护、数据备份等。"[3]

2. 大数据管理平台

大数据管理平台是指，中央和地方政府综合运用大数据、人工智能、区块链、云计算等信息化技术建设的，以环境数据整合共享、存储管理、分析挖掘为主要职能的集成应用平台。大数据管理平台是生态环境大数据平台的数据资源层，其主要目的是实现山水林田湖草沙等环境数据资源的集中统一采集、管理、分析、挖掘，从而实现环境数据的无障碍流动、开放共享和深入挖掘，为生态环境的实时监管、科学决策、跨部门协同、数据相关性分析、趋势预测、应急管理、环境预警等提供支撑，从而提高生态环境治理能力。目前，我国大数据管理平台建设日渐完善，如内蒙古自治区已初步建成了生态环境大数据管理平台，"集成数据13.6亿多条，容量超过25.7T，涵盖三大目录体系、九大类环境数据信息、264个数据集的环境数据资源目录体系"[4]。

3. 大数据应用平台

大数据应用平台是基于信息技术，对整合的环境数据资源进行深度挖掘和相关性分析，为环境综合决策、环保业务开展和环境公共服务创新等提供支撑的综合服务平

---

① 生态环境部信息中心.《生态环境云管理暂行办法》[EB/OL].（2021-07-15）[2022-04-22]. http：//www.chinaeic.net/xxfw/hbypt/ptcg/202107/t20210715_847053.html.

② 中华人民共和国中央人民政府.关于印发《生态环境大数据建设总体方案》的通知 [EB/OL].（2016-03-08）[2022-04-22]. https：//www.mee.gov.cn/gkml/hbb/bgt/201603/ t20160311_332712.html.

③ 生态环境部信息中心.2019年度生态环境云服务目录 [EB/OL].（2021-07-15)[2022-04-22]. http：//www.chinaeic.net/xxfw/hbypt/ptcg/202107/t20210715_847053.html.

④ 内蒙古自治区人民政府.自治区生态环境厅：稳步推进生态环境大数据建设 助力打好打赢污染防治攻坚战 [EB/OL].（2020-08-20）[2022-04-22]. https：//www.nmg.gov.cn/zwyw/ gzdt/bmdt/202008/t20200820_254250.html.

台。大数据应用平台是生态环境大数据管理的业务应用层，是环境大数据平台的核心组成部分，其主要目的是通过数据的相关性分析，找出数据内在的本质联系，探究环境治理中存在的问题和一般性规律，最大限度开发环境数据资源价值，为政府部门、企业、科研单位、公众等主体提供更加精准和个性化的服务，实现从"信息汇"到"信息慧"的质的转变，并通过智能化分析、可视化展示、外服务接口、模块化服务，为环境科学决策、精细化管理、精准监管、优化环境公共服务等提供有效支撑，有效解决各类环境问题，实现线上数据与线下环保业务的融合，让环境数据落到实处，助力生态环境治理。

（三）平台特征

生态环境大数据平台以国家现有环境数据库、环境信息系统和数据平台为依托，以大数据和"互联网+"为引领，以环境数据的有效整合为重点，以数据互联共享为核心，以数据管理的规范化和标准化为依据，以统一管理和使用环境数据资源为手段，以提高环境数据资源的利用效率为目标，以避免环境数据资源的重复收集和浪费为目的，旨在发掘生态环境数据的潜在价值，辅助生态环境监管、预警、应急和决策，实现环境数据资源价值最大化，真正做到"一次采集，多次应用"，从而满足新时期生态环境治理的需求。

现阶段，我国生态环境大数据平台建设已进入全面建设阶段，环境大数据的利用程度，大数据与环保业务、环境公共服务的融合深度不断加强。大数据平台的建设注重问题导向和需求导向，主要目的是解决环境数据分散、"数据孤岛"、"数据烟囱"丛生、条块应用、环境数据资源价值发挥不充分、大数据对环境公共服务和环保业务支撑程度低、部门壁垒、服务割裂等问题。从具体实践层面来看，大数据平台的建设已呈燎原之势，并被视为提升环境治理能力的重要手段。

三、环境大数据平台建设存在的问题

（一）数据平台利用化程度有待提高

党的十九大报告中明确提出要加快生态文明体制改革，建设美丽中国，提出绿水青山就是金山银山的发展理念；党的十九届五中全会提出完善生态文明领域统筹协调机制，建设人与自然和谐共生的现代化。至此，生态环境治理上升为国家重大战略。大数据平台建设是生态环境信息化的重要内容，是生态环境治理能力的重要体现，其价值在于通过对海量环境数据进行整理、提取、挖掘、分析之后，找出环境数据资源的潜在价值，广泛服务于经济社会发展和社会生产生活的各个环节和方面。目前，我国生态环境大数据平台建设不断趋于完善，但仍存在对重点环境业务和公共服务支持不足的问题，具体表现为环境大数据在环境质量监测、预测等方面取得了重大进展，在环境业务协同、监察执法、综合服务等方面的应用才刚刚开始，跨领域应用更是少之又少[①]。

（二）数据开放共享程度不高

目前，我国生态环境大数据平台建设存在地区差异，国家首批的 6 个大数据试点单位（吉林、内蒙古、绍兴、贵州、江苏、武汉），无论在数据平台建设、数据开放共享还是在制度规范、大数据技术应用等方面均领先其他地区。这种平台空间发展不平衡会在客观上导致地域间生态环境共享的困难。行政体制的条块划分，各地政府之间的政治、经济和社会地位差异也会影响环境数据共享的结果，且不同地区环境数据的共认、价值目标也会给数据共享带来一定程度上的困难。此外，我国标准化的数据管理体系尚未建立，对数据共享的范围、形式、大小、结构、存储、传输等并未作出明确规定[②]，这就导致了共享过程中可能会出现政治风险、利益冲突、增加政府部门和个人的支出、信息安全风险等问题，从而增加了环境数据共享的难度。

（三）管理体制机制不完善

为响应生态环境大数据战略，有效提高环境数据的利用能力。党中央、国务院以及中央各部委通过颁布一系列的政策法规，印发《生态环境大数据建设总体方案》《2018—2020 年环境信息化建设方案》《"互联网＋政务服务"技术体系建设指南》等，推动生态环境大数据平台的建设，从中央到地方均成立了环境信息中心，但信息中心的职能定位仅仅是基础设施建设、管理规划和技术支持，缺乏对环境数据的综合管理能力。在中央的号召下，不少省市已编制了本地区的环保大数据建设总体规划，成立大数据管理机构。如贵州省环保大数据建设规划的制定，使其成为中国南方数据中心示范基地。但仍有不少省市直接复制粘贴《生态环境大数据建设总体方案》的条款和内容，大数据管理机构虽已挂牌成立，但未真正履行其职能。此外，大数据平台的建设还缺乏相应的监督和约束机制。

---

① 张毅，贺桂珍，吕永龙，等 . 我国生态环境大数据建设方案实施及其公开效果评估 [J]. 生态学报，2019，39（4）：1290-1299.

② 夏义堃 . 试论政府数据治理的内涵、生成背景与主要问题 [J]. 图书情报工作，2018，62（9）：21-27.

第四节　环境大数据的应用与发展

一、环境大数据的应用

（一）环境精准化监测

环境监测是生态环境治理的基础工作，是生态环境治理体系和治理能力现代化的重要支撑。环境监测数据是客观反映环境污染现状、生态环境质量状况、生态环境治理成效的重要依据，是进行科学环境决策、综合环境管理、精准环境监管和环境公共服务便民化的关键和基础。2015 年 8 月，国务院办公厅发布《生态环境监测网络建设方案》指出，"到 2020 年，我国要初步建成陆海统筹、天地一体、上下协同、信息共享的生态环境监测网络"；2017 年 9 月，中共中央办公厅、国务院办公厅印发的《关于深化环境监测改革提高环境监测数据质量的意见》中进一步提出，"要健全国家环境监测量值溯源体系，会同有关部门建设覆盖我国陆地、海洋、岛礁的国家环境质量监测网络"，用以规范环境监测工作的顺利开展，确保环境监测数据质量。

截至 2020 年，我国已初步建成中央—省—市三级联动的生态环境监测中心，基本建成涵盖水、大气、土壤、自然生态、声环境、辐射等领域的环境监测网络体系，建成"全国重点污染源监测数据管理与共享系统"。"在重点地区部署环境空气 VOCs 监测，推动建立大气光化学监测网，建成 1937 个地表水水质断面、1614 个主要江河水质监测断面、112 个重要湖泊（水库）水质监测断面、10171 个地下水水质监测点、在长江经济带建设 667 个跨界断面水质监测站，新增 235 个国控辐射环境空气自动监测站"[①]，并持续推进环境监测数据联网共享和综合执法。

（二）环境精细化管理

实现环境精细化管理是全面、准确把握生态环境治理全过程的关键，是确保生态环境治理结果的重要支撑。环境大数据在环境精细化管理方面的应用主要体现在环境监管方面。2014 年 11 月，国务院办公厅发布的《关于加强环境监管执法的通知》提出，"严格依法保护环境，推动监管执法全覆盖"，并要求市、县两级人民政府应实现网格化环境监管；次年 8 月，国务院办公厅印发的《关于推广随机抽查规范事中事后监管的通知》提出，要建立"双随机"抽查机制，增强政府横向和纵向部门之间监管信息的

---

① 中华人民共和国生态环境部.2020 年中国生态环境状况公报 [EB/OL].（2021-05-26）[2022-05-05]. https：//www.mee.gov.cn/hjzl/sthjzk/zghjzkgb/.

互联互通，打造统一的市场监管信息平台；2018 年 9 月，生态环境部印发《关于进一步强化生态环境保护监管执法的意见》，明确提出，"要利用科技手段精准发现违法问题，打造监管大数据平台，推动'互联网＋监管'"的实施，增强科技与环境监管工作的进一步融合应用，提高环境监管数字化水平和精确性。

提升生态环境动态监管能力是环境精细化管理的重中之重。环境大数据赋能环境监管可突破环境监管的时空局限，汇集分析多源、多维数据，并通过大数据建模和可视化分析，总结出环境污染的动态演化过程和空间变化规律，从而打破传统监管事后被动响应局限，实现生态环境污染有效溯源、动态跟踪、实时分析、科学预警、联防联控和全过程监管。如浙江省杭州市富阳区强化数智赋能，"构建了常态监管、重点领域强化攻坚及重点区域强化巡查三大生态环境智慧监管体系"①，建成在线监控"天网"，推动生态环境监管向智能化和精准化的方向发展。

（三）区域大气污染治理

1978 年改革开放以后，我国确立了以经济建设为中心的发展路线，带来了环境污染和生态环境问题。据《1996 年中国环境状况公报》统计，"1996 年我国城市总悬浮颗粒物浓度普遍超标，平均浓度为 $309\mu g/m^3$。全国城市降尘量平均值为 16.2 吨／平方公里·月，二氧化硫浓度普遍偏高，酸雨降水污染加剧、范围不断扩大"。从总体上看，大气污染呈现出以城市为中心，并不断向农村扩展的特点。2010 年环境保护部、发展改革委等联合制定《关于推进大气污染联防联控工作改善区域空气质量的指导意见》，2013 年国务院印发《大气污染防治行动计划》，2015 年修订《中华人民共和国大气污染防治法》，党的十九大将打赢蓝天保卫战作为"三大攻坚战"的重要组成部分。

为改善区域大气环境，助力蓝天保卫战，生态环境部于 2017 年开展"大气环境科学综合数据采集与共享平台"建设，并于 2018 年 2 月正式投入使用，以促进大气环境科学数据整合、交汇、共享、分析和开发。与此同时，生态环境部还建成了生态环境数据共享服务平台，"围绕蓝天保卫战、重污染天气应急、环境监管执法等业务应用，开发数据接口 395 个，提供数据接口调用 1900 余万次，共享平台服务访问次数达到 2961 余万次，用户登录次数达到 63037 次"②。此外，近年来中国气象局还积极推动

---

① 浙江省生态环境厅.发现能力竞技场 杭州富阳打造生态环境智慧监管新模式 [EB/OL]（2021-11-23）[2022-05-08]. http://sthjt.zj.gov.cn/art/2021/11/23/art_1229589238_58929763.html.

② 中华人民共和国生态环境部.关于政协十三届全国委员会第二次会议第 0154 号（资源环境类 020 号）提案答复的函 [EB/OL].（2019-08-01）[2022-05-06]. https://www.mee.gov.cn/xxgk2018/xxgk/xxgk13/201911/t20191113_742241.html.

气象大数据在区域大气污染治理领域的应用，建成了气象大数据云平台"擎天"，并于2021年12月15日正式投入运行。目前，该平台"融入47个国家级业务系统和85个省级业务系统，整合数据资料611种，记录数2214.9亿条，日增2.96亿条"[①]。

（四）环境污染防治管理

环境污染防治是生态环境治理的重要内容，是提升生态环境治理现代化水平的重大任务，是建设美丽中国的内在要求，历来受到党中央和国务院的重视。国务院在2015—2017年期间先后印发了《水污染防治行动计划》《土壤污染防治行动计划》和《大气污染防治行动计划》，党的十九大报告更是提出了"坚决打好污染防治攻坚战"，着力改善生态环境质量和人民群众关心的突出环境问题的具体要求。2021年11月，《中共中央 国务院关于深入打好污染防治攻坚战的意见》则进一步提出，"要坚持精准、科学、依法治污，深入打好蓝天保卫战、碧水保卫战和净土保卫战"，全方位提升生态系统的质量和稳定性。

环境大数据应用于污染防治管理的关键在于开放、共享、标准和融合[②]。开放是指用开放的态度和思维，促进环境数据资源价值的发挥；共享是指运用共享模式，打破"数据割据"局面，实现环境数据的流通互动；标准是指对环境污染防治的各类数据进行标准化的统一规定，从而实现跨行业、多类型环境数据的对接；融合是指对各类环境数据的综合分析和整体研判。以福建省为例，2018年福建省建成省级生态环境大数据平台，并不断推动"生态云"的实践应用和综合服务。目前，"该平台收集了117个类别的80多亿条数据，每天容量增加约1TB。同时，集成了40多个信息系统，开通了212个对外服务接口，连接了167个大气环境质量监测点、87个水环境质量监测点、998个污染源在线监测点"[③]，实现了海量数据的实时更新和融合应用，使天地一体防控成为现实。

---

① 中国气象局. 气象大数据云平台正式业务运行提供数算一体平台化服务 全面支撑"云+端"新业态 [EB/OL].（2021-12-15）[2022-05-06]. http：//www.cma.gov.cn/2011xwzx/2011xqxxw/2011xqxyw/202112/t20211224_4325541.html.

② 詹志明，尹文君. 环保大数据及其在环境污染防治管理创新中的应用 [J]. 环境保护，2016，44（6）：44-48.

③ 中华人民共和国生态环境部. 福建建成生态环境大数据云平台 一平台一中心三大体系助力全省环境监管形成一盘棋 [EB/OL].（2018-10-26）[2022-05-06]. https：//www.mee.gov.cn/ywdt/hjywnews/201810/t20181026_667050.shtml.

二、环境大数据未来的发展方向

（一）环境大数据应用一体化

从我国目前的生态环境大数据应用来看，其主要集中在环境监测、环境监管、区域大气污染治理、环境污染防治等领域，存在环境大数据应用范围较窄、应用活力不足、应用能力低下等问题。今后，我国应不断加强环境大数据与其他环保业务的融合，将环境大数据广泛应用于生态环境治理的各个环节，如环境决策、环境舆情监测引导、环境质量评价、环境绩效考核、环境预警等方面，积极探索环境大数据与农业、交通、气象、国土、旅游、社会经济、工业、医疗、新兴产业等大数据的融合创新应用[①]，扩大环境大数据的应用范围，充分发挥环境大数据对其他社会活动的支撑作用。加快信息技术与生态环境治理的深度融合，强化云计算、物联网、可视化、相关性分析、人工智能、区块链等信息技术对生态环境治理的赋能深度，不断优化环境大数据的硬件和软件，以提高环境大数据的整合分析能力和应用效率，实现环境大数据应用一体化。

（二）环境数据精准共享

环境数据流通共享是实现数据资源价值最大化的关键。然而，无目的的数据流动和共享将会大大增加共享的难度和复杂性。大数据时代，海量多源异构数据的无序涌入，可能会增加共享主体查找和筛选数据信息的工作量和工作难度，造成环境数据共享的无序和混乱，破坏数据共享的平衡，致使环境数据共享的负外部性明显增强，阻力增大。这显然与数据共享的"初心"背道而驰。在矫正数据共享实践与目标发生偏离的问题时，精准共享就显得尤为重要。以各主体的需求为导向，以数据共享的有效性、实用性和目的性为基础，数据无缝隙对接和确定性流动的精准共享，可在最大程度上解决无序共享和共享混乱的问题，提高共享的精准度和效率，降低不必要的数据资源浪费和行政费用，有效激发共享主体的内生动力，解决生态环境治理过程中的协同困境。

（三）环境大数据平台智能化

数据是生态环境治理的重要资源，数据平台是充分发挥数据资源价值的重要载体。随着信息技术的发展和环境问题的演变，环境大数据的应用、开发和创新日益受到人

---

① 赵苗苗，赵师成，张丽云，等. 大数据在生态环境领域的应用进展与展望 [J]. 应用生态学报，2017，28（5）：1727-1734.

们重视，数据平台在生态环境管理中的支撑作用也越来越突出。以往以简单数据存储和管理为特点的数据平台已不能满足新时期生态环境治理的需要。如何实现环境大数据平台从"静态表达"到终端用户"按需获取"的转变[①]，从简单的数据集成到智能分析应用的发展，成为环境大数据平台发展的关键。这就要求环境大数据平台加大感知系统的建设，实现"空天地"环境数据的高度聚合和精准化分析，实现基础环境数据信息的高度精细化。依托大数据技术和智能化的数据挖掘工具，将环境数据和环保业务需要和治理主体需求相结合，进一步完善环境大数据的多维时空治理体系，实现环境数据供需的准确互动和集成应用，提高数智赋能水平。

（四）加强国际合作与交流

世界是一个普遍联系的有机整体，任何国家都不可能脱离国际社会而独立存在，参与国际合作与交流是必然的。环境污染在一定程度上具有"全球化"的特征和集体物品的属性，如大气污染和海洋污染——由数国所造成的大气污染和海洋污染的破坏性将不会局限于污染的制造国，且单一国家的治理行动无法有效解决此类环境问题带来的影响。因此，环境保护是全人类共同的责任。中国作为一个负责任的大国，无疑已成为推动环境保护国际合作与交流的中坚力量，生态环境大数据是信息技术与环境保护相结合的产物，为环境保护领域的国际合作与交流提供了重要动力。因此，我国应继续推动生态环境数据的国际合作与交流，将国内外相关数据平台与同类数据资源进行有效链接，积极推动国际环境数据资源共享，构建全球性的环境数据资源共享平台，为国际环境问题的解决和跨界环境问题的处理提供重要支撑。

思考题

1. 什么是环境大数据管理？环境大数据管理的特征有哪些？

2. 简述我国环境大数据管理的发展历程及阶段特征。

3. 简述我国环境大数据管理工作机制的主要内容和特征。

4. 简述我国环境大数据平台建设的基本内容。

5. 结合大数据技术发展现状，谈谈你对我国环境大数据应用的看法。

---

① 姚新，刘锐，孙世友，等．智慧环保体系建设与实践 [M]．北京：科学出版社，2014：138．

案例分析

贵州省生态环境大数据管理

生态环境是人类赖以生存的基础，用大数据守护自然环境，助力生态环境治理是经济社会发展的必然趋势和内在要求。贵州省对大数据的探索和应用最早可以追溯到2014年。2014年贵州省提出大数据发展战略，印发了《关于加快大数据产业发展应用若干政策的建议》和《贵州省大数据产业发展应用规划纲要（2014—2020）》，成立了贵州省大数据产业发展领导小组和大数据标准化技术委员会，开展"云上贵州""七朵云"建设，先后建成"中国第一个国家大数据综合试验区核心区、国家大数据产业集聚区和国家大数据产业技术创新试验区核心区，率先探索地方大数据立法"。据统计，目前贵州省有23个正在运营和建设的重点数据中心，计划使用400万台服务器。

2016年3月，环保部办公厅发布了《生态环境大数据建设总体规划》，首次明确了大数据的概念和内涵，提出要全面、快速推进大数据在生态环境治理领域的开发应用。同年，贵州省被环保部列为中国首批六大生态环境大数据建设单位之一。为快速推进大数据发展战略，全面加强大数据在生态环境治理领域的全面应用。2016—2018年期间，贵州省先后出台了《贵州省生态环境大数据建设项目管理办法》《贵州生态环境大数据建设规划方案》《贵州省"十三五"环保大数据建设规划》等政策文件，中共中央办公厅、国务院办公厅也出台了指导性政策文件《国家生态文明试验区（贵州）实施方案》。2016年6月，贵阳市率先启动生态环境大数据建设试点工作，在乌当区采用"网格化布点＋多元数据融合＋时空数据分析"的模式，进行环境状况监测，借助自动监测、无人机、遥感等大数据手段建成贵阳河湖大数据平台，随后形成河湖水系"一张图纸"，建成贵阳生态环保云平台。同年11月，贵州省开展生态环境大数据保障机制建设研究。2017年，贵州省完成高风险放射源监控平台和伴生矿辐射监管平台的建设，全面启动核与辐射的信息化建设。此外，贵州省在生态环境治理中始终坚持"一盘棋"的理念，积极推进跨区域生态环境联合保护，打通了电子政务外网与环保专网的网络通道，将环保业务系统接入"一云一网一平台"，实现了环保数据信息的共享和互通。

为进一步促进环境大数据建设，提高大数据技术与生态环境治理的融合深度，2019年11月，贵州省生态环境厅召开信息化项目启动会，引入华为"微服务"技术解决方案，并结合贵州省生态环境治理当前业务需求和信息技术发展趋势，加强大数据建设总体设计，并遵循"微服务"理念——"统一规划、统一技术标准、统一门户、统一污染源代码"，初步构建了中国首个微服务架构生态环境大数据平台，在业务快速响应、组件简单重用、业务稳定高效、平台开放集成等方面取得重大突破，解决了生态环境大数据建设过程中数据标准不统一、数据聚合困难、缺乏技术支撑、系统升级改造困难等难题。此外，贵州省还建立了基于微服务平台的多个核心业务系统，包括环境质量数据库、污染源数据库、重点流域系统、污染源自动监测系统、生态环境大数据领导仓等。目前，贵州省正在积极推进云、大数据、AI 等技术与生态环境治理的进一步融合，助力贵州生态环境大数据建设不断朝纵深发展，为贵州环境信息化建设和生态环境治理的数字化转型提质增速，以期实现环境高水平保护推动高质量发展。

　　——资料来源：

　　（1）大数据大生态融合发展 守护贵州"黔"景无限 [EB/OL].（2021-05-18）[2022-06-05]. 人民网 . http：//gz.people.com.cn/n2/2021/0518/c344124-34730523.html.

　　（2）杨同光 ."微服务"为守好发展和生态两条底线做出了积极贡献 [EB/OL].（2021-05-18）[2022-06-05]. 环球网 . https：//tech.huanqiu.com/article/43I6mNPZCza.

　　结合以上材料，请分析：

　　1. 你认为贵州省生态环境大数据管理取得巨大成就的原因有哪些。

　　2. 你认为实施生态环境大数据管理对贵州省产生了哪些影响。

　　3. 你认为贵州省生态环境大数据管理的未来发展趋势是什么。

第五章　城市环境管理

城市是人类走向成熟和文明的标志，也是推动人类社会进步的重要力量。目前为止，全球已经超过 200 个国家或地区建立了不同类型、规模的现代化大城市，它们在经济、政治、文化、科技教育等方面发挥着重要的作用。但是，随着我国工业化进程加快、经济不断繁荣、城市化水平提高以及人口迅速增长，城市的生态环境问题日益突出。城市是由社会、经济、环境组成的复杂人工生态系统，城市环境质量与城市社会经济的发展紧密相关，直接影响城市居民的生产和生活。本章着重介绍我国城市环境管理的主要原则、发展历程和主要内容，并对城市环境综合治理的工作重点、治理方案及其成效进行系统阐述，并对绿色生态城市建设的理念及策略进行探讨。

第一节　城市环境管理概述

一、城市环境管理的含义与主要原则

（一）城市与城市环境管理

城市是人类对自然环境进行利用以及改造而形成的一种人为区域，它聚集了大量的非农业人口，形成人类的经济活动中心；城市是人类经济、文化、科技的承载者，综合利用空间和环境，在发展经济的基础上，构建一个以人类社会发展为目的的空间地域系统[①]。城市环境是与城市整体互相关联的人文条件和自然条件的总和。从生态学的角度对城市环境进行研究，主要内容有三项：人口、经济和自然环境的关系；自然资源的开发和利用；污染物的排放与处理[②]。城市环境是由自然环境和人工环境两大部分组成的。自然环境是城市依附的地域条件，如地质、地貌、土壤、水文、气候、生

---

① 李永峰 . 基础环境科学 [M]. 哈尔滨：哈尔滨工业大学出版社，2015：6.
② 李典友，胡宏祥 . 环境地理学 [M]. 合肥：合肥工业大学出版社，2013：7.

物（植物、动物和微生物）等自然地理因素；人工环境是由人类活动所创造的物质基础设施以及物质环境，以达到城市功能的有效实现。人工环境包括政治、经济、文化、历史背景、人口流动、民族特征及人类生产和生活所依赖的各种人工设施等基本要素。城市环境主要有以下几个特征：

（1）城市环境是一种自然－人工复合环境，具有高度人为性。城市环境最显著的特征是自然环境与人工环境的高度融合。自然环境是城市存在和发展的基础，人工环境是城市环境的主体。

（2）城市环境是以人为主体和中心的环境。人类在城市环境中扮演着重要的角色，在创造城市环境的同时，也在极大地影响着城市的自然环境。"以人为本"成为城市环境建设的根本要求。

（3）城市环境具有高度开放性。每一城市与周边地区都能构成一个能源循环体系，包括物质、信息和能量的相互交流。因此，城市环境现状不仅是城市本身的基础演变，更与周边地区的交流息息相关。

（4）城市环境具有脆弱性。人类的日常活动对城市环境的发展、演变具有极大的推动作用。城市环境的自然调控能力较差，主要依靠人为活动来调控，而人类行为存在较多不确定性因素。城市环境受多种因素的影响，一个因素的变化能够引起多种因素的连锁反应，因此，城市的环境和功能也表现出一定的脆弱性。

随着人们生活水平不断提高，人们对周边环境质量的要求越来越高，环境问题也越来越引起人们的重视。城市环境管理是指政府通过运用各种手段，对城市环境进行有效的组织和监督，实现城市经济、社会和自然环境的和谐发展。其核心是在遵循经济和生态规律发展的基础上，恰当地处理城市发展和生态之间的关系。

（二）城市环境管理的主要原则

1. 综合利用、化害为利的原则

"综合利用、化害为利"原则是指对各类生产、生活垃圾进行综合利用并将其变废为宝、化害为利，以达到最大限度节约资源和能源、降低环境污染的目的。由于生产力和科学技术等方面的限制，我国无法对资源能源进行有效的利用。而剩余未被有效利用的能源资源，在保留或改变其物理形态和化学形态之后，又重新被排放到自然界，从而导致了环境污染。因此，"综合利用、化害为利"是我国治理污染、节约资源、促进发展和生态环保必须贯彻的方针和原则。世界各国对废弃物的回收利用和处理十分重视，并根据国家环境治理经验制定相关法律法规。废弃物中包含大量可利用资源，因此通过垃圾循环再利用，既可以节约资源，又可以降低环境污染。

2. 全面规划、合理布局的原则

全面规划、合理布局的含义包括三个方面：第一，将城市的环境保护规划与地区社会发展规划相结合；第二，将城市环境保护规划与地区建设规划相结合；第三，对城市环境进行综合规划。前两层含义强调城市环境保护规划不应独立存在，应协调三者之间的关系，加强城市经济社会、城市建设与环境保护共同发展。第三层含义则强调环境保护管理自身的规划需要从整体上综合考虑。

3. "三同时"原则

"三同时"原则规定，在进行新建、改建、扩建，以及一切可能会对环境造成不利影响的工程时，其防治污染和其他公害的设施必须与主体工程同时设计、同时施工、同时投产①。我国于1973年首次提出了这一项原则，这既是我国环境治理的一项基本原则，也是防止污染的一项重要制度。

4. 污染者负担原则

"污染物负担"原则，又称"谁污染谁治理"原则，是指对环境污染和破坏所产生的损失，应由污染物排放单位或个人负责。这一原则早在20世纪70年代由联合国环境理事会提出，并得到了世界各国的积极响应和贯彻执行。从立法角度看，污染者负担原则表现在三个方面：一是对排污进行收费或进行各种形式的征税；二是对损害进行赔偿；三是对损害进行罚款。我国《环境保护法》立足于此，明确了"污染者负担"原则，并对污染责任人进行定义。

5. 依靠群众、大家动手的原则

环境保护不仅是国家的工作，更是全体社会组织和公民的责任。保护环境、防治污染工作仅依靠国家的力量很难取得预期的效果，只有增强全民环保意识，推动群众积极参与环境治理行动，才能取得更好的效果。首先，政府应加强环境保护知识的普及，提高市民的环保意识；其次，市民应养成良好的习惯，积极投入到环保建设中去；最后，公众应加强对企业和政府环境治理的监督。

二、城市环境管理的发展历程

随着我国城镇的发展，环境污染问题日益严重。特别是我国进行社会主义工业化建设之后，由于城镇人口的快速增长，工业规模不断扩大，使得环境问题日益严重。20世纪70年代以来，我国经济进入高速发展阶段，环境与发展之间的矛盾越来越明显。

---

① 程舒. 我国环境保护法"三同时"制度探析 [D]. 桂林：广西师范大学，2013.

城市生态环境日益脆弱、环境容量日益不足，已成为我国环境治理的瓶颈。将城市环境治理与环境事业发展有机结合起来，总结出其治理过程分别经历了以下几个阶段：工业污染点源治理阶段、城市污染综合防治阶段、城市环境综合整治阶段和城市环境生态化治理阶段[①]。

（一）工业污染点源治理阶段（20 世纪 70 年代初至 70 年代末）

20 世纪 70 年代以来，我国陆续拉开了改革开放的序幕。这一时期，我国确立了社会主义市场经济体制，扩大全球经济开放领域，经济发展达到了一个新高度。但在我国社会主义事业建设进程中，经济发展和保护环境矛盾日趋突出，环境保护工作已然成为社会关注的焦点。1973 年 8 月，我国召开第一次全国环境保护会议，揭开了中国环境保护事业的序幕。会议制定《关于保护和改善环境的若干规定》，并提出了"全面规划，合理布局，综合利用，化害为利，依靠群众，大家动手，保护环境，造福人民"环境保护工作方针。这一阶段，城市环境保护的工作重点是大气污染治理、工业"三废"综合利用和重点污染物的净化处理。第一次全国环境保护会议之后，从中央到各地区、各有关部门，都陆续成立环境保护机构，制定工业环境防治规章制度，强化环境保护管理。我国重点工业矿区、城镇及河流污染展开初步治理，并加强对环保科研和环保教育的资源投入。至 20 世纪 70 年代末，我国的工业污染点源治理取得了积极成果。工业污染源通过"关停转并"、搬迁升级的方式得到了有效治理，推动了我国环境保护事业的发展。

（二）城市污染综合防治阶段（20 世纪 80 年代初至 90 年代末）

1983 年 12 月，我国召开第二次全国环境保护大会，确立了将环境保护作为基本国策，环境保护工作正式进入污染综合防治阶段。将环境保护确立为基本国策，极大地增强了全民的环保意识。我国各级政府强化环境管理总方针和总政策，把环保意识贯穿到管理决策的全过程，充分考虑环境与资源承载力的问题，对经济建设、城乡建设、环境建设统筹安排，综合均衡发展，推动我国污染防治取得关键阶段性进展。这个阶段的工作重点主要放在城区的污染综合防治和工业重点污染源的点源治理上。在统一的市场经济体下，我国制定了经济建设、城乡和环境三个方面的规划、实施和发展，坚持经济效益、社会效益与环境效益协同发展的指导方针。1985 年 5 月，我国召开第三次全国环境保护会议。根据当前的环境保护工作形势，会议形成"三大环境政策"，即环境管理要坚持预防为主、谁污染谁治理、强化环境管理三项政策。1989 年 12 月，

---

① 陈海秋 . 转型期中国城市环境治理模式研究 [D]. 南京：南京农业大学，2011.

我国颁布《中华人民共和国环境保护法》，环境保护工作走上了法治轨道。1999 年 3 月，我国召开"中央人口资源环境工作座谈会"，为可持续发展的中国指出了明确的环境保护工作方向。这一时期，我国环境污染防治工作有了决定性进展，各种环境污染防治政策得到有效贯彻。

（三）城市环境综合整治阶段（21 世纪初至党的十八大前）

2000 年以来，我国环境保护政策不断完善，我国城市环境保护进入环境综合整治时期。这一阶段，政府改变传统的污染防治策略，开始将工作重点转向城市环境考核、国家模范城市评定以及运用科学发展观改善城市治理等方面。2006 年，国家环保总局办公厅印发《"十一五"城市环境综合整治定量考核指标实施细则》和《全国城市环境综合整治定量考核管理工作规定》的通知，对城市环境质量、环境基础设施建设、污染防治工作以及公众对环境的满意率等展开综合定量考核。这项制度作为政府环保工作的重要依据，使我国城市环境管理工作有了较大进展，城市环境改善成效大幅提升。参加全国"城考"的覆盖范围不断扩大，截至 2007 年年底，我国城市考核数量已达到 617 个，占全国总城市 90% 以上[①]。21 世纪以来，我国对"环境保护模范城市"展开评定工作，促进各城市严格坚持全面、协调、可持续发展观念，持续改善城市环境质量，切实落实各城市突出问题的解决。城市环境综合整治阶段是我国环境综合治理的启动阶段，党的十八大以后，城市环境的工作目标和任务重心发生了改变，我国城市环境由此进入生态化治理阶段。

（四）城市环境生态化治理阶段（党的十八大以来）

党的十八大以来，我国城市环境治理逐步由综合整治向生态化治理转变。城市是人类文明的载体，城市环境是人类健康安居的基本条件之一。目前，我国城市环境步入了较高质量发展的道路。但是，我国生态城市建设仍然存在短板，城市生态化处于"初绿"阶段。根据《"生态城市"绿皮书：中国生态城市建设发展报告（2014）》显示，我国位居前列的生态城市健康状况良好，但同时也存在城市内部环境治理不均衡的短板。因此，各个城市仍需要做好统筹发展工作，突出优势的同时，进一步提高生态综合水平。2016 年，我国各个城市针对绿色发展的年度建设重点和难点，结合国家生态安全战略，对城乡一体化建设等核心问题进行了深刻探讨。根据《"生态城市"绿皮书：中国生态城市建设发展报告（2018）》显示，我国生态城市建设类型向多元化道

[①] 环境保护部办公厅印发《关于 2007 年度全国城市环境综合整治定量考核结果的通报》[EB/OL].（2008-10-10）[2022-10-15]. https：//www.mee.gov.cn/gkml/hbb/bgt/200910/t20091022_174768.htm.

路发展,包括环境友好型城市建设、绿色生产型城市建设、绿色生活型城市建设、健康宜居型城市建设、综合创新型生态城市建设等。不同类型城市提出了不同的建设要求,当前,我国生态城市建设正稳步推进。

第二节 城市环境管理的主要内容

一、城市环境管理存在的问题

(一)城市环境问题的产生及其根源

城市是人类消耗自然资源和能源最多的空间地域,也是整个自然生态环境污染的主要来源。1999 年,世界观察研究所在《为了人们和地球改造城市》的研究报告中指出,尽管城市只占国土面积的 2%,但二氧化碳排放量的 78% 却来自城市居民活动。城市占有全球资源的 75%,并产生了 3/4 的排放量。目前,我国多数城市的空气污染、水污染和噪声污染问题日趋严重,其成因也多种多样。

1. 城市人口膨胀,公共基础设施不完善

城市发展与人口迁移有着十分密切的关系。在城市发展早期阶段,城市化的发展趋势为非城市化地区向城市化地区迁移。然而,随着我国经济的高速发展,大城市中人口增长问题日益凸显。自 20 世纪 80 年代起,超过 5 亿人口迁入城市,我国城镇化增长率达到了较高的水平。城市人口膨胀导致城市问题频繁发生。首先,城市人口的快速增长极大地影响了城市的资源配置,从而造成资源的过度利用,产生资源匮乏的现象。其次,人口的迅速增长对公共设施建设造成了巨大压力。许多城市的基础设施建设,如供热、城市污水处理、垃圾处设施和公共绿地等都无法满足城市发展的需求[1]。据统计,我国城市污水排放量以每年 5% ~ 8% 的速度递增,而在全国范围内,污水集中化处理率不足 60%。虽然我国大部分城市已经实现了垃圾无害化处理,但也存在部分城市处理能力较差、处理设备落后和效率水平较低的问题。

2. 缺乏生态保障制度,加剧环境治理困境

城镇化进程是衡量一个国家或区域经济发展的重要标志,生态环境是人类赖以生存的根本,二者相互影响、互为依存。2021 年国务院办公厅印发的《关于推动城乡建

---

[1] 许刚,郑沐辰,王亚星,等.中国人口与土地城镇化:演化趋势、区域和规模差异及测度方法比较 [J]. 中国土地科学,2022,36(5):80-90.

设绿色发展的实施意见》中指出："我们要建设人与自然和谐共生的美丽城市，推动绿色城市、森林城市、'无废城市'建设，深入开展绿色社区创建活动，推进以县城为重要载体的城镇化建设，加强县城绿色低碳建设，大力提升县城公共设施和服务水平。"①但是，城市化的发展遭遇了瓶颈。其重要原因在于城市生态保障机制的缺失。在城市化进程中，缺乏城市环境保护机制；对环境造成严重破坏的工程建设，缺乏健全的监管机制；人类活动造成的生态环境损害，缺乏对生态环境的补偿机制。生态保障机制的缺失导致"城市病"现象更加严重。部分城市过度追求经济规模和效益，肆意消耗资源。环境法律法规制度不健全、环境管理体制混乱、环境治理投资不足等诸多问题，都是制约我国城市生态建设的重要因素。

造成城市环境的根源是不同社会团体之间的环境利益冲突②。这些冲突具体包括以下三个方面：一是政府内部的环境利益冲突。作为最大的环境管理者，政府提供环境保护这一公共物品。在市场经济条件中，政府也存在自身利益。在政府的环境行为分析中，以部门利益为出发点，各职能部门运用自身的行政权，将资源配置倾斜到自身有利的地方，进而对生态环境建设发展产生影响。二是政府 - 企业环境利益冲突。政府的社会目标与企业利润最大化目标存在矛盾。环境保护是政府的一项重要职能，向企业征收排污税是实现环境治理的重要保障之一。由于政府与企业的利益目的不同，二者之间的利益分配也会产生"投机主义行为"。随着我国经济结构的不断完善发展，企业需要更多的自主经营权，这就形成了一种由政府和公司之间相互制约的动态博弈。三是政府 - 公民的环境利益冲突。作为辖区公共利益的"代言人"，政府与公众有着广泛的共容性。然而，无论从个体角度还是公众角度，二者之间都存在着环境利益的博弈和冲突。政府的职责之一是提供公共物品和服务，公民作为城市公共物品和服务的受益者，对公共物品有天然的追求。而政府的财力、物力资源有限，难以满足人们日益增长的物质文化需求。因此，个人与公共利益之间的矛盾会给城市环境问题带来极大的破坏。

（二）城市环境污染

环境污染是指人类将超过自身净化能力的物质或能源排放到自然环境中，导致环

① 中华人民共和国中央人民政府.中共中央办公厅 国务院办公厅印发《关于推动城乡建设绿色发展的意见》[EB/OL].（2021-10-21）[2022-10-15]. http：//www.gov.cn/gongbao/content/2021/content_5649730.htm.

② 潘加军，刘焕明.新时代环境利益冲突协同共治的运行机制与制度保障[J].贵州社会科学，2019（12）：11-17.

境质量下降，并对人类生存和发展问题产生了负面影响。近年来，由于政府和社会各界的共同努力，城市的环境问题得到了有效的遏制。然而，我国城市环境保护工作依然面临着严峻的挑战。

1. 城市大气环境污染

城市人口密集、交通密集，能源消费集中，粗放的经济发展方式和环境治理模式的落后，使得城市大气环境问题越来越突出。目前，全国已初步形成了大气污染防治的政策、法规以及标准体系，空气质量在一定程度上得到了改善，但总体污染问题较严重。

2021 年，在我国 339 个地级以上城市中，有 218 个城市空气质量达标，占比 64.3%[①]；而 2015 年全国 338 个地级以上城市空气质量检测中，仅 73 个城市空气质量达标，大多分布在广东、福建、云南、西藏等省份，这同时也意味着近八成城市全年空气质量不达标[②]（见表 5-1）。根据《环境空气质量标准》（GB 3095—2012）可知，2020 年 8 月我国城市平均空气质量优良天数比例为 93%，轻度污染天数的比例是 6.6%，中度及重度污染天数的比例为 0.4%。同去年比较，城市空气环境优良天数同比上升 5.9%，重度及以上的天数比例下降 0.1%。但是，我国重点区域空气质量污染比较严重，包括京津冀及周边地区"2+26"城市空气质量状况、长三角地区空气质量状况以及汾渭平原空气质量状况。空气质量超标天数中以 $PM_{2.5}$ 为首要污染物，其次是臭氧。三大区域内，京津冀仍然是污染高发区，将近 40% 的重度污染天气发生在该区域。

表 5-1　可比城市环境空气质量年比较

空气质量级别	2015 年	2020 年
达到或优于二级（达标）/%	21.6	59.9
超标 /%	78.4	40.1

要改善城市空气环境质量，需要对工业企业、主城区的建筑施工、道路扬尘、汽车尾气等问题进行持续的监督和治理。大气污染控制规划的考核指标包括环境空气质量控制指标、重点工业污染源大气污染物排放达标率、城市气化率、烟尘控制区覆盖率、机动车环保年检合格率等。为了城市的空气质量全面达标，需要进行城市建设、工业发展、交通运输、能源消费等方面的统筹规划，并采取多种控制污染的方法，有效提高城市环境的自我净化能力，达到降低污染、改善大气环境质量的目的。

---

① 中华人民共和国生态环境部 .2021 中国生态环境状况公报 [R].2022.

② 中华人民共和国生态环境部 .2015 中国生态环境状况公报 [R].2016.

2.城市水环境污染

水是人类赖以生存和发展的基本元素，是一个城市的重要组成部分。很多城市都是依水而建，随着我国城市规模的不断扩张和发展，人们的日常生活、工业发展和农业生产等问题日益突出。水体污染日益严重，水体环境质量日益恶化，水生态系统也受到破坏。城市水体主要污染因子为化学需氧量、总磷和总氮[①]。2018年，我国废水排放中化学需氧量为584.2万吨，其中工业源废水中化学需氧量为81.4万吨，占比13.9%，生活源废水中化学需氧量为476.8万吨，占比81.6%。截至2021年年底，我国废水生产量处于不断增长趋势，城镇生活源废水产量增长率处于稳定上升态势，工业污水排放量不断增加。由此可以看出，城市水体污染主要是由生活污水和工业废水造成的。（见表5-2）

表5-2　2018—2021年全国废水污染物排放量统计主要指标

年份	污染物	总量	工业源	农业源	生活源	集中式
2018	氨氮／万吨	49.4	4.0	0.5	44.7	0.2
	化学需氧量／万吨	584.2	81.4	24.5	476.8	1.5
	总磷／万吨	6.4	0.7	0.2	5.4	—
2019	氨氮／万吨	46.3	3.5	0.4	42.1	0.3
	化学需氧量／万吨	567.1	77.2	18.6	469.9	1.4
	总磷／万吨	5.9	0.8	0.1	5.0	—
2020	氨氮／万吨	98.4	2.1	25.4	70.7	0.2
	化学需氧量／万吨	2564.8	49.7	1593.2	918.9	2.9
	总磷／万吨	33.7	0.4	24.6	8.7	0.01
2021	氨氮／万吨	86.8	1.7	26.9	58.0	0.1
	化学需氧量／万吨	2531.0	42.3	1676.0	811.8	0.9
	总磷／万吨	33.8	0.3	26.5	7.0	0.01

资料来源：中华人民共和国生态环境部2018—2021年生态环境统计年报

在经济结构调整和产业技术水平提高的同时，污染防治措施得到了有效的实施，工业废水排放总量有所降低。与工业废水的排放不同，近几年我国城市化进程加快，人民生活得到了极大的提高，生活废水的排放量也逐渐增加。21世纪初，我国城市生活污水排放量已远远超过工业废水，城镇废水源成为我国第一大污染源。

在开展城市环境保护与生态环境监测工作时，要根据不同区域的实际情况提出相应的对策。水污染控制规划的考核指标主要包括饮用水水源地水质达标率、水域功能区水质达标率和断面水质达标率[②]。水污染控制规划的主要内容包括重点工业水污染控

---

① 赵免．西安城市环境与城市贫困的时空耦合研究 [D]．西安：陕西师范大学，2014.

② 汪洋，代立，周颖．基于可持续性视角的城市土地利用模糊逻辑评价与诊断——以武汉市为例 [J]．中国土地科学，2016，30（4）：61-69.

制规划、生活污水处理控制规划、农田地面径流污染控制规划和地表水饮用水水源地规划。在处理城市水污染问题时，一定要坚持"零容忍"的方针。对排放量高的企业，要加强监督管理。要对污染治理技术进行科学的应用，包括微生物法、物理法和化学法。其中，物理方法主要是通过去除水体中的污染物来改变水质，例如膜分离、磁分离等；化学方法的应用较为广泛，包括超声波、光化学催化氧化等；微生物工艺通过微生物的代谢，将水中的溶解性有机物和胶态有机物降解，从而达到对污水的净化效果[①]。

3.城市固体废弃物污染

当前，我国居民高消费水平的经济模式带来了高能源消耗，城市固体废弃物的排放量逐年增长。城市固体废弃物会带来严重的环境污染问题，调查显示，我国已经实现了 30% 以上的固体废弃物可以回收利用。由于我国还未形成一条完整的产业链，因此固体废弃物的处置技术还不成熟，从而导致了一定程度的资源浪费。

按照固体废弃物的来源及危害程度，可划分为生活固体废弃物、工业固体废弃物和危险固体废弃物。近几年，我国的城镇生活垃圾年均增长速度在 5%～8% 之间，人均日消耗量达到 1 千克以上，与发达国家的平均水平相当。随着我国固体废弃物无害化处理技术水平的提高，到 2019 年 12 月，我国 196 个大、中城市实现了 2.35 亿吨的垃圾无害化处理，无害化处理率达到 99.7%[②]。工业类固体废弃物是指在工业和交通运输领域所产生的采矿废料、冶炼废渣及燃料废渣这类固体废弃物。如火电厂利用煤炭资源生产期间，会产生煤灰、煤渣等废弃物；冶金行业使用的大量耗材，会产生大量含有色金属元素的废弃物[③]。这些废弃物具有一定的危害性，长期放置会对城市环境产生巨大的影响。随着我国城区建设面积和建筑工程项目的不断扩大，建筑废弃物增多，工业废弃物逐步成为固体废弃物的主要来源之一。危险固体废物是一种有毒性、易燃性、强腐蚀性的固体废物，它对环境产生强烈的危害但满足国家危险废物的鉴定要求。危险固体废弃物包括有色金属废料、医疗卫生用品废料等。

目前，我国城市固体废弃物的处理方式包括堆肥、焚烧、填埋等，其中卫生填埋是国内最普遍的城市生活垃圾集中处理方式。我国城市固体废物的处理与利用还存在诸如垃圾处置技术水平低、公众环保意识不强等问题。因此，提升城市生活处理技术，

① 赵杨.污水处理过程的智能优化与控制方法研究 [D].无锡：江南大学，2022.

② 中华人民共和国生态环境部.2020 年全国大、中城市固体废弃物污染环境防治年报 [R].2020.

③ 许艺.城市固体废弃物污染治理分析 [J].中国资源综合利用，2019，37（3）：136-138.

加强对环境保护的宣传和治理，将成为未来我国城市无害化建设的一个重要内容。

4. 城市噪声污染

噪声污染已严重地影响着人们的日常生活。噪声污染的类型包括生活噪声、工业噪声、施工噪声、交通噪声等。生活噪声主要是指在商业、娱乐业、服务业等领域产生的噪声，其具有密度大、噪声声级高、污染面广的特点；工业噪声是指在工业加工生产过程中，工业设备运行所产生的噪声。工业噪声的扰动范围是相对稳定的，受扰的是企业人员及周边居民；城市进程的加快和市民的增加使建筑施工成为常态，施工噪声污染成为主要的噪声污染之一；交通噪声占城市噪声的 30% 以上，汽车、火车和飞机产生的噪声是主要的噪声源。噪声污染是一种穿透性强、传播距离广的污染物，它严重地影响着人们的居住环境。

根据中华人民共和国国家标准（UDC543.836），城市各类区域环境噪声标准值列于表 5-3。

表 5-3　城市各类区域环境噪声标准值

类别	昼间 /dB	夜间 /dB
0（安静区域）	50	40
1（办公集中区）	55	45
2（商业规划区）	60	50
3（工业集中区）	65	55
4（交通干线要道）	70	55

2019 年，我国各级地方政府开展了噪声自动监测、"绿色护考"等行动。在我国监测的 311 个城市中，全国城市功能区声环境昼间监测总点次达标率为 92.4%，夜间监测总点次达标率为 74.4%。2020 年，全国有 61 个地级以上城市、353 个县级城市完成了声环境功能区划调整工作[①]。2021 年，我国 324 个地级及以上城市各类功能区昼间总点次达标率为 95.4%，夜间达标率为 82.9%[②]，全国已有 21 个城市的 312 个城市功能区声环境监测点位实现了自动监测并与国家进行联网。从以上数据可以看出，我国声环境有了较好的发展趋势。对于噪声污染，必须加强对城市工业、城市交通、建筑施工和社会生活噪声的整治，有效降低城市环境噪声的排放水平，并进行合理的防治污染规划。

此外，我国城市环境还面临着其他污染问题，如光污染、电磁波污染、城市热岛效应等。这些城市环境问题的存在，已成为制约我国城市可持续发展的重要因素。

---

① 中华人民共和国生态环境部 . 2021 年中国噪声污染防治报告 [R].2021.

② 中华人民共和国生态环境部 . 2021 年中国生态环境状况公报 [R].2022.

二、城市环境管理机构及其职责

（一）城市环境管理机构

城市各级人民政府是城市环境保护和环境管理的责任主体。《中华人民共和国环境保护法》第十六条中明确规定："地方各级人民政府，应当对本辖区的环境质量负责，采取措施改善环境质量。"这为我国实行环境目标责任制提供了法律基础。根据我国环境保护目标责任制，城市各级政府的行政领导人依照法律环境保护的责任、权利、义务，都要以责任制的方式明确市长、县长在任期内的环境保护工作和任务，并将环保作为一个重要指标纳入领导干部绩效评价中，以加强环境保护的力度[①]。

我国环境保护主要部门包括中华人民共和国生态环境部和各级人民政府生态环境局。根据《中华人民共和国环境管理保护法》，国务院环境管理主管部门对全国环境保护工作实施统一监管；县级以上地方各级人民政府环境保护主管部门则对本行政区保护工作实施统一监管，包括牵头协调全市重大环境污染事故、生态破坏事件和违反环境保护法规行为的处理调查，拟定市级突发事件应急预案，协调突发环境的治理工作等。各级生态环境保护部门通过法律、行政手段来约束对环境质量的损害，以此协调社会经济与环境保护之间的平衡。与此同时，规划、环保、建筑、市政等部门也要协助环保部门，做好环境管理工作。

（二）城市环境管理机构的职责

环境治理是我国环保机构的重要职责。在城市环境治理中，各级环境管理机构主要承担如下职责：

1. 制定城市环境保护的基本制度和目标

在当地政府的领导下，市生态环境局将按照国家有关环保政策、法规的要求，提出环境保护工作的总体要求和各个阶段的总目标，制定本地区的环保法规并监督实施。城市环境治理是一个动态发展的过程，同时环境保护制度制定的过程会随着时间的推移不断发展和完善。党的十八大以来，各地方政府在充分总结我国城市环境治理经验和借鉴国外治理模式的基础上，对传统城市治理方案进行制度创新。其中包括以城市环境容量和资源承载力为依据，制定城市发展规划；推进市场化运行机制，调动各方面的积极性；对环境管理进行分类指导，加强技术指导含量等[②]。

---

① 叶文虎，张勇. 环境管理学 [M]. 北京：高等教育出版社，2013：17.
② 姜爱林，陈海秋，张志辉. 城市环境治理制度创新的基本取向与思路 [J]. 地质灾害与环境保护，2008，19（4）：51-58.

2. 协调与监督重大环境问题

各级环境管理机构通过对环境状况、环境污染的调查研究，从而发现其中存在的问题，并将环保工作与经济发展结合起来，为科学地处理生态环境污染问题奠定基础。环保部门负责对重大环境污染事故、生态损害事件进行调查和处理，对全市重大环境事件进行综合协调、检测和评价，并协调其他城市政府生态环境局做好区域重特大环境事件的应急和预警工作，解决跨区域环境纠纷，统筹协调国家重点区域、流域环境污染问题，牵头做好城市环境质量管理。

3. 承担国家减排目标的责任

随着中国特色社会主义进入新时代，我国加快推进生态文明顶层设计和树立节能减排目标，大力推动绿色环境保护发展。根据我国国情和可持续发展战略，生态环境部确定了我国到 2030 年的碳排放目标，即二氧化碳排放量截至 2030 年尽早达到峰值；单位国内生产二氧化碳排放量相比 2005 年下降 60% ～ 65% 等①。各级环境管理机构应承担起核查各地污染物减排状况、推行环境保护目标责任制、总量减排考核制并公布结果的责任。

4. 组织和指导环保宣传教育

各级人民政府生态环境局具有做好环境宣传教育工作的责任，主要内容包括制定、实施环境宣传教育纲要，加强生态文明建设和环境友好型建设的宣传教育工作，提高公民的环境保护意识，推动公民积极参与到环境保护建设活动中去。

三、城市环境治理的主要模式

城市环境治理模式又称城市环境治理范式，指治理主体在处理环境问题时，所遵循的规则、标准和方向。城市环境治理模式包括治理主体、治理机制、治理原则、治理目标、治理绩效等分析框架②。目前，国外关于城市环境治理模式多种多样，为我国提供了借鉴。

（一）政府直控型环境治理模式

政府直接控制环境治理模式是指政府机构采取行政、经济、法律等措施和手段，

---

① 中华人民共和国生态环境部. 中共中央 国务院关于完整准确全面贯彻新发展理念做好碳达峰碳中和工作的意见 [EB/OL].（2021-10-24）[2022-10-20]. http：//www.gov.cn/zhengce/2021-10/24/content_5644613.htm.

② 杨妍. 环境公民社会与环境治理体制的发展 [J]. 新视野，2009（4）：42-44.

对资源环境开发、处理和利用等行为进行干预的一种制度安排[①]。它强调了政府在环境治理中的领导地位，使其具有强烈的行政色彩。

政府直控型环境治理模式有以下几个特征：（1）管理者和被管理者具有不对等性。政府在城市环境管理中的作用比较突出，拥有环境资源的管理权和监督权，是环境治理的主体；公民个人及社会团体在经济、社会生活中都要受到国家的调控与管理，是受政府管制的对象。（2）政府的管理范围非常宽广，几乎包揽了环境管理的方方面面。从宏观政策到微观治理，基本上都是由政府主导，而个人和社会团体在环境管理中的作用却是非常有限的。

（二）市场化环境治理模式

市场化环境治理模式是指为实现城市环境基础设施等相应的制度建设和安排，要突破传统的政府建设经营管理模式，充分地利用社会资金，建立多元化投资机构，使城市环境建设向市场化方向发展。市场化环境治理模式具有多种形式，包括管理合同、BOT（即建设－运营－移交）模式、合资、社区自助模式等。

（三）自愿性环境治理模式

自愿性环境治理模式是指组织或个体自发组织的一系列制度和安排，采取一些比环境政策和法规所规定更高要求的行为措施，从而实现对环境资源的保护[②]。自愿性环境治理模式的主要特点在于这些行为并非只是政府的义务，而是政府、行业协会、国际组织机构与企业等不同主体为了将污染降到最低限度而付出的额外努力。该模式与其他模式相比，有一定的优越性。第一，政府治理主体由"要我做"向"我要做"转变；第二，在这种模式下，企业能够根据自身的具体情况采用更加高效的方式来减少污染，以实现环保的目的；第三，企业对环境保护的高度自主性，在一定程度上弥补了我国环境法律制度滞后的缺陷。

四、城市环境管理的制度创新

中国的环境监督管理主要制度可以分为环境影响评价制度、"三同时"、排污许可证制度、城市环境综合整治定量考核制度。但随着我国城市生态环境问题不断增加，各个城市生态问题差异性显现，不同地区开始积极探索城市生态环境创新型制度，以

---

① 姜爱林，钟京涛，张志辉. 城市环境治理模式若干问题 [J]. 重庆工学院学报（社会科学版），2008（8）：1-5.
② 姜爱林，钟京涛，张志辉. 城市环境治理模式和体系研究 [J]. 洛阳理工学院学报（社会科学版），2009，24（1）：1-5.

适应我国"双碳"目标和环境高质量发展规划。以下对绿色生态总设计师制度、"大小海绵"互存制度、"智慧环保"监管制度和碳资产综合监管制度进行简要介绍。

（一）绿色生态总设计师制度

绿色生态总设计师制度（简称"生态总师制度"）是一种将政府管理与第三方科技支持相结合的创新性生态建设管理方式。这项制度通过"技术＋行政"双效手段，引进国际一流生态科学研究团队，制定地区绿色生态规划的实施方案，实现区域碳排放与生态发展的统一，实现区域"碳达峰、碳中和"的管理目标。生态总师制度以"绿色生态、智慧城市"为核心，以"高端化、品质化"为标准，实现了对城市建设全覆盖监管，打破了生态环境建设碎片化、多头领导的弊端。生态总师团队紧紧围绕国家发展战略规划，为不同项目提供个性化、全流程服务，不仅可以节省开发费用，还可以达到经济发展与生态环境保护的双重目的。为实现国家"双碳"目标建立的生态总师制度，在实践中得到了长足的发展。

（二）"大小海绵"互存制度

"大小海绵"城市建设模式主要出现在滨海河口地区。滨海河口拥有庞大的水生态系统，具有台风频发、潮沙等特点，要求对城市的生态环境进行规划，以增强区域的弹性。"大海绵"体系包括区内河涌、湖泊、湿地等防洪安全建设；"小海绵"体系通常包括屋顶绿化、下沉式绿地、雨洪公园、滨水景观带等海绵项目。"大小海绵"模式是将"大海绵"的排涝体系和"小海绵"的蓄积净化功能进行融合，整合各个部门，建立以海绵城市为中心的生态系统。"大小海绵"模式以"小海绵"理念为基础，以"大海绵"建设为先导，充分地开发城市海绵储蓄功能，系统化利用排涝设施，保障了滨海城市的水安全和水生态，进一步提升城市的宜居水平，同时也为其他区域滨海城市生态建设提供了示范和借鉴。

（三）"智慧环保"监管制度

在绿色化和数字化的环境管理理念下，各地政府积极探索智慧监管模式，充分利用信息化技术如物联网、大数据、人工智能等，在不断完善大气污染监测体系的基础上，逐步扩展建设水质监测系统、污染源企业工况监管体系、危险废物全城智慧监管网络等模块，构成了以物联网、大数据和人工智能应用为核心的"智慧环保"监管平台。该平台是在现有的环保技术基础上，运用物联网技术和各类监测设备在环境中进行观测，并将监测数据进行整合分析，第一时间将报警信息及周边污染情况推送至执法管理部门，大大减少了执法人员巡查的时间、人力和次数，使环境污染控制的智能化和精确度得到了明显的提升。

（四）碳资产综合监测管理制度

碳资产综合检测管理平台是以各种能源消耗为基础，通过对不同能源消耗的监测、分配与交易等环节实现碳管理全过程，确保碳管理全程可溯。该平台可实现数据采集与分析，碳排放查询、预测与预警、决策支持和交易管理等功能，在其强大的数据分析质量和治理能力基础之上，设定、优化能源利用路径，为我国建设近零碳排放工业园区提供了新标杆。强化碳资产监测管理，是实现以创新为导向发展战略的关键步骤。我国通过对甲烷减排技术、CCUS 技术等绿色关键技术的研究，能够大力解决清洁发展的"卡脖子"问题，推动我国"双碳"目标落地。

第三节　城市环境综合治理

党的十八大以来，我国城市环境治理也逐渐由环境综合整治走向环境生态化建设阶段，城市环境综合治理成为"贯彻发展新理念，建设人与自然和谐共生的美丽中国"的重要实现方式。城市环境参与主体由单一性向多元化转变，环境管理方式由城市管理向城市治理转型，城市环境治理成为我国国家治理体系和治理能力现代化建设的重要组成部分。当前，我国已经进入新发展阶段，城市环境治理内容也进行了革新，环境治理理念现代化、参与主体多元化、治理模式精细化逐渐成为我国城市环境生态治理发展的新趋势。

一、城市环境综合治理的内涵

我国城市环境综合治理是以环境为整体，以系统工程、城市生态学为基本思想和方法，多层次、多功能、多目标地进行城市环境治理，以实现城市环境的保护与改善[1]。城市环境综合治理在时间上跨度较大，它是城市环境综合整治阶段和城市环境生态化治理阶段的总和。其中城市环境综合整治是综合治理的起步阶段，城市环境生态化治理标志着城市环境综合治理进入发展成熟阶段，从城市综合整治走向城市生态化治理反映了我国城市治理现代化的发展方向。

我国各城市的生态环境局承担着对城市环境综合治理的监督管理工作，具体包括制定本地区的法规、规章，执行国家生态环保法律与标准；参与当地城市环境保护规

---

[1] 冯东方．中国城市环境现状及主要城市环境管理措施 [J]．城市发展研究，2001（4）：51-55.

划的编制工作；确定区域的环境污染总量指标与监督重大环境项目的实施等。城市环境的综合治理，主要体现在治理理念的综合性、治理手段的综合性、执行主体的综合性和依靠力量的综合性，同时也反映出城市环境治理方向的明确性和治理内容的时代性。城市环境综合治理是政府协调经济、社会与生态平衡的重要手段，其环境治理基本制度包括：排污管理制度、环境影响评价制度、污染赔偿制度、环境监测制度、环境质量标准制度等十项。这些制度的规定是我国开展城市环境综合治理的关键步骤和重要保障，指导了一系列环境治理工作方案的形成和创建文明城市活动的开展，推动了城市区域生态保护的实践行动和文明生态的工程建设。

二、城市环境综合治理的重点工作

城市环境综合治理阶段呈现了我国城市环境发展的新特征，本阶段的工作内容很好地适应了我国城市经济和未来发展的需要，全国城市环境综合治理目前主要抓好以下三个方面的工作重点：

（一）突出抓好城市污水处理，着力攻坚环境顽疾

围绕建设美丽城市的重要目标，以城市环境综合整治行动方案为抓手，建立防止返黑返臭水体的长效机制，加强水质监测和检查，坚持增量规范和存量提升并重，大力整治，逐渐消除城市黑臭水体，巩固城市黑臭水体的治理成效。此外，全面排查城市污水管网等设施的运行状况，循序渐进推动管网混接错接和漏接等现象的改造，坚持问题导向和目标导向，稳步提升城市污水的收集率和处理率，努力实现城市环境宜居宜业，城市风貌优美整洁。

（二）扎实推进城市治污减霾工作，认真做好文明城市创建

按照文明城市创建有关工作部署，以扬尘污染、占道烧烤、城市道路危害整治为工作重点，大力开展城市环境综合整治，加大扬尘治理和日常餐饮油烟监督检查、执法力度，推动拆迁出土工地、道路保洁、绿化治霾等抑尘工作措施的严格落实，努力做好城市出土工地扬尘污染防治工作，坚决防止反弹现象的发生，不断巩固重点工作整治成果，深化环境综合治理，大力提升城市环境品质。

（三）强化重点区域环境整治，巩固提升城市整体治理成效

在城市环境综合整治工作中，聚焦环境问题易反弹区域，对城区出入口、城中村、老旧小区以及绿化带等区域进行全面排查和重点清理，加大城市环境卫生的投入和管理，整治围挡残缺、破损和脏污现象，建立垃圾全过程管理制度，规范垃圾的产生、收集、运输、利用和处置问题。同时，在城区接合处因地制宜适当美化，促进与周边

景观风貌相协调，不断提升城市重点区域的环境质量。

三、城市环境综合治理方案

城市环境综合治理方案是依靠城市政府以及其他部门的分工配合，以改善城市面貌、提升人居环境质量、促进城市发展为目的，对城市环境的各要素治理设定具体目标和基本原则，并通过具体的阶段划分和实施步骤，综合防治城市环境的行动指南。城市环境综合治理是积极推进创建文明城市、集中治理环境突出问题、营造文明宜居城市的需要。制定城市环境综合治理方案需要确定行动的指导思想、具体目标、基本原则和实施步骤，界定重点治理对象，明确工作责任、职责分工和考核标准等，保证方案的顺利实施。

（一）建立健全多元主体协同参与机制

城市环境综合治理是价值与效益的有机结合，涉及各方主体的利益和要求也不尽相同，在城市环境综合治理过程中扮演的角色和定位也不尽相同。2020 年 3 月中共中央办公厅、国务院办公厅印发的《关于构建现代化环境治理体系的指导意见》明确指出，要积极构建党委领导、政府主导、企业主体和公众共同参与的现代环境治理体系。政府并非我国城市环境政治责任的唯一主体，企业、公众以及社会组织都是构成城市环境综合治理的责任主体。党的十八大以来，我国逐渐完善环境行政问责机制，鼓励公众与企业主动参与对政府的环境问责。同时，不断探索公众利益表达机制，建立健全公众参与环境治理的规范构建，拓宽公众绿色参与渠道。

（二）加强城市环境综合治理意识培养

当前国家经济进入快速发展阶段，人们的生活质量和环境保护意识日益增强，但也存在着许多问题。如部分企业为谋求私利，不遵循城市环境保护法律条例，甚至出现肆意排污行为；城市居民存在乱扔垃圾的不良现象；部分政府为了加快城市经济建设，将经济发展作为城市建设的重心，忽视了城市发展的生态环境。归根结底，我国城市环境保护意识不足，导致城市环境建设不力。因此，增强全民环保意识，是强化城市环境综合治理工作的重要思想保证。党的二十大报告提出推进环境污染防治，持续深入打好蓝天、碧水、净土保卫战。"绿水青山就是金山银山"的理念早已深入人心，城市居民有了更多收获感和幸福感。

（三）推动城市产业结构优化调整

在新的形势下，我国能源发展和环境污染问题日趋严重。加快产业结构调整是当前最紧迫、最实际的方式。产业结构优化调整是指在产业结构调整过程中，采取措施使得各个行业达到协调发展的程度并持续地适应合理化、高端化的社会发展需要[①]。在调整产业结构和进行产业转移的过程中，注重技术的改进和利用，综合产业区域发展比例，协调好第一、二、三产业结构，合理安排产业转移和产业方向调整，淘汰落后、高耗能产业，推动经济和社会发展模式的转变。党的二十大报告中提到，通过发展绿色低碳产业推动绿色低碳生产方式和生活方式的形成，加快降碳技术的研发和投入使用，积极稳妥地推进碳达峰和碳中和。

（四）贯彻落实污染集中控制制度

在过去的二十多年里，中国的经济持续快速发展，但产业的发展并没有摆脱传统的"粗放"模式，仍然存在着"高资本投入、高资源消耗、高污染排放"等问题。如何有效地控制工业污染，成为我国现代化建设的当务之急。相对于传统单一点源分散治理，新型工业发展模式"工业园区"则是实施集中污染解决工业污染的客观需要[②]。污染集中制是我国环境治理实践中的一个重要组成部分，其有助于调动社会各方面治理污染的积极性，采取新工艺，提升资源利用率，进而改善环境治理效果。当前，我国已在废水、废气、固体废弃物等治理领域采取集中控制组织和技术管理，统筹污染控制管理系统和控制管理指标，不断加大城市环境整治力度。

（五）加强城市环境基础设施建设

城市基础设施建设是城市持续稳定发展的重要物质基础，是城市人居环境改善、城市综合承载能力增强、城市运行效率提升的重要保障。2022年我国印发的《关于加快推进城镇环境基础设施建设指导意见的通知》指出，新时期要深化机制体制改革创新，全面提高城镇基础设施供给质量和运行效率，推进环境基础设施一体化、智能化、绿色化发展。在"双碳"目标背景下，我国不断强化市政基础设施，完善污水收集、处理和再利用设施，实现城镇污水管网的全覆盖；推动生活污水集中处理设施"厂网一体化"；建设分类投放、分类收集、分类运输、分类处理的生活垃圾处理系统；持续推进固体废弃物处置设施建设，推进工业园区工业固体废物处置及综合利用设施建设，提升处置及综合利用能力。

---

① 王杨林，田刚，姚远. 探讨城市环境监测中重点问题及综合治理方案 [J]. 城市地理，2017（12）：211.

② 陈冬. 可持续基础上的跨越式发展 [D]. 福州：福建师范大学，2004.

四、城市环境综合治理成效

党的十八大以来，我国坚持人与自然和谐共生。为进一步落实到2035年"城乡建设全面实现绿色发展，碳减排水平快速提升，人居环境更加美好"的美丽中国建设目标的实现，我国持续加强城乡绿色发展机制体制和政策体系建设，扎实推进碳减排放量，普遍推广绿色生产生活方式[1]。在长期努力之下，我国"城市病"问题得到有效缓解，城市生态环境质量明显改善，城市环境综合治理取得了一系列成果。

（一）城市环境精细化治理水平不断提高

环境污染防控精细化治理取得阶段性进展。党的十八大提出"美丽中国"概念，强调"把生态文明建设放在突出地位"。党的十九大报告作出我国经济发展已从高速度增长转向了高质量发展的重要论断，城市的高质量发展需要城市精细化管理作为重要依托。进入新时代，生态环境高水平保护要求环境管理逐步由粗放式向精细化转变。2017年，国家环境保护部印发《"生态保护红线、环境质量底线、资源利用上线和环境准入负面清单"编制技术指南（试行）》，"三线一单"应运而生。截至2021年年底，我国省市两级"三线一单"划定40737个环境管理单元[2]，生态环境分区管控体系基本建立，"三线一单"建设进入制度完善阶段。当前，我国将碳达峰、垃圾分类处理、水污染防治、土壤污染治理与修复等纳入"三线一单"管控体系，对城市污染排放物的要求提出了精细化管控要求。"城市病"与精细化治理的深度融合，是破除城市整体有效、局部失效治理难题的关键。

（二）城市绿色生态空间系统不断完善

城市绿地系统规划和建设不断完善。城市绿地系统是城市发展和建设的重要组成部分，它具有美化环境、平衡生态系统、为城市居民提供休憩娱乐场所、防震减灾等多方面的功能。2018年，习近平总书记第一次提出"公园城市"理念，这是新发展理念的城市发展高级形态。根据国务院办公厅印发的《关于科学绿化的指导意见》的要求，我国城市建成区绿地面积达到230余万公顷，人均公园绿地达到14.8平方米，较2012年前增加近50%。近年来，多个城市持续植绿增绿，除了新建、改建大型公园绿地外，还因地制宜地打造城区绿化特色景观，改造城市绿色生态空间。城市绿地系统规划通过统筹规划，合理布局，为城市的绿色生态发展提供了强有力的保障。城市绿

---

① 中华人民共和国生态环境部.中共中央办公厅 国务院办公厅印发《关于推动城乡建设绿色发展的意见》[EB/OL].（2021-10-21）[2022-10-14]. http://www.gov.cn/zhengce/2021-10/21/content-5644083.htm.

② 中华人民共和国生态环境部.2021年中国生态环境状况公报[R].2022.

地和城市空间化的融合利用，推动了城市空间结构进一步优化。

（三）城市碳排放量得到有效控制

推动绿色能源高质量发展，实现减污降碳协同效应。我国从2010年开始，各地先后启动各类低碳试点工作。2020年，在第75届联合国大会上我国正式提出2030年实现碳达峰、2060年实现碳中和的目标。"双碳"目标的确立促使把"节能降碳"纳入国民经济和发展规划之中。国务院印发《"十四五"节能减排综合工作方案》表示，现阶段我国各城市节能减排的重点工作是重点行业的绿色升级工程和城镇绿色节能改造工程[①]。"十四五"时期，规模以上工业单位增加值能耗下降13.5%，万元工业增加值用水量下降16%。90%以上的城市全面推进城镇绿色规划和绿色建设，提高建筑节能标准，加快发展低能耗建筑。工业余热、可再生能源在城市供热中得到规模化应用。"双碳"是一个系统性和全局性的工作，推进"双碳"建设有助于坚定不移走绿色低碳、生态优先的高质量发展道路。

（四）强化"无废城市"理念的建设

近年来，"无废"理念得到广泛认同，我国"无废城市"建设在全国范围内呈现出良好的发展态势。"无废城市"是以创新、协调、绿色、开放、共享的新发展理念为引领，持续推进固体废弃物源头减量和资源化利用，将固体废弃物环境影响降至最低的一种新型城市发展模式[②]。2018年国务院办公厅印发《"无废城市"建设试点工作方案》以来，试点工作取得显著成效。2021年，《中共中央 国务院关于深入打好污染防治攻坚战的意见》明确提出，要稳步推进"无废城市"建设，到2025年实现固体废弃物治理体系和治理能力明显提升。与此同时，不少省份建立专门工作机制，高质量推进"无废城市"的建设。2022年4月，生态环境部办公厅发布了"十四五"时期"无废城市"建设名单，超100个城市入围。"无废城市"的建设从城市整体层面深化固体废弃物改革，为深入打好污染防治攻坚战提供了坚实基础。

（五）城市人居环境建设不断优化

城市人居环境持续优化，绿色宜居城市大规模发展。党中央在"十四五"规划和

① 中华人民共和国中央人民政府.国务院关于印发"十四五"节能减排综合工作方案的通知 [EB/OL].（2021-12-28）[2022-10-14]. http：//www.gov.cn/zhengce/content/2022-01-24/content_5670202.htm.

② 中华人民共和国中央人民政府.国务院办公厅关于印发"无废城市"建设试点工作方案的通知 [EB/OL].（2018-12-29）[2022-10-14]. http：//www.gov.cn/zhengce/content/2019-01-21/content_5359620.htm.

2035 年远景目标纲要中首次提出了"实施城市更新行动"，推动解决城市发展中的问题和短板，提升人民群众的获得感、幸福感和安全感。所谓"城市更新"，是指在城镇化发展接近成熟时期，通过维护、整建、拆除、完善公共资源等合理的"新陈代谢"方式，对城市空间资源重新调整分配，使之更好地满足人的期望和经济发展的需求[①]。实施城市更新行动的总体目标是建设宜居城市，不断提高城市的人居环境质量。近年来，各类规模城市不断协调城市发展格局，积极探索城市生态修复和城市功能修补。截至 2021 年 12 月，已有 15 个城市专门发布并实施"城市更新管理办法"，为我国探索城市人居环境建设提供了新机制和新模式。

第四节　城市环境治理与绿色生态城市建设

面对环境管理中存在的一系列日益严峻的问题，人们意识到过去的发展模式会严重影响环境并阻碍社会的进一步发展，并开始寻求人类社会与自然环境发展过程中新的行为规范。城市可持续发展是可持续发展理念的重要组成部分，这代表着人类对人与自然之间的关系认识的进一步深化，通过有效开发利用城市环境资源和进行合理的城市布局以实现可持续发展，绿色生态城市建设是实现城市可持续发展的路径选择。

一、城市环境治理目标与绿色生态城市建设

（一）城市绿色发展是城市环境治理的根本目标

党的二十大报告指出，推动经济社会发展绿色化、低碳化是实现高质量发展的关键环节。城市环境治理的根本目标在于实现城市绿色发展。城市区域是我国经济社会发展的强劲引擎，城市环境质量与其发展质量密切相关。城市的产业结构、能源结构、交通运输体系等不仅是城市经济发展的重要支柱，而且对城市环境有着深远的影响。城市环境治理就是对城市的各项产业进行调整优化，减少生态环境对城市发展的限制，不断提升城市发展上限。推进城市产业低碳化、实现城市绿色发展是提升城市核心竞争力的必然要求，也是城市环境治理的根本目标。

（二）绿色生态城市建设是城市绿色发展的路径选择

城市绿色发展作为城市环境治理的理论指导和根本目标，进行绿色生态城市建设

---

① 闵学勤，李力扬，冯树磊 . 新场景下城市更新的动力机制与实践路径 [J]. 江苏行政学院学报，2022（4）：66-73.

成为实现城市绿色发展的重要途径。随着我国城镇化水平的不断提高，生态保护意识的不断觉醒，绿色生态城市建设逐渐成为城市发展的方向。我国绿色生态城市建设起步较晚，可以借鉴发达国家在城市绿色发展方面的先进经验。虽然各国在城市绿色发展模式上有所差别，但其核心都在于关注城市发展中暴露的突出问题，如废弃物污染、交通堵塞等，集中解决该类问题就能在很大程度上推动绿色生态城市的建设。我国不断推进绿色生态城市的试点实践，积极探索，各省市也出台了有关生态城市建设的政策要求、指导文件和指标体系，这表明绿色生态城市建设已经逐步成为实现城市绿色发展的路径选择。

二、绿色生态城市的发展背景

（一）绿色发展日益成为世界共识

西方兴起的第三次工业革命在促进生产力的发展和社会变革的同时，也导致了大气变暖、环境变化等种种恶果，所以世界各国开始追求以可持续发展为基础的绿色发展。绿色发展是一种绿色高效的经济增长模式，这就意味着人类社会在发展经济时必须将环境资源看作内在要素，实现社会、经济与环境的协调发展。世界各国已经开始致力于绿色转型发展，较为典型的有英国的"低碳经济"、日本的"循环型社会"、德国的"循环经济"和美国的"绿色金融"，这些都是绿色发展理念的成功实践。

1. 英国的"低碳经济"

英国率先开始发展绿色经济。作为第一次工业革命的先锋，英国的社会经济在迅速发展的同时其生态环境也受到了严重破坏。进入 20 世纪下半叶，英国将绿色发展看作国家层面的全局性战略计划，希望通过发展绿色经济帮助英国走出经济发展停滞的窘境。英国政府在从环境和经济同步发展的角度进行积极的思考和研究后提出了"低碳经济"。

英国是低碳经济的积极倡导者，在其 2003 年出版的能源白皮书中提出，英国政府的总体目标为：到 2050 年二氧化碳排放量比 1990 年低 60%，使英国成为一个绿色化的国家，该计划被认为是英国摆脱经济衰退、实现经济腾飞的有效途径[①]。为了实现低碳经济的目标，英国政府已经采取了多条保障低碳发展的措施：一是建立并完善相关法律法规，英国出台了一系列保障及促进低碳经济的法规条例，主要包括：《清洁空气法案》《英国低碳经济转型计划》和《低碳经济国家战略蓝图》等，这些法律有效保障

---

① 陈曦，周鹏. 中国国际贸易碳排放水平实证研究 [J]. 中国经贸导刊（中），2020（5）：106-111.

了英国向环境友好型社会转变。二是实施低碳政策，英国施行"碳预算"以及相关财政补助奖励的措施，是世界上首个通过财政预算来限制碳排放的国家。政府还会对低碳项目和低碳技术给予财政补助和奖励，以促进其发展。另外，为了减少碳排放，英国政府设置了气候变化税，以提高资源利用效率、减少资源消耗；英国还设立了碳基金，投资绿色清洁技术，提高能源使用效率和加强碳排放核查，培植清洁能源技术。三是大力发展绿色能源，英国政府将开发利用清洁能源放在发展低碳经济的首位，通过政策和资金倾斜以保证其在碳捕获等绿色技术的领先地位。四是注重发挥地方政府和公众的作用，补贴低收入家庭以减少低碳能源和技术的推广阻力，发挥地方政府在推动低碳经济方面的作用。

2. 日本的"循环型社会"

"二战"后的日本经济迅速发展，在 20 世纪 70 年代跃居为世界第二大经济体，占世界生产总值的 15% 以上。随之而来的是城市地区的氮氧化物造成了严重的空气污染，生活污水和工业废水造成的水污染以及化学用品造成的化学污染，公害问题频繁发生，最有名的当属四大公害病，该时期的日本成了举世闻名的"公害国"。面对日趋严重的公害问题，日本政府出台了多项公害防治法，如《公害对策基本法》《废弃物处理法》等，这些法律的有效实施，使得日本的整体环境状况有所改善。2000 年，日本制定了《循环型社会推进基本法》，该法律确定了建设循环型社会的基本框架，首次将建设循环型社会以法律的形式规范下来。该法律旨在将生产、分配销售、消费和最终处理等各个阶段都有效达成资源循环利用的目标，通过有效的处置，减少废弃物对环境造成的负担。

日本政府通过一系列措施推动循环型社会的建设，主要包括以下三点：一是制定长期发展战略，并建立起科学的阶段评估机制，确保战略目标的实现。废弃物处理和资源循环利用是日本循环型社会建设的两个抓手，因此，日本将资源生产力、入口侧循环利用率、出口侧循环利用率和废弃物掩埋量作为循环型社会的基本指标，并且在每期计划中每一到两个自然年内会对这些指标的进度进行检查。二是通过立法完善循环型社会的规范，日本政府出台了《循环型社会白皮书》《促进城市低碳化法》和《水循环基本法》等众多法律，以及自 2003 年起每五年制定一次的循环型社会基本计划，几乎涉及所有的环境因素，为循环型社会建设保驾护航。三是进行宣传教育，开展各类活动。为了推广"3R"理念，日本环境部将每年 10 月定为 3R 推广月，各部门会举办相应的环保活动；此外，日本环境部也积极与各类环保 NGO 联系合作，建立伙伴关系，进行广泛的宣传推广，具体如表 5-4 所示。

表 5-4　日本循环型社会推动现状与目标

推动指标	2000 年	2015 年	2025 年目标
资源生产力 /（万日元 / 吨）	24	38	49
入口侧循环利用率 / %	10	16	18
出口侧循环利用率 / %	36	44	47
废弃物掩埋量 / 百万吨	57	14	13

资料来源：日本环境省第四次循环型社会推进基本计划

3. 德国的"循环经济"

20 世纪 80 年代，德国面临着十分严峻的废弃物危机，废弃物处理场的数量和处理能力严重缺失。起初，公众和政府将关注点集中在对废弃物进行安全处置上，严格限制废弃物处理厂和焚烧场的排放，并对废弃物处理场的建设和运营提出了严格要求。但是人们很快意识到，仅靠废弃物安全处置是不够的，必须通过回收资源和节约能源来进行有效的资源管理，也就是让废弃物产生者承担相应责任，遵守"污染者自付"的原则。从 90 年代以来，德国政府制定了一系列的政策条例和法律法规，实现了从"废弃物管理"到"循环经济"的转变。1990 年，德国 90 多家工商企业依据《包装废弃物处理法令》成立了一家专门从事废弃物收集的股份公司，被称为"绿点组织（DSD）"，这是世界上第一个双轨制回收系统，该组织接受企业的委托，对其生产产品包装过程中生成的废弃物进行分类回收处理，然后运送至资源再利用的厂商进行循环利用，并将能回用的废弃物返送至制造商。这极大地提升了资源利用效率，也探索了资源循环的新模式。

4. 美国的"绿色金融"

绿色金融指的是对于环保、节能、资源再生和循环利用、绿色出行和建筑等方面的项目进行投资，并对项目运营和管理过程中产生的成本等提供金融服务。美国政府在绿色金融领域有较多的实践，积累了丰富的经验。美国联邦政府主要负责构建绿色金融的制度框架，而具体的实施方案则由州政府在联邦政府的制度基础上得出，通过这种方式构建出的绿色金融体系能够与当地的实际情况相适应，能够发挥基层机关的积极性、主动性，不断在绿色金融领域进行发展创新。美国州政府推动绿色金融发展的主要措施包括：首先，加强绿色金融的制度建设，促进绿色金融的发展。美国州政府探索并构建了促进绿色发展的法律法规，包括大气污染防控、新能源开发、资源回收等领域，并且提供了相应的贷款补贴等金融政策，这一举措扩大了市场的有效需求，有效减轻了企业经营负担。其次，通过完善绿色发展领域的财政政策，实现政府资金和金融资本的合作。美国州政府通过财政补贴、拨款和减税等方式，促进绿色金融领域提供符合市场需求的金融产品，使社会资源更多流向绿色发展领域。最后，成立地方性的绿色银行，为绿色发展领域提供支持。20 世纪 70 年代，美国受到石油危机的影响，开发再生能源，减少对石油等化石资源的依赖，一些州政府成立了地方性的绿色银行 ①，为清洁能源项目提供金融方面的支持。

绿色发展与上述的绿色经济、低碳经济、循环经济等概念紧密相连，这些概念虽然提法不同、侧重点不同，发展思路也各有不同，但都是以可持续发展为理论基础，以建设环境友好型社会为追求目标，均属于生态文明建设的经济形式。

（二）绿色发展成为我国生态文明建设的重要战略

我国十分注重生态文明建设的相关工作，环境保护作为一项基本国策，于 1983 年举行的第二次全国环境保护会议上被确立下来。此后，我国进一步推动环境立法工作，《海洋环境保护法》《水污染防治法》《固体废物污染环境防治法》《大气污染防治法》等法律相继出台。与此同时我国也加入了多个世界性的环境保护组织和环境保护公约，积极推进生态文明建设。随着环境保护产业的不断发展，我国对于生态文明建设的理解也在不断深化。

2012 年 11 月召开的党的十八大会议上，生态文明建设被纳入中国特色社会主义事业"五位一体"总体布局和"四个全面"战略布局，生态文明建设被提升到前所未有的战略高度。在党的十八届五中全会上，习近平同志创造性地提出了"新发展理念"。其中，绿色发展理念凝结着我们党对于生态文明建设、环境保护实践规律认识的最新成果，绿色发展理念要求以绿色、清洁、低碳和可循环的方式来发展经济，实现经济发展和生态建设的协调联动。"我们既要绿水青山，也要金山银山。宁要绿水青山，不要金山银山，而且绿水青山就是金山银山"，将生态文明建设提到优先位置，发展经济不能以生态环境作为代价。这对推动我国企业转变生产方式，改变国民生活方式，推进绿色能源和绿色技术的研发使用，加强全民环保教育，以及树立起全球环境问题负责任的大国形象等作出了突出的贡献。

（三）新型城镇化战略明确提出绿色发展

随着城镇化的持续推进，大量农村劳动力离开农村前往城市就业，极大地丰富了城市的劳动力资源，推动城市经济持续发展，带来了城市社会结构的变化，提升了人民的整体生活质量，但是也有一些问题逐渐浮出水面，譬如如何实现城市产业结构的调整和升级、过剩的劳动力资源应当如何安置、如何实现城市高质量发展等几个重要

---

① 王刚，张怡，李万超，等 . 基于双碳目标的钢铁行业低碳发展路径探析 [J]. 金融发展评论，2022（2）：17-28.

的问题，绿色发展就是解决上述问题的关键。新型城镇化战略是绿色发展理念在城市领域的具体表现，内涵为在城镇地区建立节能、控污和环境治理的体系，进而发展绿色产业，然后对经济系统进行绿色改造，把绿色发展理念融入城镇的生产、消费、投资、贸易等各个领域。要实现城镇化的绿色发展，就要正确处理城镇化和生态环境之间的关系，在城镇化的过程中坚持贯彻绿色发展理念，以改善城市环境质量，促进城市可持续发展。

将绿色发展理念应用于新型城镇化战略，能够有效解决传统城镇化过程中存在的污染治理、资源开发等方面的问题，提高了居民的移居积极性，加快了新型城镇化的建设；此外，城镇化的绿色发展也会对当地经济形成较强的推动作用，经济发展也会进一步促进绿色发展的城镇化进程，二者相互促进、相互发展。城镇化的绿色发展摒弃了过去不合理的资源开发和利用模式，提升了新型城镇化的发展质量，为城市的可持续发展指出了新的实现路径。所以，绿色发展是新型城镇化的必由之路。

三、绿色生态城市建设理念

近几年我国城镇化进程明显加快，城市规划问题变得日益严峻，出现了发展活力不足、城市生态破坏等现象。这主要是由于我国城市规划仍以工业化为主体，存在着发展和污染并存的现象，这就需要对城市的未来发展规划进行调整，绿色生态城市理念应运而生。绿色生态城市是将以人为本作为根本原则，立足于城市实际情况，根据不同城市的社会、文化、经济和自然环境的特点进行规划，实现社会经济和自然环境的协调发展，在最大程度上建立起一个和谐、高效、可持续发展的城市生态环境。

绿色生态城市建设是城市可持续发展的重要组成部分。城市是人类大规模改造和利用自然的场所，也是生态环境运行受到严重限制和破坏的地方。因此，实现城市生态环境的可持续发展对人类的永续发展有着重要意义，绿色生态城市的规划设计应将可持续发展理念作为基础，从而在根本上促进城市的可持续发展。

（一）整体性发展

整体性发展指的是在对绿色生态城市进行规划时需要注意经济、社会、环境这三方面的因素，要确保三者相互协调，使城市实现均衡的可持续发展。要实现绿色生态城市的整体发展需要做到：第一，城市不同区域之间相互合作，实现城市整体和局部协调发展，有效发挥城市的整体功能，提高经济效益。第二，在绿色生态城市的规划过程中要结合城市的实际情况，根据城市特点进行优化，既能有效提高城市的经济效益，又能实现生态平衡。第三，绿色生态城市规划应关注城市发展与环境质量的关系，对城市的整体生态状况进行规划设计，实现绿色生态城市的整体发展。

（二）循环性发展

绿色生态城市的规划设计中要注入循环型发展的理念。也就是说，在城市规划中要注重能量和资源之间的联系，注意资源和能量的循环流动，并且实现资源和能量的充分利用。在城市生态系统的实际运行过程中，会消耗多种资源，同时也会分解形成多种物质，资源流动的过程就是能量循环的过程，对分解物最大限度地循环利用就是绿色生态城市循环性发展的核心。绿色生态城市规划设计中，应当严格遵循循环性发展的理念，保证生态城市规划中各要素实现物质有序的转化和能量的最大化利用。绿色生态城市规划设计的循环性发展理念也是实现城市可持续发展的基础，只有最大化地实现城市资源的自给自足，减轻对自然资源的开采压力，才能进一步实现城市的可持续发展。

（三）共生性发展

城市生态系统是由多种生态要素共同构成的，绿色生态城市的共生发展理念就是指城市的规划应以不同生态要素之间的自然共生为基础。在它们共同生活的生态系统中，每个要素都不是独立存在的，而是存在着互利互助、合作双赢的关系，这种关系即为共生关系。城市生态系统是一个有机整体，在整个生态系统的发展过程中，每一个生态要素都发挥着无法取代的作用，任何一部分生态要素的生存发展受到破坏，城市的整体功能都将受到一定的限制，从而使得整个城市的发展陷入停滞，更无法实现绿色、生态、循环的发展。因此，在绿色生态城市的规划过程中既要实现各个生态要素相互联系以维持城市生态系统的平衡，又要保持其自身的相对独立性，发挥其主要功能，从而实现协调互补，促进绿色生态城市的健康发展。

四、绿色生态城市建设策略

近年来我国城镇化的范围和深度都在不断扩展，城市规划设计水平也在不断提升，但是在城市规划与建设中仍然普遍存在着诸多问题，包括城市整体布局不合理、过度开采自然资源、资源利用率不足等。面对这种情况，城市规划建设需要在绿色生态城市规划设计理念的基础上运用相应的策略，不断提升城市的规划设计能力，以实现城市的可持续发展。

（一）维持城市经济与环境平衡

首先，在生态城市规划开始前，城市规划管理部门应当派遣相关人员对城市的整体布局和结构的相关资料进行搜集和实地走访确认，以精确地把握城市整体的发展情况，在规划设计过程中对各种影响因素进行全方位考量，保障规划设计方案的细致和完整。其次，在城市规划设计过程中，要顾及城市的环境容量，即城市生态能够承载的环境压力的最大值，主要包括城市人口流量、城市污染物容量以及交通容量，等等。要做好各方面的协调配合，做到城市发展和环境保护的和谐同步，推动绿色生态城市的发展。最后，要在城市规划设计方案的基础上进行反复研究，与搜集整理到的相关数据进行综合性的对比分析，及时发现问题改正问题，保证城市经济和环境的平衡发展。

（二）充分利用自然资源

从一般城市的规划发展过程来看，大部分城市的规划建设过程都会选择自然资源相对丰富的地理位置，所以，在进行绿色城市规划设计的过程中，应该对当地的自然资源进行合理充分的利用。原始自然生态保护系统在环境保护和调节过程中发挥着主导作用，对城市的规划设计和自然生态系统的建设起到重要的指导作用。在绿色生态城市的规划和设计中，应该将原始的自然生态环境保护工作作为规划建设过程中的重点，严格遵循人与自然和谐共存的原则，以原始自然环境和资源为基础，设计出与其相契合的现代城市建设方案，充分合理利用原始生态系统的资源，推进我国生态文明城市建设总体战略的顺利实现。

（三）建立低碳生态规划指标

制定绿色城市低碳生态规划指标就是整合并建立起城市生态状况综合评价体系，它是基于节能和低碳评价指标而建立起的综合评价系统。绿色生态城市的建设是建立在绿色的原则上通过一定的规划进行发展的，在建设发展过程中，需要满足各种指标的要求以体现绿色生态城市建设的进程，不能漫无目的地进行自由发展。绿色生态城市规划建设包括城市生态环境建设、绿色交通规划、城市能源综合利用效率、城市设施和功能区建设等，建立和完善绿色生态城市低碳生态规划指标，通过这些指标的完成情况，可以直观反映生态城市建设过程中的不足，以便城市主管部门及时采取措施予以纠正。在当前日益强调城市生态环境状况的今天，面对大量的城市污染现象，更加能体现出低碳生态规划指标的重要性。

（四）加强生态街区的规划设计

城市化的迅速推进使得城市街区的范围不断扩大，但是在此过程中对各类生态资源开发利用率仍较低，城市逐渐丧失原有的生命力，所以建设绿色生态城市需要注重对城市街区的规划设计。首先，对生态街区的规划设计应从整体出发，运用弹性的设计方法，考虑到城市的人文环境、气候、功能布局等方面，并为后期的优化预留一定的空间，实现整体性的生态街区规划设计，方案完成后需要从多个方面进行分析，以保证整体规划方案的可行性和有效性；其次，在街区的规划设计过程中，要结合居民的看法和意见进行设计，包括街道的宽度和道路两侧的建筑物高度等的比例要适宜，结合当地的植被覆盖、日照情况、水体情况等自然要素，从而规划出合理、协调的绿色生态街区；最后，在街区的规划设计中要结合季节、天气因素，对街区作出合理的规划设计，实现生态街区的建设目标。

（五）加强海绵城市的规划设计

海绵城市是针对城市经常发生的内涝灾害而提出的概念，是指城市可以像海绵一样，在干旱时能够利用蓄水供给，在面对强降雨引发的洪涝灾害时及时将洪水排出，在面对环境变化和降水带来的自然灾害时具有较强的弹性。在绿色生态城市规划设计中，海绵城市的建设是一个重点方向，它能帮助城市应对极端的雷雨天气，避免产生严重的城市内涝灾害，并且提高城市水资源回收效率，从而提升城市的整体环境质量。有的城市通过改良河道，建设湿地公园，修建符合海绵理念的住宅、办公建筑等方式，提高城市水体治理能力，改善城市居民日常生活环境。

（六）加强生态道路的规划设计

城市的道路是城市的大动脉，为城市的持续发展输送各种必需元素，所以绿色生态城市的建设必须要做好道路规划，为城市交通运输提供更多的便利，使城市的交通系统发挥更大的价值。在生态道路的规划过程中，需要因地制宜，与该城市的生态环境做到相互促进。一方面，在道路规划过程中尽量设计简洁的线路，使城市道路的总体长度缩短，减少建设过程中的工程量和污染排放，同时要优化路线设计，减少对植被覆盖区域的占用，充分利用旧路，实现资源的优化利用；另一方面，也要将交通出行车辆管理纳入生态城市的规划设计工作中，推广城市公共交通方式，培养良好的绿色环保生活习惯，为绿色生产城市建设贡献力量。

思考题

1. 什么是城市环境管理？我国当前面临的城市环境问题有哪些？

2. 简述我国城市环境管理的发展历程。

3. 我国的城市环境综合治理的工作重点主要在哪些方面？

4. 发达国家的绿色生态城市建设理念和实践对我国有何启示？

5. 从城市可持续发展的角度，谈谈我国城市环境管理中存在的问题，并提出相应的对策。

案例分析

城市生态修复案例——三亚海绵型生态公园建设

改革开放后，海南省三亚市这个旅游城市得到了快速的发展，但是随之而来的还有城市生态环境的严重破坏。城市建成区内，大部分的水系都受到污染，混凝土防洪墙对红树林和河漫滩生态系统造成了严重破坏，阻挡了海水和上游城市雨水的联通，增加了产生严重城市内涝的风险，严重削弱了城市抵御气候变化的能力。与此同时，居民和游客人口持续增多，人们希望能够享受沿河公园风景的需求一直未能得到满足。为了弥补城市规划设计的不足带来的城市内涝、地下水系污染等问题，适应人民日益增长的环境需求，修复城市生态环境至关重要，为此，三亚市开展了一系列海绵型生态公园的建设。

案例材料 1：三亚东岸湿地公园

东岸湿地公园的前身是三亚市东岸的一个大型棚户区，因大量违建私宅占据了排洪沟，导致湿地逐渐变为一摊臭水池。东岸村里房子建得很密，道路也十分狭窄。随着城市发展，东岸居民生活水平有了很大提升，但是生活条件却越来越差，良好的居住环境成了居民们共同的期盼。

三亚市政府于 2016 年 6 月开始建设东岸湿地公园，通过植物自然净化和人工处理的方式对受到破坏的水体和植被进行修复改造，要将东岸湿地公园建设改造成一个综合性湿地公园，以解决城市内涝问题为主，同时为市民和游客提供休闲旅游服务。在施工过程中，该项目受到了一些村民的阻挠，经过项目工作组的努力才得以如期开工。建成之后的东岸湿地公园，占地面积 1003 亩，其中水陆面积约各占一半，是三亚市区内最大的淡水湿地。在植被设计上，设计者利用植物塑造空间的性质，还原完整连续的湿地环境，发挥植物净化水质的功能。东岸湿地公园针对三亚的气候特点，旱季保水、雨季防涝，在洪水期可以吸纳洪水，减缓下游的洪水压力；旱季时与游客步道等设施结合，综合解决城市问题。

案例材料 2：三亚金鸡岭桥头公园

三亚金鸡岭桥头公园位于三亚河岸，原本是一处市民休憩的场所，后因缺乏有效的管理，公园绿地被垃圾转运站占用，成为堆放垃圾的场所，逐渐丧失供市民休闲娱乐的功能，自然生态受到了严重的破坏。2015 年年底三亚市政府开始对该园进行改造，历时 7 个月，建成后的公园占地 9 万平方米，主要包括湿地花园区、红树林带等区域，设计之初以海绵城市理念为主导，大幅度提升了金鸡岭一带的人居环境。

金鸡岭桥头公园对河床周边的排水管网进行系统考察，根据河道的汇水面积和汇水量确定河道内海绵植物种类和体量，将河岸周边陆地建成科学合理的海绵网。公园铺设透水地砖，修建了多个雨水滞留池，重新种植了 2 万株红树林树种，以改善和保护沿河生态环境。

案例材料 3：三亚市丰兴隆生态公园

三亚市丰兴隆生态公园位于临春河和三亚河交汇之处的春光路，地处三亚的"咽喉"，公园总面积 212 亩。其中生态公园占地 136.14 亩，热带雨林及滨河绿地占地 75.86 亩，具体建设内容包括公园的服务配套设施、花园小路、景观池塘、灌溉系统等项目。

丰兴隆生态公园是三亚两河四岸景观改造修复项目中的重点示范项目，是一项基于海绵城市理念的工程项目。公园主要目的是服务社区，以净化水质为特色，是一个具有环保教育和市容美化示范作用的城市生态公园。公园整体规划分为六个区域，即中心活动区、热带花园区、草坡剧场区、湿地净化区、入口服务区以及红树林带。在公园规划初期，设计者就在丰兴隆大桥两侧设置两处种植密集植被的斜坡以减轻车流噪声对公园的影响，保证市民活动时的安静氛围。草坡剧场区处于公园东侧，以下沉的草地作为舞台，依托周边地形布置看台，暴雨时段，草坪也可起到临时蓄滞雨水的场所。整个丰兴隆生态公园处处渗透着设计的巧思，将服务人民和保护环境巧妙地结合在一起，不仅便利了居民生活，而且还起到了市容美化的作用。

案例材料 4：三亚市红树林生态公园

2015 年，三亚市政府决定将三亚河东岸防洪堤内的荒地改造成红树林生态公园。经过三年的设计和改造，原本的一片荒地被改造成绿意盎然的红树林公园，总建设面积约 10 公顷。该地位于海水和淡水交汇的分界位置，生态环境十分脆弱，原生的红树林在城市发展过程中被破坏，园区内堆满了建筑碎屑和垃圾。为了缓解三亚市的城市洪涝灾害问题，恢复河岸生态和红树林十分重要。

该项目的建设内容主要有：河道综合治理、红树林补种、园林景观建设等。该工程项目对红树林生态公园进行改造，融入海绵城市理念，结合当地实际情况建设吸纳城市雨水的海绵公园，提升雨水在城市区域的蓄滞、渗透和净化，促进雨水的合理利用和生态环境保护。

（根据三亚市人民政府网新闻整理）

结合以上材料，请分析：

1. 三亚市的生态修复案例体现了城市环境管理的哪些基本原则？

2. 城市生态公园建设运用了哪些绿色生态城市规划设计理念？对城市的未来发展产生了哪些积极影响？

3. 三亚市东岸湿地公园在进行生态修复的过程中受到了附近居民的阻挠，结合你的个人经历并联系实际，谈谈你会如何处理该类事件。

第六章　农村环境管理

　　农村是自然资源的富集地，也是生态文明建设的主战场。党的十九大首次提出乡村振兴战略，2021年中央一号文件再次对乡村振兴作出全面部署，党的二十大报告进一步提出"全面推进乡村振兴，坚持农业农村优先发展，巩固拓展脱贫攻坚成果，加强建设农业强国，扎实推动乡村产业、人才、文化、生态、组织振兴"的时代要求。乡村振兴战略中的"产业兴旺"必须以生态环境保护为前提，否则就容易走上经济发展牺牲资源环境的老路。农村的"生态宜居"已不是简单的"村容整洁"，而是更多蕴含着乡土味道、生态元素和乡愁情怀，建设生态宜居的美丽乡村本身就是农村环境管理的重要内涵。加强农村环境的有效管理是乡村振兴的重要内容，也是题中之义。本章主要通过概述农村环境管理的含义、特征以及发展历程，梳理当前农村管理机构、制度和模式运行下农村环境管理面临的问题，通过对农村环境综合治理的深入分析，提出实现农村环境治理与可持续发展的策略。

第一节　农村环境管理概述

一、农村环境管理的含义与特征

（一）农村环境管理的含义

　　农村环境是相对于城市环境、城镇环境而言的，是以农村居民为中心的乡村社区范围的各种天然和经过改造的自然因素及社会条件的总和。农村环境通常可以分为农业生产环境和农村生活环境两个部分。在农业生产环境领域，人们更关注生态环境的恶化、不合理的农业生产方式对农业的可持续发展带来的影响；而在农村生活环境领域，人们更关注伴随工业进步、农产品开发给农村居民生活带来的直接或潜在的影响。农村环境在农民的生产和生活中发挥基础性作用。

农村环境管理的对象是农村环境问题。农村环境问题不仅来自不合理的农业生产和生活方式，也可能来自工业生产对农村生态环境的污染与破坏。因此，农村环境管理就是指相关主体运用行政、法律、经济、教育和科学技术等多种手段，有效解决农村居民在从事农业生产和生活中面临的环境污染以及工业生产对农村环境造成的破坏问题，最大程度上促进农村经济社会发展与生态环境保护相协调的活动。2022年1月，生态环境部、国家发展改革委、农业农村部等7部门联合印发《"十四五"土壤、地下水和农村生态环境保护规划》，提出了"十四五"期间农村环境管理的主要任务，包括加强种植业污染防治、着力推进养殖业污染防治、推进农业面源污染治理监督指导、整治农村黑臭水体、治理农村生活污水、治理农村生活垃圾、加强农村饮用水水源地环境保护等。此外，推进土壤污染防治、加强地下水污染防治、提升农村生态环境监管能力也是农村环境管理的重要任务。

（二）农村环境管理的特征

改革开放以来，我国农村环境保护逐步受到重视，特别是党的十八大提出大力推进生态文明建设以来，"绿水青山就是金山银山"的生态文明观和绿色发展观已逐渐深入人心，我国农村环境管理也呈现出新的特征，主要表现在以下三个方面：

（1）农村环境管理主体的多元化。随着环境管理体制的变革，农村环境管理主体逐渐呈现出多元化的趋势。党的十九大指出要构建党委领导、政府主导、企业主体、社会组织和公众共同参与的现代环境治理体系[①]。在农村环境管理中，政府并非唯一的治理主体，但这并不意味着其核心地位的动摇。由于农村的特殊性，仍然需要政府作为治理主体加以引导和规范。农村环境保护管理仅仅依靠政府是行不通的，它需要广大农民的共同参与，这是实现农村环境管理的有效形式[②]。农民通过参与环境管理，提高环境保护的自觉意识，从而推动农村环境管理事业的发展。村委会是基层民主自治组织，承担着组织村民参与环境政策制定、调动村民参与环境治理的积极性和主动性的职责。企业作为环境管理的主体，主要是为农村提供充足的资金和技术，监测和掌握农村环境状况，预防本地区环境资源的过度消耗和浪费。与其他治理主体不同的是，环保组织具有公益性和服务性的倾向，通过定期组织环保公益活动，调动广大群众环保意识，达到维护和改善农村环境状况的目的。

① 关于构建现代环境治理体系的指导意见 [EB/OL]. 中华人民共和国中央人民政府网（2020-03-03）[2023-02-12]. http：//www.gov.cn/zhengce/2020-03/03/content_5486380.htm.
② 康洪，彭振斌，康琼.农民参与是实现农村环境有效管理的重要途径 [J].农业现代化研究，2009，30（5）：579-583.

（2）农村环境管理过程的艰巨化。农村环境管理由于城乡二元结构体制的束缚，管理投入不足等种种原因而进展缓慢，这进一步体现出农村环境管理过程的艰巨化。一方面，受制于城乡二元结构体制的束缚，环境管理的重心在城市，对农村环境关注较少，在城乡权益分配上存在不均的现象，这就导致农村在环境管理的政策支持、基础设施建设等方面较为匮乏，环保宣传和制度建设更是无从谈起。可以说无论是在管理的速度还是质量上其难度都是相当之大。另一方面，农村环境管理的资金、技术等投入不足。农村环境管理的资金来源渠道较为单一，主要是由地方政府拨款以及环保污染者的投入。由于资金投入不足，目前相当一部分农村的垃圾、污水排放并未得到有效治理。环保技术的缺乏也在一定程度上使得农村环境管理难以取得实质效果。因而，资金和技术的匮乏加剧了农村环境管理过程的艰巨性。

（3）农村环境管理工作的复杂化。农村环境管理工作涉及方方面面，是一个综合性的环境管理问题，其管理工作本身具有困难性和复杂性。农村环境管理涉及污水、垃圾、农业和工业污染等，各个方面又有不同程度的问题。尽管近年来农村环境管理做了大量工作，但由于历史欠账较多，农村生态环境污染依然较为严重。首先是农业面源污染严重，农业生产中化肥、农药的过量使用，农膜的滥用，以及畜禽和水产养殖业带来的污染都是造成面源污染的来源。除了面源污染形势严峻，农村工业污染、农民生活污染同样不容忽视。由于农村环境管理工作往往缺乏专门的负责人员，也并未建立专门的环保机构，现有的环境监测技术难以在农村展开，对环境监管造成一定难度。总体而言，由于农村污染源过于分散，污染控制上存在较大难度，使得农村环境管理工作更为复杂化。

二、农村环境管理的发展历程

加强农村生态环境管理，既是有序推进乡村振兴的重要一环，也是系统推动生态文明建设的应有之义。从一定程度上来说，农村环境保护政策的发展历程能够反映出农村环境管理在特定时期的关注点，从历史的角度全面客观地梳理农村环境保护政策的发展脉络，可以为全面推进乡村振兴和建设美丽中国提供借鉴和参考。按照农村环境保护政策在不同时期的侧重方向和发展特点，结合农村环境管理的实践，可将新中国成立以来我国农村环境管理的发展历程大致分为探索萌芽、初步形成、持续发展、深度调整和全面推进五个阶段。[①]

---

① 司林波 . 农村生态文明建设的历程、现状与前瞻 [J]. 人民论坛，2022（1）：42-45.

（一）探索萌芽阶段（1949—1977 年）

1949—1977 年是我国农村生态环境建设的起步探索阶段，这一时期出台了以《关于保护和改善环境的若干规定》等为代表的生态环境管理相关政策，标志着农村生态环境管理的萌芽开端。新中国成立初期，百废待兴，党和国家提出要优先发展重工业，全面恢复国民经济和建设社会主义。但与此同时也带来了严重的生态环境问题，农村环境遭到破坏。1949 年，《中国人民政治协商会议共同纲领》颁布，初步提出恢复和发展农业生产，保护农业资源环境的主张。到 20 世纪 60 年代中后期，农村生态环境保护出现短暂停滞。随着生态环境的进一步恶化引起了党中央的重视，国家出台了一些有关环境保护的重要指示。1973 年，国务院召开第一次全国环境保护会议，研究讨论了有关环境保护的方针、政策，并制定了《关于保护和改善环境的若干规定》，揭开了中国环境保护事业的序幕，也影响了农村环境保护工作的发展方向。自此农村环境保护工作也正式开启了起步探索。

（二）初步形成阶段（1978—1991 年）

1978—1991 年是我国农村生态环境建设的恢复形成阶段，这一时期出台了以《中华人民共和国环境保护法（试行）》《关于加强环境保护工作的决定》等为代表的农村生态环境管理相关政策，意味着政府对农村生态环境保护的关注度有所提升。1978 年，第五届全国人民代表大会第一次会议通过《中华人民共和国宪法》，明确指出"国家保护环境和自然资源，防治污染和其他公害"，标志着环境保护工作迈入法治轨道。同年，中共十一届三中全会召开，确立了实施改革开放的国家战略，通过了《中共中央关于加快农业发展若干问题的决定（草案）》等文件，反映出党和政府在历史转折的关键时期对农村环境保护工作的广泛重视。1979 年我国正式出台《中华人民共和国环境保护法（试行）》，将农村环境列入法律保护的范围。随后，一些农村地区在政策指导下，相继建立起农村环境管理机构。党和国家高度重视农村生态环境保护，在1982—1986 年间出台了《关于加强环境保护工作的决定》《中华人民共和国国民经济和社会发展第七个五年计划》等一系列文件，规定了合理开发和利用自然资源，保护农村环境。此后一系列政策的出台都对农村生态环境建设起到积极的促进作用。

（三）持续发展阶段（1992—2004 年）

1992—2004 年是我国农村生态环境建设的持续发展阶段，这一时期出台了以《中共中央关于农业和农村工作若干重大问题的决定》《国家环境保护总局关于加强农村生态环境保护工作的若干意见》等为代表的农村生态环境管理相关政策，我国农村生态环境保护与管理开始进入新的发展时期。这一时期，我国社会主义市场经济体制确立，农村经济得到进一步发展。但经济的高速发展也使得农村的生态环境遭到了严重破坏。1992 年，为进一步促进中国经济与环境的协调发展，我国出台了《中国环境与发展十大对策》，其中对策五强调要大力推广生态农业，切实加强农业生态环境保护。1994 年，《中国 21 世纪议程——中国 21 世纪人口、环境与发展白皮书》颁布，白皮书指出要积极推动农业和农村的可持续发展，这是中国走向 21 世纪和实现可持续发展的关键。1999 年，国家环境保护总局发布《关于加强农村生态环境保护工作的若干意见》的通知，重点落实污染防治与生态保护并重的环境保护工作方针，促进农村地区生态环境质量的改善。2001 年，《国家环境保护"十五"计划》出台，对"十五"期间农村环境保护工作作出新的战略部署，明确提出"要把改善农村环境质量作为环境保护的重要任务"。

（四）深度调整阶段（2005—2011 年）

2005—2011 年是我国农村生态环境建设的深度调整阶段，这一时期出台了以《中共中央 国务院关于推进社会主义新农村建设的若干意见》《关于开展生态补偿试点工作的指导意见》等为代表的农村生态管理相关政策，对现行农村生态环境管理政策进行了深入调整和补充完善。伴随着农村经济的快速发展和深入改革，农村生态环境建设进入深度调整阶段，主要表现为对农村环保资金，以及政策内容等方面的调整和改革。2005 年，《中共中央 国务院关于推进社会主义新农村建设的若干意见》出台，就改善农村环境、推动社会主义新农村建设提出一系列举措。社会主义新农村建设的提出，不仅是对我国农村建设的发展方向，也是对农村生态文明建设的必然要求。2006 年，国家环保总局印发了《国家农村小康环保行动计划》，为有效控制农村环境污染，进一步推进农村生态环境保护与管理提供了行动指南。2007 年，国家环境保护总局颁布《关于开展生态补偿试点工作的指导意见》，提出实施"以奖促治、以奖代补"的政策，综合运用经济、技术等手段，加快农村生态环境建设。2008 年，国务院首次召开农村环境保护工作会议，重点强调要统筹考虑城乡环境保护工作，加大资金投入，建立健全农村环保的政策体系和长效机制。

（五）全面推动阶段（2012 年至今）

2012 年以来是我国农村生态环境建设的全面推动阶段，这一时期出台了以《中共中央 国务院关于加快发展现代农业进一步增强农村发展活力的若干意见》《中共中央 国务院关于实施乡村振兴战略的意见》等为代表的农村生态环境管理相关政策，为农村生态环境建设指明新的方向。2012 年，党的十八大将"生态文明"融入"五位一体"总体布局，生态文明建设被提到前所未有的国家战略高度。党的十八大以来，习近平总书记对建设生态文明和加强环境保护提出一系列新举措、新要求，尤其指出加快美丽中国建设，要靠美丽乡村打基础，农村生态环境质量得到明显改善。这一阶段我国农村环境保护政策密集出台，2013 年，中央一号文件《中共中央 国务院关于加快发展现代农业进一步增强农村发展活力的若干意见》颁布，进一步提出了努力建设美丽乡村，加快推进农村生态文明建设的新目标。2018 年，《乡村振兴战略规划（2018—2022 年）》《中共中央 国务院关于实施乡村振兴战略的意见》等文件的出台，将农村生态文明建设提升到国家战略高度。2020 年，习近平总书记在中央农村工作会议上强调指出要把解决"三农"问题作为全党工作的重中之重，尤其要加快农村生态文明建设，推进农村生态环境污染治理和修复。同年，国家出台《全国重要生态系统保护和修复重大工程总体规划（2021—2035 年）》，科学布局和组织实施全国重要生态系统保护和修复工作。2021 年年初的中央一号文件《中共中央 国务院关于全面推进乡村振兴加快农业农村现代化的意见》再次强调推进农业绿色发展、大力实施乡村建设行动。2022 年年初，中华人民共和国生态环境部印发了《农业农村污染治理攻坚战行动方案（2021—2025 年）》，这是农村生态环境管理在新时期作出的重大决策部署，也加速了农村生态环境建设步伐。在党和国家一系列政策的推动下，我国农村生态环境保护与管理工作取得明显成效。

第二节　农村环境管理的主要内容

一、农村环境管理的主要问题

（一）农村环境问题的产生及根源

受农村工业化和城乡二元结构体制的影响，我国环境保护领域长期呈现出"重城市、轻农村，重工业、轻农业，重点源、轻面源"的局面，无形中制造了农村生态环境保护壁垒。加之地方政府对农村环境保护的重视程度不高、监管水平欠缺、基础设施建设不完善、政策更新相对滞后，导致农村经济快速发展与环境质量不平衡之间的矛盾日益突出，阻碍社会发展质量的提升。因此，要想构建农村生态文明，破除城乡二元结构，就需要积极探索农村环境问题产生的根源，设计生态环境治理对策，加快向城乡一体化治理的转变进程，创造人与自然共生、共赢的局面。

1. 农村环境问题产生的经济根源

一是生产方式根源。农村生产发展带来的环境问题主要是农药和化肥的不规范使用、畜牧养殖废弃物和焚烧秸秆等造成的水资源污染、土壤污染和大气污染，这些由于生产方式以及废弃物处理方式造成的污染使得农村环境恶化，不仅破坏了农村地区的生态平衡，而且影响农业的可持续发展。二是生活方式根源。农村居民缺乏环保意识，肆意使用自然资源，如"靠山取材"的传统能源获取方式导致水土流失现象严重，扩大了环境问题影响范围。生活垃圾处理方式受限，分类投放方式并没有普及农村地区，导致生活垃圾遵循"一刀切"处理模式，影响村容村貌的同时污染生态环境。

2. 农村环境问题产生的政治根源

一是地方政府监管失职。农村环境管理主体"缺位"，生态环境制度不健全，环保公益品供给和财力投入不足，农村环境管理的需求难以满足；管理主体"越位"，一些乡镇政府为提升政绩，开展"环境政绩工程"，用环境的代价换取虚假的"绩效"。二是城乡二元结构体制管理工作失效。在城乡二元结构体制的作用下，农村环保资金匮乏，环保设施建设落后，城乡环境质量差距逐渐拉大；与此同时，现代化、城镇化的加快，调整了农村经济结构，促使污染物"下乡"，造成农村环境治理和保护远远落后于城市。

3. 农村环境问题产生的社会根源

社会根源主要来自错误价值观的诱导。"人类存在即能创造一切"的价值观，致使农村地区将人作为物质生活的来源，愈发增加的人口数量超过自然资源和生态环境的供应能力，环境承载力空间不足，资源生产力和污染消纳力不能应对人类的需求，导致农村生态环境遭到破坏；"经济至上"的发展观，农村居民过度追逐"经济馅饼"，忽视对生态环境应履行的义务，迫使生态环境陷入窘境[①]。社会根源的影响倾向对人们的思想进行宣传，以一种传统的、稳固的宣传方式介入群体之间，形成思想共识。

（二）农村环境污染的主要类型

1. 工业废水，居民生活污水和种植业、养殖业废水造成的农村水污染

农村水污染一般泛指农村生产生活的各个环节中对地表水体和地下水体产生污染的现象，造成水体污染的来源主要由三类污水构成：一是工业废水，为提升经济发展速度，一些农村地区建立小规模企业，这些企业高度分散、缺乏统一管理，将生产活动产生的废水和污染物未经处理排入河流和地下，导致农村水体的污染负荷远超其自净能力，严重破坏了农村水源系统；二是居民生活污水，农村居民环保意识不足，加之污水管网系统存在维修、管养等问题，黑水、灰水等生活污水流入沟渠、河道等区域，导致水体严重富营养化，暴发蓝藻水华，破坏生态系统；三是种植业、养殖业废

---

① 司林波. 农村生态文明建设的历程、现状与前瞻 [J]. 人民论坛，2022（1）：42-45.

水，水污染的面源污染主要来自种植业，化肥、农药的过度使用，污染地表水和地下水，破坏生态平衡；养殖业是农村发展的一大支柱产业，缺乏污染防治机制，居民随意投放不达标的污染物，造成水体水质恶化和细菌滋生，影响居民的身体健康[①]。

2. 污水灌溉和过度使用化肥、农药造成的农村土壤污染

这里所说的农村土壤污染特指耕地污染，耕地作为城乡居民生活资料的主要来源，发挥维系社会稳定的作用。伴随着农业的快速发展，农村地区的土壤污染问题突出，威胁到粮食的健康生产。根据 2014 年环境保护部和国土资源部发布的《全国土壤污染状况调查公报》可知，我国土壤环境状况不容乐观，耕地土壤环境堪忧，工矿业、农业生产等人为活动和自然背景是造成土壤污染或者超标的主要原因。长期使用含有重金属的生活污水和工业废水灌溉农田，易导致土壤板结、肥力下降，造成土壤环境恶化和生物群落结构衰退，降低农业生产效率。由于我国农村科技推广工作的效果不甚明显，农民对于作物施药的技术标准用量把握不当，大量使用化肥、农药，不仅浪费药物资源，提高农业生产成本，还导致土壤养分结构失衡，使土壤酸性化，降低土壤容量和自净能力，产生生态环境问题。

3. 工业废气和秸秆燃烧等造成的农村空气污染

城市工业的转移和乡镇企业的发展拉动农村经济增长的同时也破坏了当地生态环境的整体质量，以化工产业最为突出。据统计资料分析，乡镇工业废气中 SO_2 和烟尘的排放量占同类指标的比重较大，工业排放的硫化气体等有害气体会破坏人体的生理结构，增加患癌概率；同时助推酸雨的形成，增加土壤的酸性，阻碍农业的正常生产。由于农民缺乏科学的农业种植知识和秸秆处理手段，大量燃烧秸秆，严重浪费物料资源，破坏农村生态环境系统，产生的烟雾对当地居民的身体健康造成极大的负面影响；当发生在不利于污染物扩散的气象条件下，极大可能增加城市 $PM_{2.5}$ 日均浓度，污染城市区域的空气环境。此外，燃烧秸秆降低了能见度，严重干扰正常的交通运输[②]。

4. 工业、农业废弃物和生活垃圾等造成的农村固体废弃物污染

农村固体废弃物的种类和数量随着物质生活的改善都有很大程度上的增加。乡镇企业受农村自然经济的影响，将工业固体废弃物"上山下乡"，违规堆放污染物。据调查，乡镇企业废水和固体废弃物的排放量已占全国工业污染物排放量的 50% 以上，乡

① 王泽超，高尚. 生态环境要素视角下农村环境污染类型与对策探究 [J]. 南方农业，2020，14（36）：157-158.

② 刘检琴，万大娟，王婷仕，等. 国内外农村空气污染研究进展 [J]. 环境保护与循环经济，2015（7）：9-11.

镇企业废水、废气和废渣的排放量占全国"工业三废"的相应比重分别为21%、67%和89%①。农业固体废弃物主要包括秸秆、地膜和畜禽粪便，农村地区对于这些污染物的处理缺乏指导方式和技术，易造成资源浪费、"白色污染"和污染水源，降低农村生态环境质量。生活垃圾是日常生活最常见的一种污染物，农村地区缺乏处理技术，为了节省成本会将垃圾随意倾倒和投放，造成固体废弃物污染。其污染最为直观和敏感，应被列为农村环境管理和治理的首位污染。

二、农村环境管理机构及其职责

（一）环境保护部自然生态保护司

自然生态保护司主要通过综合处、农村环境保护处、生态功能保护处、自然保护区管理处、生物多样性保护处这五个内设机构对环境保护分类管理，并对行为过程予以指导和监督。在农村环境管理方面，负责拟定农村土壤污染防治政策、法律法规等政策和制度，提供基层政府土壤污染治理依据，监督管理农村土壤污染防治工作；组织协调农村环境管理工作，开展农村生态环境综合治理指导等工作，要求各地因地制宜，按照环境综合治理原则，推行科学治理理念，建设生态农村和农业。

（二）农业农村部科技教育司

农业农村部科技教育司是农业农村部内设机构，主要提供农业农村建设和发展的政策和技术知识，内设政策体系处、产业技术处、资源环境处等10个机构。在农村环境管理方面，起草农村可再生能源的法律政策，预防和保护自然资源，并提供发展规划、技术指导，推进农民教育培训、农业生态环境保护、农村可再生能源体系建设，制度上设定资源利用标准，思想上框定行为范围和方向；保护和管理农用地、农业生物物种等资源，对农业外来物种开展风险评估、综合治理等工作，保护本地资源不受外来物种影响；指导各地开展农业点源、面源污染防治，遵循预防为主、资源化利用原则，做好气候变化和农业农村节能减排工作的预防措施等。

（三）乡镇环保办（所）

乡镇环保办（所）的设立，填补了农村环境保护和监管工作的空白，成了环保工作的主力军。它属于乡镇二级环保机构，工作人员由县分局培训、指导和派遣。乡镇环保办（所）主要负责拟定符合本地环境保护的工作规划，督促农村环境保护工作的实施；调查研究本地污染和治理现状，建立污染源档案，从源头根治环境污染问题，

---

① 构建多层次农村生态环境风险防范体系 [EB/OL]. 中国经济网（2019-08-02)[2023-02-12]. http：//www.ce.cn/xwzx/gnsz/gdxw/201908/02/t20190802_32791183.shtml.

协助上级开展排污申报登记和排污许可证的核发工作；协助农业部门开展环境综合整治，统筹推进农业生态建设，及时处理民众的反馈，开展生态生产审核、环境质量认证等环境友好工作。

（四）村民自治组织

村民自治组织作为农民当家作主的形式，是管理农村环境的最佳选择。它能最大限度整合和利用现有资源，调动农民参与环境治理工作，以可持续发展的方式管理自然资源，制定保证自然资源风险最小化利用的各种规章制度，实现环境综合治理目的。村民自治组织在环境管理方面主要负责制定村环境管理规章制度，设置行为原则，规范范围内所有人的环境行为；处理环境事务，制定企业准入制度，对企业生产活动进行监管，对破坏本地环境的行为实施处罚和改正意见；协调本地与其他区域的环境，权责分清，共同治理和保护农村和城市环境。

三、农村环境管理的主要模式

中华人民共和国成立以来，农村环境治理从空白到摸索到发展再到创新，经历了一系列的政策改良，基于多年的实践经验积累，我国逐步形成了多主体、综合性的环境管理方法，在农村环境治理的具体实践和成效上都取得了长足进步。针对农村环境污染在具体实践中的不同情况，我国探索出了不同的治理模式，根据管理主体的不同，主要可以分为以下三类：

（一）政府主导，行政管控

行政管控是以政府为主导，着重运用各种法律法规、政策条例与行政命令等手段规范生产活动行为，对环境资源进行调度调配的管理模式。行政治理模式充分发挥政府权威作用，强调运用政府行政命令和法规的硬性制度来约束和规范农村环境治理，形成一套由上至下完整的环境治理体系。2021 年 12 月 5 日，中共中央办公厅、国务院办公厅向社会公布《农村人居环境整治提升五年行动方案（2021—2025 年）》，文件主要涉及统筹规划乡村道路建设、强化农村基础设施建设、改善整治农村人居环境、完善农村公共服务供给等几个方面的内容。自农村人居环境整治五年行动开展以来，农村生态环境情况持续向好，政府着力推动农村卫生基础设施建设改进。同时，采取委托第三方代理的方式，委托专业公司进行垃圾分类并集中处理，积极探索实施生活垃圾治理 PPP 模式。行政治理型的农村环境管理需要集中统一的资金支持，各级政府为实现各地公共服务均等化而进行财政平衡，通过财政拨款支持一些农村基础性的建设工程，充分考虑各地的地理、经济、文化等方面差异，从整体规划，治理好农村环境问题。在一系列政策举措实施中，要注重加强监督管控，确保各个环节按照计划落实，也要结合实际实施情况，灵活调整方案，及时更正纠偏，高效完成农村环境治理任务。

（二）市场调节，利益分配

市场调节模式是指在农村环境管理过程中，运用各种经济原理进行利益、资源的调节分配，依靠经济手段来激励引导各方主体采取符合环境治理要求的行为。目前我国农村环境治理的市场调节模式主要包括三个方面的市场化[①]：一是产业资本的市场化，我国乡镇企业几十年来蓬勃发展，各种农产品、农副产品经营商品化，资本推动了传统农业生产要素的更新改革，诸如农药化肥、不可降解塑料等产品逐渐被淘汰；二是治理体制的市场化，环境治理不再仅仅依赖政府政策和行政命令，随着近年来社会组织的发展壮大，越来越多的社会服务机构与乡村合作，提供专业的环境治理方案，通过 PPP 模式的运作建立集中的污水排放和净化装置，建设垃圾分类处理中心，使得农村环境治理更加专业科学；三是治理成本市场化，我国的环保政策由"谁污染谁治理"变为"谁污染谁付费"，提高农村环境污染成本，使得付费机制市场化，让环境与利益挂钩，人们因避免罚款或付费治理而减少污染行为，以此调动环境治理积极性，使得农村生态环境良性发展。

（三）公众参与，自主协商

公众参与、自主协商的环境管理模式是指在农村社区形成一个村民共商共治的机制，这种共同参与的形式并不排斥政府行政的管控和市场经济的调节作用，相反它是作为这两种模式的补充，尽可能补足政府由上至下的单向管理和市场调节失灵状况的缺陷，构成农村环境治理完整体系的关键部分。公众参与、自主协商模式得以在农村环境治理中发挥重要作用的原因是我国乡村在长期发展中已自发形成了一套独有的沟通规则，而且这种规则因农村初级群体关系紧密的原因其实施成本很低，是较为高效的一种形式。村民们可以就土地等公共资源的使用分配达成一致的协商契约[②]，遵照契约采取行动，针对本地环境治理提出更有针对性的解决方案。有学者提出可以成立环境共同体发展小组（ECCG）[③]，公众、政府、市场三方共同发力，政府统筹协调，第三方参与环

---

① 郑泽宇，陈德敏.整体性治理视角下农村环境治理模式的发展路径探析 [J]. 云南民族大学学报（哲学社会科学版），2022，39（2）：128-136.

② 吴惟予，肖萍.契约管理：中国农村环境治理的有效模式 [J].农村经济，2015（4）：98-103.

③ 王康，周淑芬，唐敏，等.公众参与农村环境管理模式创新 [J].中国环境管理干部学院学报，2019，29（3）：32-35.

境管理，政府对第三方机构进行监督管理，向公众提供参与管理的环境和信息，第三方机构向公众公开其环境治理信息，公众对其实施监督。由此形成一个环境治理的完整框架，实现由上至下、由下至上的通力合作，一方面能由上至下向农村居民宣传环境保护的相关法规和科学知识，提高居民环境保护的意识，增强其环保的综合能力，另一方面也能由下至上充分听取村民意见，了解环境治理的真实状况，让农村公众切实参与环境治理的政策举措，同时监督环境治理工作，在政府、市场、公众三方之间两两达成有效的双向沟通。公众参与、自主协商模式是农村环境治理的重要模式，在我国民主政治不断发展完善的社会，公众参与越来越成为社会问题解决的关键。

四、农村环境管理的基本制度

随着我国城乡一体化进程的加速发展，关于农村环境治理的问题也逐渐成为人们关注的热点话题，在 2017 年的《政府工作报告》中首次提出"要深入推进农村人居环境整治，建设既有现代文明又具田园风光的美丽乡村"。过去我国将环境治理的重点放在城市，城市工业化水平高，经济发展快，在环境问题上是相较严重一些，但随着近年来乡村经济的发展，农村环境问题也逐渐凸显，成为环境治理不可忽视的一部分。我国现行农村环境治理相关法律制度主要体现在《宪法》《环境保护法》《水污染防治法》《大气污染防治法》等相关法律，行政法规如《农药管理条例》，部门规章如《秸秆禁烧和综合利用管理办法》，还包括一些地方性法规和政府规章等都涉及环境保护的内容，但是许多环境保护的相关制度均没有特定指向城市或农村，通常是城乡通用的，本书列举一些与农村环境治理相关的制度规定。

（一）农村环境综合整治制度

农村环境综合整治是针对当前农村环境存在的重难点问题的集中处理，包括农村饮用水卫生治理、生活垃圾和污水排放治理、养殖废物资源循环利用、农业生产化肥农药残留清除等方面，都有具体的法规制度要求，比如《水法》《水污染防治法》《畜禽规模养殖污染防治条例》等对农村用水排水、畜牧养殖等生产生活活动造成的污染作出了对应的指标规定[①]，而在 2021 年 12 月国务院印发的《"十四五"推进农业农村现代化规划》中也明确提出大力整治农村环境问题，指出农村的"六乱"问题，全面管理农村垃圾、杂物堆积等问题，从根源上预防、减轻农村环境污染。农村环境综合整治要实现统一规划、统一建设、统一管理，在三个统一的基础上进行分类指导、重点

---

① 李俊宏. 农村环境治理法律制度的检视与创新 [J]. 法治论坛，2017（4）：259-272.

防治。

（二）农村环境监测制度

为能够准确、及时、全面地反映环境质量和治理成果，为环境治理、污染控制和环境规划提供科学遵循，我国《环境保护法》确立了"环境监测"这一基本环保制度，通过间断或不间断地测定环境中污染物的含量和浓度，观察、分析其变化和对环境影响过程，把握农村环境质量情况，作出相应的解决措施。该制度在开展城市环境保护工作中发展成熟，随后被应用到农村环境治理。2010 年开始在四个直辖市及部分省、自治区组织开展农村环境监测试点，"十二五"期间开展统筹城乡环境监测工作试点，初步建立农村环境质量监测技术和预警体系。农村环境监测内容主要包括农村饮用水水源地水质监测、农村工矿企业污染监测、农村土壤环境质量监测、农村环境空气质量监测、农村养殖业和面源污染监测等方面，不过现行的规定农村环境监测的法律法规多集中于水源水质保护方面。

（三）"以奖促治"制度

2010 年，环境保护部、财政部、发展改革委联合出台的《关于实行"以奖促治"加快解决突出的农村环境问题的实施方案》，以及《农村环境综合整治"以奖促治"项目环境成效评估办法（试行）》中提出了"以奖促治"的农村环境治理制度。实际上，"以奖促治"是作为农村环境综合治理的辅助制度，在主体制度发挥作用的基础上促进治理工作，主要针对农村水污染防治、土壤污染防治、生活垃圾和污水处理、畜禽养殖废物资源、农业面源污染等方面进行重点集中整治，目的是加快农村环境突出问题的解决。但是"以奖促治"制度的实施效果经过实践检验未能达到预期，该制度的实施需要较为完善的法律规范相互补充，而实际情况是农村缺乏一套完整的保障实施机制。另外"以奖促治"的资金申请主体依然是政府，个人、村级干部等是否能够申请尚未明确，因此本质上仍是管理者治理，基层公众缺乏有效的参与路径，"以奖促治"很难真正调动居民的治理积极性，不能实现基层自治或官民共治。

第三节　农村环境综合治理

一、农村环境综合治理的基本内涵

农村环境综合治理，顾名思义系统全面治理农村生产生活整体环境，其中以人居环境的治理研究为主要内容。十九届中央全面深化改革领导小组第一次会议通过《农村人居环境整治三年行动方案》，提出加快乡村振兴步伐，开展农村人居环境整治行动，统筹城乡发展、生产生活生态，整合各种资源，补齐农村人居环境突出短板。吴良镛先生认为农村人居环境的支持系统是农村环境综合治理的主要方面，主要包括农村基础设施建设、农村污水与垃圾处理等环境治理项目[①]。

农村环境综合治理是为了实现农村环境的可持续发展，增强环境消纳力与资源生产力，政府、公共组织、个人、市场等利益与责任相关者运用资源与权力，在遵循环境治理的重要原则下协调治理农村生态环境，实现乡村振兴的治理目标，形成"三生"共赢局面的管理过程[②]。在乡村振兴战略的背景下，农村环境综合治理构建系统型治理体系，采用多元共治理念，统筹规划自然资源使用率，建立多部门、多层次、跨区域监管的农村自然资源保护机制，严格空间监管和环境准入，减少外部污染进入的同时实现内部污染资源化利用，采用污染治理与资源利用相结合、工程措施与生态措施相结合、集中与分散相结合的建设模式和处理工艺，从资源输入到污染输出等各个环节加强管控，协同治理农村环境，实现农村环境综合治理目标，创建生产生活生态共赢局面。

二、农村环境综合治理的重要原则

在我国现行生态环境管理体系的督导下，农村环境治理套用城市环境管理办法，出现"碎片化"与"治理无力"困局：农业面源污染分散且具备空间异质性，标准化的管理模式导致有限、有效的资源呈现无效输出的"窘境"。加之农村环境治理责任主体的缺位与职能分散化，割裂了区域之间的联系与协作，环境治理政策的碎片化管理已经不适用当前的农村治理环境。因此，开展农村环境综合治理工作需要开创一条符合农村环境建设特点的路径，不拘泥于城市环境治理、工业污染治理的管理经验。加强农村环境建设与治理，建立由政府、个人等责任主体共同参与监督的多元治理体系，形成重点分区治理、区域连片统筹的管理模式[③]，走中国农村环境特色治理道路。

（一）推行环境治理与乡村振兴过程同步谋划

农村环境综合治理是实现乡村振兴高质量发展的重要步骤，掌握两者的共通之处，协调一致推动与实现基层社会政治体系现代化建设、经济高效绿色发展、文化繁荣昌

---

① 吴良镛. 人居环境科学导论 [M]. 北京：中国建筑工业出版社，2001：40-61.

② 吕建华，林琪. 我国农村人居环境治理：构念、特征及路径 [J]. 环境保护，2019，47（9）：42-46.

③ 曹婷婷. 农村环境综合整治问题与对策 [J]. 绿色科技，2018（20）：167-169.

盛、乡村脱贫致富。党的十九大报告中提出要"按照产业兴旺、生态宜居、乡风文明、治理有效、生活富裕的总要求，建立健全城乡融合发展体制机制和政策体系，加快推进农业农村现代化"。具体来说，推动乡村实现可持续性振兴，就必须全面协调农业生产、生活和生态，将农村环境综合治理纳入乡村振兴战略的规划与实施建设中，贯彻绿色环保的发展理念，构建农村重点环境问题与乡村振兴的"关系链"，实现管理过程同步谋划。同时梳理农村环境治理与农业有效发展的关系，破除乡村城镇化经济增长、环境污染的"魔咒"，提升环境综合治理工作"容错率"与效率，实现"三生"共赢。

（二）统筹规划生态环境系统治理

在农村环境综合治理中应贯彻党的二十大报告提出的"坚持山水林田湖草沙一体化保护和系统治理"理念，推进农村生态环境系统治理，在空间上统筹推进山水林田湖草的立体性。农村环境作为生态系统的组成部分，应遵循其整体性以及内在机理，在治理过程中克服农业农村生态环境治理碎片化问题，建立多部门、多层次、跨区域的农村自然环境保护机制，对生态环境敏感区与脆弱区划定生态保护红线，实行严格保护。建设农村环境研究点与环境资源承载能力监测预警机制，加强农业智能化生产，提高自然环境的污染消纳力与资源生产力，将环境建设发展成为一种新的基础产业，统筹推进农业经济绿色发展、污染治理资源循环利用，着力扩大环境容量和生态空间，多方位、多地域、全过程开展农村生态保护工作。

（三）坚持环境治理预防为主、资源化利用

我国独有的城乡二元化结构、长期形成的农业粗放式生产方式与近年来农村社会结构的深刻调整，决定了农村环境综合治理模式不同于工业污染治理，必须找到一条具有中国特色的农村环境综合治理道路。在农村环境综合治理思路上，一方面要采取生态空间管控与环境准入制度，强化污染预防；另一方面要加强源头减量、过程控制、废弃物综合利用，提升农业发展水平和资源利用能力[1]。在预防污染方面，加强养殖业、种植业监管力度，按照源头减量、过程控制、末端利用的思路，推行种植全过程绿色生态和规模养殖方式，提升农业标准化技术，从源头减少农业面源污染。在资源化利用方面，积极推进"户分类、村收集、就地就近资源化利用"与"户分类、村收集、乡转运、县处理"相结合的农村垃圾处理治理模式，把责任落实到每一级主体上，减轻污染处理压力，形成层级式环境污染治理体系。对于畜禽粪污治理，设立局域性污水处理中心，鼓励畜禽粪污生产沼气和生物天然气。

---

[1] 任勇.应对农村生态环境管理中社会经济文化挑战 [N]. 中国环境报，2018-11-29（03）.

（四）采用分类指导、循序渐进、协同治理

在监管要求上，遵循分类指导原则。我国农村地域辽阔，各区域的社会经济状况、发展条件和环境问题的异质性要求农村环境综合治理不能实施"一刀切"原则，要实行分区分类差异化的推进策略，科学论证农村环境综合治理，提升技术和产品的针对性及适用性，积极探索多元化的治理模式。对于东部地区、中西部城市近郊区等有条件的地区，提升农业绿色发展水平，初步建立管护长效机制，对于经济发展水平一般的中西部地区和条件较差的贫困地区，优先解决农民最关心、与人民利益挂钩的突出环境问题，推出"创新版""加强版"的改革要求和治理措施。在工作内容与程序上，循序渐进地稳步推进环境治理进程，切勿一蹴而就。开展农村环境综合治理工作要结合实际情况，合理、适度确定工作重点领域与工作进程，集中力量解决重点环境问题。将人居环境改善作为农村环境生态治理的首要内容，关注农村生活和农业生产污染，贴合以人为本的管理理念。在职责分工方面，要协同发力。农村环境问题牵扯多个利益相关者，因此，治理主体不只限于某个集体或个人。生态环境部门要与基层政府、行业主管部门通力合作，形成治理合力。按照"条块结合、以块为主"的原则，完善区环境保护委员会协调推进机制，强化地方政府与党政组织的责任考核，发挥市场的导向性与主体作用，联合社会组织与村民，调动村民参与环境治理的积极性，切实加强统筹力度，建立责任清晰、层级联动、监管有效的工作推进体制，实现农村环境综合治理目标。

三、农村环境综合治理方案

2021年12月5日，中共中央办公厅和国务院办公厅联合印发了《农村人居环境整治提升五年行动方案（2021—2025年）》（以下简称《方案》），对我国未来五年农村环境综合治理提出了具体要求和目标。《方案》指出，改善农村人居环境是乡村振兴战略的重点任务，应该以农村厕所革命、生活污水垃圾治理、村容村貌提升等农村环境问题频发领域的综合治理为重点，争取到2025年实现农村人居环境显著改善、生态宜居美丽乡村建设取得新进步[①]。为了实现农村环境综合治理、改善农村人居环境这一目标，我国农村环境综合治理从体系、体制和机制层面进行了设计和布局，致力于将农村都建设成生态宜居美丽乡村。

[①] 中华人民共和国农业农村部.农村人居环境整治提升五年行动方案（2021—2025年）[EB/OL].（2021-12-07）[2023-02-12]. http://www.moa.gov.cn/gk/zcfg/qnhnzc/202112/t20211207_6383987.htm.

（一）加强农村环境综合治理责任保护体系建设

为提升农村生态环境质量，我国全面加强了农村环境综合治理主体责任体系建设。政府、行业主管部门和乡村民众构成农村环境利益结构中的利益主体，通过界定其主体责任，合理分配其资源与职责，完善了环境保护责任金字塔的构建。一是政府对所管辖区域的农村环境治理积极履责。政府坚持农村环境综合治理与乡村振兴同步谋划，强化对农村环境保护监督与政策指导、技术资金支持，推进了农村公共基础设施服务建设。同时，严格控制产业准入，设置产业准入标准，一定程度上提高了环境的污染消纳力。二是按照"生产与污染治理双负责"原则，农业农村部、自然资源部等主管部门指导各地开展农村人居环境整治、生态红线保护等工作，合理控制生态与经济的界面冲突，督促各地改革生产工艺，实施清洁生产，增加了较多的"排污余额"。三是在法律和政策层面明确了农民在农业生产中的环境保护责任，引导采用绿色生态的农业生产技术从事农业生产活动，有效提高了环境容纳量与农业资源利用率。

（二）不断完善符合农村特点的环境监管体制

我国农村环境综合治理实行了分类管理模式。各地根据农业状况、资源气候等实际情况开展农村环境整治工作，有效减少了"一刀切"模式的出现。各地采用规模化农业对照工业污染管理方式，规定污染治理工作由业主自行负责，并结合国家农业补贴政策与生态补偿政策，促使业主在发展农业的同时加倍关注环境质量问题，农业农村环境状况有所好转，环境质量也得到了提升；对于小规模化的养殖业和种植业，环境综合治理工作的开展则在地方政府的指导和监督下进行。在监管方式和模式上，各地区、主体协同开展农村环境综合治理工作，推行了农村环境保护垂直管理制度，借助网络化管理等手段，共享监控数据等资料信息，有效填补了环境监管的漏洞。各地积极推行全流域、跨区域联防联控和城乡协同治理模式，完善了一个开放的多中心环保监管主体结构。同时整合了环保、卫生、规划等部门资源，加强了与公安、交通等涉农部门的沟通协作，强化了农村可视化监管系统资源共享机制的建设，实现了一定区域的监管智能化。目前，在大部分地区已经建立了农业农村生态环境管理信息平台，用来统一管理农业发展和污染情况，通过掌握环境综合治理情况，实时更新治理方式和手段，实现了农村环境的电子化管理。

（三）逐步健全农村环境监管的激励机制

在综合治理过程中，逐步健全农村环境监管的激励机制。一是改革财政分权制度，合理划分了政府间的财权，一定程度上遏制了不合理的税收制度设计对农村环境监管职责的冲击。通过改变地方政府在农村环境污染治理方面的投入和管理方式，规范了农村环境支出转移支付行为，使得地区间基础建设能力基本得到平衡，从而提高了农村生态环境保护能力[①]。二是建立了科学合理的政绩考核制度。中央根据环境保护质量更新了生态环境补偿资金绩效评估标准，适时改进了地方政府政绩考核标准，助推地方政府人员树立绿色政绩观；考核指标方面，将农村经济发展指标、资源有效利用率指标和生态环境保护指标相结合，运用绿色 GDP 概念考察政府环境监管绩效，设立一套具有农村特色的考核机制，有效实现了农村经济增长与环境保护的双赢。三是通过建立农村环境污染投入增长机制，增加生态环境治理的投入资金，保障农村环境综合治理监管所需的设备和监测机构的运行。

（四）逐渐细化完备农村环境宣传教育体系

通过重构农村农业经济发展方式，使用绿色科学技术发展农业，让农民在发展农业经济、获得经济增长的同时，从根本上增强环保意识。一是建成多渠道、多形式的农村环境教育体系。在农村环境综合治理过程中，建设了一批又一批农村生态环境保护宣传教育基地，加强农村农业污染防治环保知识的宣传；充分发挥了非政府组织作用，借助新媒体广泛宣传农村环境综合治理成绩，开辟了较为广阔的农村环境教育资源与宣传途径。二是农村环境教育工作机制得到落实，将各级政府和基层党政组织等主体在农村生态环境保护教育工作的表现纳入了党政领导干部绩效考核系统，加强了工作监管力度，使得农村生态环境保护宣传教育工作形式化的问题得到了有效的遏制。

四、农村环境综合治理成效

近年来，为严格落实《农村人居环境整治三年行动方案》等文件提出的"2020 年实现人居环境明显改善，增强农民的环境保护意识，推进农村生产生活污染治理，加强村庄规划管理，完善建设和管护机制，农村生活污水治理"等重点任务，全国各地区都开展了农村环境治理规划工作，缓解农村人居环境不平衡状况，解决部分地区环境脏乱差问题，将"村容整洁"升级为"生态宜居"，深化农村环境综合治理体系改革，使得治理工作获得极大成效。

（一）农村生活垃圾系统化治理初见成效

农村生活垃圾就地分类和资源化利用治理成效显著。"十三五"期间，15 万个全国行政村完成农村环境综合治理，完成环境治理基本目标。中国广大农村生活垃圾处置方式主要采用推进"户分类、村收集、就地就近资源化利用"与"户分类、村收集、

---

① 袁双双 . 我国农村环境污染问题中的地方政府监管研究 [D]. 大连：大连海事大学，2017.

乡转运、县处理"相结合的就地分类处理模式，污染治理工作从宏观粗放向微观细致方向发展，加快了污染信息传输速度，提升了农村垃圾治理效率。到 2021 年农村生活垃圾处置体系覆盖率 90% 以上，生活垃圾进行收运处理的行政村比例超过 90%，农村垃圾山、垃圾围村、工业污染"上山下乡"等现象明显改善。有条件的地区还推行了适合农村特点的资源化利用方式，分拣厨余垃圾、农作物秸秆等有机废弃物，经过技术转化为有机肥料，不仅降低碳排放，还提供农用有机肥料，降低土壤的污染程度。

（二）农村"厕所革命"理念深入人心

农村"厕所革命"加强了厕所粪污治理，推动了农村环境综合治理基础设施建设。中央财政加大农村基础设施建设财政投入力度，加强卫生厕所改造和粪污治理，积极响应"厕所革命"。2019—2020 年中央财政安排 144 亿元，以先建后补、以奖代补等方式，推动东部地区、中西部城市近郊以及其他环境容量较小的农村地区，加快推进户用卫生厕所建设和改造，普及不同水平的卫生厕所。引导农村地区新建房配备无害化卫生厕所，有效衔接厕所改造与农村污水处理，将厕所粪污、畜禽养殖废弃物一并处理并资源化利用，精简生活污水处理环节。截至 2020 年年底，全国农村卫生厕所普及率 68%，三年整治行动每年约提 5 个百分点，累计改造农村户厕 4000 多万户 [1]。

（三）农村生活污水处理阶梯推进

农村生活污水处理能力提升，梯级式处理方式效果显著。截至 2020 年年底，农村生活污水治理率为 25.5%，基本建立了污水排放标准和县域规划体系。各地政府根据农村不同区位条件、村庄人口聚集程度、污水产生规模，因地制宜采用污染治理与资源利用相结合、工程措施与生态措施相结合、集中与分散相结合的建设模式和处理工艺，提升农村污水处理能力，加强生活污水源头减量，逐渐消除农村黑臭水体，将农村水治理纳入河长制、湖长制管理。推进城镇污水管网向周边村庄延伸覆盖，采用乡、建制镇、镇乡级特殊区域污水处理厂和污水处理装置，加强污水尾部处理和回收利用。2018—2020 年污水处理厂日处理能力从 2416.7 万立方米提升到 2877.4 万立方米，提高了 19.1%；污水处理装置日处理能力从 1766.1 万立方米提升到 2299.2 万立方米，提高30.2%；全国对生活污水进行处理的乡、建制镇、镇乡级特殊区域总量从 13137 个提升到 15629 个，比例从 45.1% 提高到 55.5%。

（四）村庄规划管理体系逐步完善

村庄规划编制实现基本覆盖。2020 年自然资源部印发《关于进一步做好村庄规划

---

[1] 朱英 . 全国农村卫生厕所普及率超 68%[EB/OL]. 中国政府网（2021-04-08）[2023-02-12].
http：//www.gov.cn/xinwen/2021-04-08/content_5598294.htm.

工作的意见》（以下简称《意见》），提出"结合考虑县、乡镇级国土空间规划工作节奏，根据不同类型村庄发展需要，有序推进村庄规划编制"[①]，要求地方政府因地制宜，因村施策，优化调整村庄布局，加快城镇化建设。在《意见》的指导下，2021年全国地区基本完成县域乡村建设规划编制或修编，加强了对村民住宅建设、市政管网、污水处理等实用性内容建设；提高了乡镇、行政村、自然村规划覆盖率，大部分地区实现村庄规划全覆盖；设置了乡村规划许可管理，建立健全违法用地和建设查处机制，充分衔接县乡土地利用整治规划、村土地利用规划、农村社区建设规划等其他地区规划，对村庄规划编制基层工作人员配置、规划组织、规划内容、规划编制审批等进行了顶层设计和全面部署，提升农村环境综合治理技术和产品的针对性及适用性，发挥基层党政人员的决策与建设作用，最大限度提高土地资源利用效率。

（五）农村人居环境协同治理体系稳步建设

农村人居环境协同治理体系建设能力增强，建设和管护机制趋于完善。在农村环境综合治理过程中，逐渐形成政府主导、村民主体、社会参与的多元治理体系，明确各主体责任，建立制度化、规范化的乡村人居环境管护长效机制，协同发力农村环境治理，坚持农村环境综合治理与乡村振兴同步谋划、同步实施、同步推进。加大农村环保的财税支持力度，完善财政补贴和农户付费合理分担机制，合理规划资源配置，加快了乡村振兴步伐。将环境治理成绩纳入绩效考核标准中，完善行政部门现代化治理体系建设。简化了农村人居环境整治建设项目审批和招投标程序，降低建设成本的同时确保了工程质量。

第四节　农村环境治理与可持续发展

自党的十九大提出实施乡村振兴战略以来，国内自上而下对于农业发展和生态保护之间关系的认识不断深化，2018年以来的农村人居环境综合整治行动扭转了农村长期以来存在的脏乱差局面，村庄整体面貌实现了翻天覆地的变化。但区域发展不平衡、基本生活设施不完善、管护机制不健全等问题，与农业农村现代化要求和农民群众对美好

[①] 自然资源部.自然资源部办公厅关于进一步做好村庄规划工作的意见（自然资办发〔2020〕57号）[EB/OL].（2020-12-15）[2022-05-31]. http://gi.mnr.gov.cn/202012/t20201216_2595353.html.

生活的向往还有差距^①。随着乡村振兴的不断推进，绿色发展、可持续发展等新时代中国特色社会主义发展理念深入人心，农村环境管理也步入了新的发展阶段，农村生态环境保护模式也从以政府为单一主体的管理模式逐渐过渡到公私合作、多方共建的治理模式，即通过合理有效制度规范来引导多主体参与农村环境的治理，对农村的污染排放、生产技术、环境管理制度等进行革新，以实现新时代农村环境的可持续发展。

一、农村环境治理的战略定位

（一）农村环境治理是乡村振兴战略的重要支撑

农村环境治理是乡村振兴的生态基础，是实现农村绿色发展和可持续发展的重要支撑。党的十九大报告中提出乡村振兴战略，要改善农村人居环境、推进乡村生态保护和修复工作，促进乡村的可持续发展。新时代的农村环境治理已经不是只停留在农村环境卫生治理层面，而是对包括生态、经济、文化等要素综合治理，从而实现乡村整体的发展。实施乡村振兴战略，生态环境治理是其中的重要组成部分，农村生态环境不仅关乎农民的身体健康，与农业的持续发展也有着重要联系，因此，农村环境治理是实施乡村振兴战略的重要支撑。

（二）农村环境治理是生态环境保护的关键领域

改革开放后，环境保护就被确定为我国的国策，此后我国农业经济迅速发展，在此过程中农村环境治理的重要性日益突出，出于促进农村可持续发展的要求，推进农村生态环境保护势在必行。农村环境治理是生态环境保护的重要组成部分，随着我国不断推动城市化进程，农村交通闭塞、老龄化程度高的劣势进一步凸显，广大农村普遍存在着生活垃圾处理迟滞、水资源污染、化肥污染等环境问题，农村生态保护面临着很大困难，城乡生态环境差距可能进一步拉大。开展农村生态环境治理工作十分迫切，目前已经成为我国生态环境保护的关键领域。

（三）农村环境治理是生态文明建设的显著标志

我国的农村环境管理工作起步较晚，在改革开放初期关于农村环境保护政策较少且缺乏针对性，直到 1999 年国家环保总局颁布了《关于加强农村生态环境保护工作的若干意见》的通知，对于农村生态环境管理工作作出了具体要求，标志着我国迈出了推进可持续发展和农村生态保护的关键一步。21 世纪初，我国农村经济快速发展，生

---

① 农村人居环境整治提升五年行动方案（2021－2025 年）[EB/OL]. 中华人民共和国农业农村部（2021-12-07）[2023-02-12]. http://www.moa.gov.cn/gk/zcfg/qnhnzc/202112/t20211207_6383987.htm.

态保护也逐渐成为重点工作，2008 年国务院首次召开农村环境保护工作会议，会上强调了加强农村环境保护工作，健全农村环保工作的政策体系，标志着我国农村环境管理的重要性进一步提升 [①]。2012 年，党的十八大把生态文明建设纳入"五位一体"总体布局。此后出台了众多相关政策文件，农村生态文明建设的目标也在这一时期被确定下来。在党的十九大报告中提出实施乡村振兴战略以及后续乡村振兴规划的出台，都提出了具体的农村生态文明建设目标，以实现农村环境保护和乡村振兴的平衡发展。

二、农村环境治理与可持续发展的重点工作

（一）推进农村绿色发展

2019 年 10 月，中央农村工作会议中指出：走中国特色社会主义乡村振兴道路，必须坚持人与自然和谐共生，走乡村绿色发展之路。我国农村地区的未来发展必须坚持绿色发展理念，农村未来的发展不能再以生态环境为代价，必须实施合理有效的农村环境治理，将可持续发展理念作为农村未来发展的主导思想，从而实现农村产业结构的优化调整，促进乡村振兴整体目标的实现。

1. 以绿色发展促进产业发展和生态保护相协调

要实现乡村振兴的目标，关键在于发展农业。在过去，农村的发展通常会带来自然资源开采和消耗，以及大量不可降解废弃物的产出，这与生态保护的原则存在着冲突。但是农村的发展并非一定要对生态环境造成危害，人类与自然本应该是一个和谐共处的整体，而非被人类改造的对象，在绿色发展理念中，自然资源不再被视为一种生产要素，而是发展所要追求的目标，人与自然要实现和谐共生，就不能搞竭泽而渔式的开采，也不能因为环境保护而因噎废食，要在产业发展过程中实现生态保护，在保护中实现产业发展。

2. 以绿色发展保障农业持续健康发展

改革开放后，我国经济在整体上发展迅速，也出现了很大程度上的城乡差距，这种差距不仅体现在基础设施、人才数量和高新技术方面，而且还体现在生态环境层面。主要原因在于农村的发展与生态环境的关系相对于城市来说比较紧密，尤其是城市外部环境的恶化对工业生产的核心产生影响，生产资料可以从外部获取以克服自然环境的不利影响，但是农业生产与生态环境是紧密捆绑在一起的，农业生产过程中对生态环境造成的危害会返还给农业生产自身。由于在工业农业生产中生态环境的地位不同，

---

① 司林波. 农村生态文明建设的历程、现状与前瞻 [J]. 人民论坛，2022（1）：42-45.

所以农业更容易受到自然环境的影响，因而在发展过程中，城乡在自然生态方面的差距也在不断拉大。而绿色发展实现了产业发展和生态保护的统一，生态危机发生的频率和严重程度也会降低，这样就能够实现农村持续健康发展，缩小城乡差距。

3. 以绿色发展提升农村发展潜力

农业生产是我国国民经济发展的根本所在，中国人要把饭碗牢牢地端在自己手里，就要保证农业持续发展。我国工业发展过程中，农村地区资源被大量开采，农村生态环境受到了严重破坏，农村的发展陷入了出卖资源以获取利益的恶性循环中。绿色发展的意义在于避免这样的恶性循环使我国的农业发展陷入停滞甚至是倒退的窘境。通过提高农村自然资源开采利用的成本等措施，保护农村的生态环境，提高农产品的质量和效益，实现农业的高质量发展，保障农村地区的发展潜力。随着我国人民生活水平的不断提高，良好的生活环境也逐渐成为美好生活的重要组成部分，农村生态的优势就得以体现。这为农村地区未来在农业生产的基础上发展加工业、旅游业等产业奠定了良好基础，将生态优势转变为经济优势，极大地提高了农村地区的发展潜力。

（二）持续改善农村人居环境

农村人居环境整治是实现乡村发展的重要基础，这也是乡村振兴的必然要求，但是我国农村地区普遍存在着住房水平差异较大，排水、交通、垃圾处理等基础设施和公共服务设施落后等情况，这就需要各地政府因地制宜，合理选择适合当地情况的农村人居环境整治方式。

目前，农村人居环境的重点在于住房条件改善、垃圾污水治理和厕所革命这三个方面。首先，住房条件是农村人居环境整治的重要基础，高质量住房是改善人居环境最明显也是最有效的方式，当前政府已经采取集中化的整治方式，以改善居住条件为主导，同时建设各项配套设施，奠定好农村人居环境整治的基础。下一步应当建立相关的保障措施，包括政策、资金和组织方面的协调和支持，为良好的农村住房条件提供长期保证。其次，针对垃圾污水治理，当前农村生活污水治理工作已经统筹建设了生活污水处理设施，有效解决农村主要的污染源。下一步应当建设污水水质监测平台，提高农村水环境的预警和恢复效率，为农村生活污水治理长效发展打下坚实基础。最后，农村改厕是农村人居环境改善的重要内容之一，各地根据实际情况选择适宜的改厕模式，积极推动农村厕所粪污资源化利用。下一步应当建立改厕后续管护机制，定时监测改厕各项指标，推进美丽乡村建设。

（三）加强乡村生态保护与修复

当前我国农村生态环境主要面临着水土流失严重、人均耕地面积减少、资源持续消耗等问题。如果不能对目前所面临的生态危机进行有效解决，将会对农村居民的生活条件和农业的发展形成阻碍，因此需要加强农村地区的生态保护与修复工作，对目前存在的生态问题整合分析，采取有效的生态修复措施，提升农村地区的环境质量。

目前，我国在农村生态保护方面面临的主要问题是缺乏生态保护宣传力度、缺少生态保护的财政投入、农业技术相对薄弱。面对这些问题，首先要加强农村生态宣传保护的力度，加强农村居民对于生态保护政策的了解，同时也要保证农村居民的监督权以调动其积极性，从而使农村居民认识到农村生态保护及监督工作是对自身利益的维护；其次要加大相关的财政投入，政府应当将农村生态保护与修复工作纳入公共服务的基本内容，注重经济效益和生态效益的共同实现；最后要强化科学技术在生态保护和修复方面的运用，为农村生态保护工作提供技术支撑。

三、农村环境治理与可持续发展的保障措施

（一）加强宣传，提高农村居民生态文明意识

农民是农村生态文明建设的主体，要想推进现代农村的生态文明建设就要从农民入手，首先就要向农民群众宣传生态文明知识，使农民树立起现代化的生态文明意识，能够以正确的眼光看待自然，并且做到保护自然、尊重自然、爱护自然。鉴于当前农村普遍生态意识缺乏的现象，政府可以通过互联网传媒手段向农民宣传生态文明理念，加强村民的精神文明建设，通过生态文明建设促进农村可持续发展。

（二）完善制度体系，促进生态文明建设

完善的制度体系是农村环境治理和可持续发展得以顺利实现的重要保障，对农村生态文明建设的制度体系的健全完善不仅有利于推动农村的持续健康发展，而且也为农村环境治理提供了有效的法治保障。因此，各地区要根据当地的实际发展情况，对生态文明建设的相关制度进行科学制定，对农村生态文明建设做出切实保障。

（三）强化经济管理，发展绿色经济

过去，"唯GDP论"使得地区在发展经济时常常忽略其他要素，尤其是生态环境。在改革开放的前三十年，我国经济腾飞就是以自然资源和生态环境为代价的，这种管理方式无法实现社会的可持续发展，所以我们现在并不单纯以经济发展为指标，而是综合看待一个地区发展，实施"绿色GDP"就是扣除环境管理不善所带来的自然资源退化、环境污染等造成的潜在经济损失，这样的管理方式更加注重环境要素，也能为农村的绿色发展提供保障。

（四）构建绿色产业体系，优化生态文明建设要素

绿色产业是指能够促进生态文明建设和可持续发展的产业，一方面有利于贯彻绿色发展理念，是实现乡村振兴目标的内在要求，另一方面也是推进农村地区产业升级的重要动力。农村的产业发展需要向集成化、环境友好型产业发展，因此要对传统的农村产业进行转型升级，控制污染排放与资源回收。同时引进先进技术和优秀人才，为农村产业绿色健康发展提供条件，在专业人员的指导和规划下，优化农村生态文明要素配置，使农村的环境得到切实改善。

思考题

1. 我国当前农村环境管理的重点领域有哪些？

2. 农村环境污染的主要类型有哪些？如何减少这些方面的污染？

3. 谈谈你对生态宜居美丽乡村建设活动的看法。

4. 随着城乡在生态文明建设方面的差距不断拉大，我们应该采取何种措施缩小该方面的差距？

5. 农村环境管理与其他区域环境管理相比有何特点？该如何利用这些特点对农村环境进行治理？

案例分析

案例材料 1：古郊乡马圈村农村人居环境"六乱"整治

马圈村紧邻棋子山国家森林公园，地处太行一号线经济带，是全市"百村百院"重点康养特色村之一，良好的生态和人居环境是马圈村的优势之处，也是实现乡村振兴的关键所在。农村人居环境"六乱"整治工作开展以来，马圈村坚持党建引领，切实解决村庄"村边、屋边、路边"环境问题，擦亮康养马圈"金字招牌"。

一是强引领，让党旗在整治一线飘扬。农村人居环境"六乱"整治，关键在党的领导。马圈村党支部及时召开全体党员会议，成立了以党支部书记为组长的整治领导小组，制定了环境整治实施方案。到整治冲刺期，党支部每两天召开一次碰头会，及时协调解决整治中出现的问题。

二是建台账，清单式推进问题清零。紧盯交通沿线、村庄街巷、农户庭院、田间地头等整治重点，马圈村环境整治领导小组进行了 2 轮地毯式排查，对排查出需要治理

的30余处点位全部建立工作台账，确定治理责任人，清单化推进，直至全部问题清零。

三是啃硬骨，解决影响环境"老大难"。马圈村以"六乱"整治工作为契机，积极协调各方面资源，重新选址修建羊圈，并多次与户主进行沟通，最终达成搬迁意愿。最后，全村党员齐上阵，利用一天时间将羊圈搬迁并拆除原破旧羊棚，至此，困扰全村多年的羊圈问题得到彻底解决。

四是抓整合，推进基础环境设施提升。马圈村的大路沟自然村地势特殊，村内原有道路现已破败不堪，对群众生活和出行造成极大不便。马圈村充分听取群众呼声，合理使用资金，投资20余万元完成对大路沟村内道路整治，实现道路全面硬化、美化。

五是建立红黑榜，激发广大群众参与热情。为充分发挥家庭在农村人居环境"六乱"整治中的基础作用，经村民代表大会同意，马圈村将每年两次评选3户"星级文明户"和5户"美丽庭院"，分别给予500元和300元的现金奖励，并进行为期半年的红榜表扬。

农村人居环境"六乱"整治工作开展以来，马圈村共发动党员干部、群众700余人，出动农用车220余辆，动用大型机械80余小时，共铺设道路2000余平方米，拆除残墙断壁800余平方米，清理2千米道路两旁的垃圾、杂草，治理河道120米，清运垃圾330吨，新建宣传墙15米，用环境整治实际成效擦亮了康养马圈的"金字招牌"。

——资料来源：古郊乡农村人居环境"六乱"整治典型案例——马圈村[EB/OL].陵川县人民政府网（2021-08-24）[2023-02-12]. http：//www.lczf.gov.cn/phone/zxzx/xzdt/202108/t20210824_1457758.shtml.

案例材料2：古郊乡松庙村农村人居环境"六乱"整治

自农村人居环境"六乱"整治工作开展以来，松庙村继续坚持党建引领，把美丽松庙建设作为工作主线，通过优化设施、拆除违建、垃圾分类、日常保洁、爱国卫生运动等方式，坚持不懈狠抓人居环境整治，取得显著成效。

一是加强基础设施建设。在乡政府的大力支持下，进一步完善村庄路面和上下水网改造，确保村民饮用水安全。扎实推进木屋、民宿配套设施建设，边坡护栏架设基本完成，步行栈道铺设初具规模，村内水渠、河道清淤深入开展，为建设美丽松庙奠定坚实基础。

二是开展拆违专项行动。在全村范围内开展"拆违控违，清脏治乱"专项行动，美化村容村貌，改善居住环境。拆除私搭乱建，清理乱堆乱放，清理废弃堆物。积极开展消防安全和防汛工作，检查木屋 22 间、民宿 4 间、青年旅社 14 间、农家乐 6 间，地毯式排查村民汛期安全隐患，及时组织村民转移安置和集中安置，增强防火防汛意识，及时处理安全隐患，避免重大安全事故发生。

三是持续实施垃圾分类。全面实施垃圾分类，松庙村公共区域设置可回收、厨余、有害、其他等四种不同颜色垃圾桶，组织村民进行垃圾分类培训，提高知晓率、参与率、准确率。村民每天将分类的垃圾放置在垃圾分类桶中，由专人收集运输到垃圾回收站，保证做到垃圾日清、村庄卫生。

四是组建村容整洁队伍。动员村民和社会力量组建松庙村村容整洁队伍，定期清扫马路、卫生间、停车场、滑草场等公共区域，保证村庄干净整洁。广泛宣传推广各地好典型、好经验、好做法，努力营造全社会关心支持松庙村人居环境整治的良好氛围。

——资料来源：古郊乡农村人居环境"六乱"整治典型案例——松庙村 [EB/OL]. 陵川县人民政府网（2021-08-24）[2023-02-12]. http：//xxgk.lczf.gov.cn/xzjd/lcgjx/fdzdgknr/gzdt/202108/t20210814_1452932.shtml.

案例材料 3：云寨村推进农村人居环境整治擦亮乡村"底色"

长垣市蒲西街道云寨村的油菜花明媚了蒲城的整个春天。在这里，每一条街道、每一个院落、每一面文化墙，都浸润着乡愁韵味。云寨村是全国环境整治示范村、河南省精神文明创建先进村、河南省生态文明创建示范村。

"前几年，我们村的生活垃圾、建筑垃圾到处都是，大风一起，塑料袋便满天飞。"村民邢照娥笑道，自 2018 年新一届村"两委"上任后，村容村貌一天比一天好。"村里现在都是整齐的房子、干净的街道、常青的绿植，生活环境好了，我们都不好意思乱倒垃圾了。"

如今，云寨村的每条街巷都有独特的景观，绿树摇曳、花团锦簇。该村还以花为主题，对 3 街 12 巷墙体进行改造，建设景观墙 8 个，完成墙体绘画 1.2 万平方米，建设了污水管网和小型污水处理厂，并将 4 个垃圾坑打造成东、西、南、北 4 个湖，水资源实现了水系连通、循环利用的良性循环。

村里环境好了，到云寨村游玩的人也越来越多。看着热闹的村庄，云振胜笑道："村里每年都会举办各种活动，像灯展活动，每年综合盈利达 176 万元，村集体收入13.4 万元，户均分红收入约 3300 余元。今后，我们还将举办风车节、啤酒烧烤节等活动，以此凝聚人心、共谋发展，助力乡村振兴。"

近年来，河南省大力推进人居环境整治工作，不断改进工作方法，创新工作思路，强化责任担当，使全省农村净起来、绿起来、亮起来、美起来。如今，在辽阔的中原大地上，无数乡村正在发生日新月异的变化，人居环境的改善让乡村成为充满魅力和希望的沃土，更激活了乡村振兴的一池春水。

今年河南省委一号文件提出，加强农村人居环境整治提升，实施"治理六乱、开展六清"集中整治行动，用半年时间彻底扭转农村脏乱差局面。同时，从今年开始，河南省还将开展美丽乡村"十县百镇千村"示范创建，集聚资金、项目、政策等支持要素，每年打造10个美丽乡村示范县、100个美丽小镇、1000个四美乡村，以示范创建为引领，带动全省美丽乡村建设全域推进、整体提升。

——资料来源：推进农村人居环境整治 擦亮乡村"底色"[EB/OL]. 中华人民共和国农业农村部（2022-05-05）[2023-02-15]. http：//www.moa.gov.cn/xw/qg/202205/t20220505_6398294.htm.

案例材料4：秀洲区农村人居环境整治擦亮乡村振兴底色

近日，根据全区农村人居环境整治"四季赛"工作计划，秀洲区美丽乡村办组织人员对各镇农村人居环境整治工作推进情况进行督查暗访，并评选出三季度农村人居环境"红旗奖""蜗牛奖"，秀洲区王江泾镇洪典村获评"红旗奖"。

从"蜗牛奖"到"红旗奖"的逆袭

在去年的全区农村人居环境整治评比中，洪典村被评为"蜗牛奖"。一年时间，洪典村成功逆袭，在今年全区农村人居环境整治工作三季度评比中，从落在后面的"蜗牛"华丽变身为快步赶超的"骏马"，被评为"红旗奖"。

如何实现华丽逆袭？"去年我们领到'蜗牛奖'后，进行了深刻的自我检讨，根本原因是我们不够重视，所以我们召开村两委会议，村班子、党员群众一起下决心，要通过一年时间把洪典村人居环境的面貌彻底改变。"洪典村党总支书记夏黎萍表示。

为了打好这场农村人居环境整治硬仗，洪典村从思想上积极引导，通过悬挂横幅标语、发放宣传折页、垃圾分类日常劝导等方式，结合平时网格大走访，晓之以理，动之以情，逐步改变村民生活习惯。同时，在大网格内设立小网格，由6名村干部认领，对农村人居环境整治工作不定期巡查，杜绝生活污水直排、沉船、露天粪桶等现象，发现问题及时整改，并联合养护单位对已接入农村生活污水管网的农户设施进行定期维护。

从"一处美"到"处处美"的蝶变

为确保农村人居环境整治工作有力推进，王江泾镇成立以书记、镇长为双组长的农村人居环境整治提升工作领导小组，将人居环境整治作为重点工作抓在手上、摆在案上，并严格落实班子成员亲自抓、联村干部重点抓、村（社）书记具体抓、网格员包户抓、居民群众各自抓的工作机制，分区包干，压实网格化管理，切实让农村环境整治提升，层层有人抓，事事有人管。

聚焦全域秀美，王江泾镇组织工作人员开展滚动式排查，充分利用"清、理、拆、改、建"等措施，推动人居环境整治由"一时清洁"向"常态清洁"转变。"在此基础上，我们还推进农村人居环境整治样板点提质扩面，在每个行政村打造2个样板点基础上，自我加压新增村党组织书记领办点整治，进一步强化示范引领作用，全面扭转人居环境整治被动局面。"王江泾镇相关负责人说。

——资料来源：农村人居环境整治擦亮乡村振兴底色.[EB/OL].秀洲区人民政府网（2022-10-24）[2022-10-01]. http://www.xiuzhou.gov.cn/art/2022/10/24/art_1684823_59207135.html.

结合以上材料，请分析：

1. 云寨村人居环境综合治理运用了哪些促进乡村可持续发展的理念和措施？

2. 古郊乡马圈村和松庙村的人居环境整治行动体现了农村环境综合治理的哪些原则？

3. 结合你的个人经历和秀洲区农村环境整治的案例，谈谈农村环境整治的重点和难点表现在哪些方面。

第七章　流域环境管理

　　流域环境管理是生态环境管理的重要组成部分，直接影响社会公众的生活环境质量与地区经济社会发展。不论是上古时期大禹治水的神话传说，还是现代流域综合治理，都是人类开展流域环境管理工作的生动体现。党的二十大报告指出，要深入推进环境污染防治，统筹水资源、水环境、水生态治理，推动重要江河湖库生态保护治理。流域环境管理和综合治理已成为新时代生态环境保护与治理的重要领域。本章对流域管理的相关概念、实践历程及流域环境问题产生根源进行系统梳理，对流域环境管理基本模式与管理制度进行归纳总结，进一步阐释流域环境综合治理的基本内容与重点领域，并提出实现流域环境治理能力现代化的实现路径。

第一节　流域环境管理概述

一、流域环境管理的基本内涵

　　流域是一种重要的自然环境单元，也是一种重要的社会经济发展单元。流域环境管理指囊括对流域内各项资源的开发、利用、保护及对流域生态系统的综合管理，其核心包括流域水资源与水质量管理、流域防汛抗旱减灾管理、流域水土保持及水土工程建设管理等多方面内容。因流域分布的地理特点，流域环境管理具有跨域性、条块性及协调性的特点。

　　（1）跨域性。跨域性不仅是江河湖泊最根本、最鲜明的特性，亦是流域环境管理的基本特性，即不仅管理对象本身是跨越多个地理区域，其治理主体亦体现出多元化特征，横跨不同的行政区域、行政层级、部门藩篱，贯穿流域环境治理的各个环节。

　　（2）条块性。流域环境管理的条块性是指由于行政区划设置所引致的行政部门间分隔，与职能分工设置所引致的职能部门间分隔，使得流域环境管理呈现出"条块分割"的管理态势。这一特性在流域内各行政单位之间、各职能部门（如水利部门与生态部门）之间就流域生态环境开展协作时尤为明显。

（3）综合性。流域环境管理的综合性指由于流域环境管理是由生态环境、政治、社会、经济发展等方面因素交织而演变而来的一种管理模式，其自身必须从立法、司法、执法、经济发展、教育及技术手段等多种方式出发开展管理工作，因而具有高度的综合性特征。

二、流域环境管理实践的发展历程

（一）新中国成立初期流域环境管理实践

1. 流域环境管理实践概况

新中国成立后，我国流域环境管理开始走上新的道路，但到改革开放前，仍处于起步阶段。起步阶段可以从两个方面来理解，即流域机构建设和环境保护兴起[①]。新中国成立前后，政府通过接管或新建等方式建立起新政权的流域管理机构。全国各大流域都设立了流域管理机构，以兴利除弊，支持农业生产。1949 年，水利部在北京召开各解放区水利联席会议，决定设立黄河水利委员会、长江水利委员会、淮河水利工程总局三大部属水利机构；各大行政区及内蒙古自治区人民政府设水利机构，各省及专区、县设立水利局（科），实行双重领导。

新中国成立初期，我国的流域管理机构基本沿袭新中国成立前的建制和职能，承担部分流域环境管理职责，比如水土保持、河道整理等。由于国家政治形势的变化和行政机构设置的变动，各流域管理机构名称与职责都发生了大小不等的变化。随着我国流域水污染问题的凸显，流域环境管理得到党和国家领导人的高度重视。第一次环境保护大会的召开和国务院环境保护领导小组的成立，标志着流域环境保护开始受到全社会关注。

2. 流域环境管理方式、手段及方法

在管理方式、手段及方法方面，这一阶段流域管理机构依靠流域水利机构进行简单的纵向垂直管理。在此情况下，流域环境保护问题还是引起部分领导人的重视，于1960 年派出检查组调查研究松花江水污染问题。但由于当时政治经济问题更为突出，流域环境保护问题因此被搁置。1971 年，针对工业"三废"污染问题，国家计划委员会设立了"三废"利用领导小组，在此基础上国家于 1974 年成立国务院环境保护领导

---

① 王资峰.中国流域水环境管理机构演变论析 [J].云南行政学院学报，2012，14（6）：85-89.

小组，这是新中国成立后设立的第一个环境保护机构，设置于国家宏观调控部门内部，一方面充分表明环境保护工作涉及多个职能部门，处理十分复杂的公共事务；另一方面亦体现出中央政府对环境保护问题的重视以及国家层面开展环境保护工作的组织架构，为后续生态环境治理与保护奠定组织基础。

3. 流域环境管理成效

新中国成立直至改革开放前，我国各级政府在国家层面以及地方层面都对流域环境管理体制进行了初步探索，如在国家层面，为治理海河流域污染问题、保障首都用水安全，我国第一个跨省市的流域水污染防治机构——"官厅水库水资源保护领导小组"正式成立。我国政府在该阶段已意识到流域环境保护的重要性，相继成立了黄河、淮河、长江、松花江、珠江和太湖等流域保护领导小组[①]。在中央政府层级权威的推动下，流域污染防治的跨省区协作问题得到有效解决。然而，随着各项工作的开展以及国内外环境保护活动的日益增多，这种由中央设置的临时性非专设机构无法适应流域环境管理的工作需要。但该阶段我国关于流域环境管理机构建设所进行的初步探索及积累的实践经验，为后续流域环境管理奠定了初步基础。

（二）改革开放后流域环境管理实践

1. 流域环境管理实践概况

改革开放以来，党和国家领导人对环境保护事业的重视得以延续，我国环境保护事业进入一个新的阶段。尤其是 1979 年《中华人民共和国环境保护法（试行）》的颁布实施，成为流域环境管理转变的显著标志。流域环境管理体制进入转变阶段，逐步从辖区管理走向流域管理，从零碎管理走向系统管理，从忽视水污染防治转向重视水污染防治。这个阶段的显著特征表现为三个方面：一是国家层面的环境法治建设正式起步；二是国家逐步建立起初步的环境保护行政管理组织体系；三是流域机构把环境管理作为重要职能，并与环境保护部门开展业务协作[②]。

2. 流域环境管理方式、手段及方法

这一时期的流域环境管理方式、手段及方法体现在以下几方面：一是在环境法治建设方面，从新中国成立到改革开放前，我国环境保护机构建设初步展开。然而环境法治建设处于滞后状态，环境保护缺乏基本法律依据。改革开放以来，我国颁布实施了一系列环境保护法律，为流域环境管理提供了初步的法律依据。1979 年，第五届全

---

① 水利部太湖流域管理局. 历史沿革 [EB/OL]. （2019-12-08）[2022-05-25]. http：//www.tba.gov.cn/slbthlyglj/lsyg/lsyg.html.

② 王资峰. 中国流域水环境管理体制研究 [D]. 北京：中国人民大学，2010.

国人民代表大会常务委员会第十一次会议原则通过《中华人民共和国环境保护法（试行）》，首次以部门法律的形式细化我国宪法，要求各级政府、企业和事业单位设立环境保护相关机构并做好环境保护工作。1989 年，第七届全国人民代表大会常务委员会第十一次会议通过《中华人民共和国环境保护法》。该部法律较 1979 年的环境保护法更为成熟，规定更准确，操作性更强，至今仍然有效。这部法律的颁布实施，成为我国环境保护事业发展的里程碑，既是对我国以往环境保护事业的肯定，也为未来环境保护事业提供了基本法律保障。

二是在流域管理组织体系建设方面。国务院环境保护领导小组成立后，全国各地的政府、企业和事业单位内部也建立了相应的环境保护专门机构，然而由于法律地位不够明确，这些机构的设置仍处于临设阶段。1982 年，国务院成立了城乡建设环境保护部，内设环境保护局，代行国务院环境保护领导小组办公室职权。1984 年，国务院环境保护委员会成立。同年，国务院设立国家环境保护局，作为国务院环境保护委员会的办事机构，由城乡建设环境保护部管理，委员会主任由国务院领导成员兼任，副主任和委员由委员会成员单位的部长、副部长或其他领导成员兼任。委员会的办事机构是国家环境保护局，负责日常工作。2008 年，国务院设立环境保护部，使得中央政府环境保护部门第一次进入国务院组成部门序列，能够参与国务院重大决策。

在国家环境管理体制逐步建立的同时，流域管理机构也经历着同样的变革。在国家层面，1983 年城乡建设环境保护部、水利电力部联合发布《关于对流域水源保护机构实行双重领导的决定》（〔1983〕城环字第 279 号），决定对长江、黄河、淮河等五个流域的水资源保护局（办）实行水电部和建设部双重领导，以水利电力部为主的体制，并明确了流域水源保护机构的六项任务。随后，各流域水资源保护机构更名为水利电力部、城乡建设环境保护部 ××× 流域水资源保护局（中心）。

3. 流域环境管理成效

总的来说，随着国家环境保护机构的建立健全以及对环境保护重视程度的提高，流域管理机构逐步与环境保护部门展开流域环境保护协作。此外，为加强流域环境保护机构的协调能力，中央职能部门更多地吸纳地方政府参与流域水资源保护。在中央政府与地方政府的共同努力下，流域环境保护组织形式日趋多元。不难看出，流域环境管理体制变迁的深化阶段也是矛盾集中凸显的阶段。矛盾突出表现为环境保护行政机构建设与职责功能的不匹配、环境保护部门与水利部门职责权限不协调、其他相关部门职责功能不健全等方面，也表现为地方政府之间的协调不足、中央政府权威难以保障等方面。

（三）党的十八大以来流域环境管理实践

1. 流域环境管理实践概况

2012 年，基于新的历史起点，着眼于中华民族伟大复兴的长远目标，党的十八大作出"大力推进生态文明建设"的战略决策，并在十八大报告中详细论述了生态文明建设的各方面内容。2015 年，《中共中央 国务院关于加快推进生态文明建设的意见》正式印发，从九大方面充分阐释了生态文明建设的宏伟蓝图，为流域精准治理奠定基础。2016 年、2019 年，国家分别于重庆、郑州召开长江经济带发展座谈会、黄河流域生态保护和高质量发展座谈会，于会上就这两大流域经济社会发展与生态环境建设问题进行探讨商议，并建立其相应流域协调领导机制，为我国境内其他流域综合治理提供借鉴。2022 年，党的二十大报告中再次强调推动黄河流域生态环境保护和高质量发展；统筹水资源、水环境、水生态治理，推动重点江河湖库生态保护治理，进而推动绿色发展，促进人与自然和谐共生。

总的来说，党的十八大以来以生态文明建设为总抓手、以"绿水青山就是金山银山"新环保发展理念的国家生态环境保护治理工作不断深入人心，这些都为流域环境管理工作在治理氛围上奠定基础，亦成为我国流域环境管理进入新时期的显著标志。

2. 流域环境管理方式、手段及方法

党的十八大以来，以国家生态文明建设为指导，国家生态保护工作取得长足发展。国家流域生态保护及环境管理方面的管理方式、手段及方法体现在以下两个方面：

一是明确流域管理主体，成立流域管理组织机构。2018 年，不再保留环境保护部，组建生态环境部，强化环境保护中的生态意识，这反映了国家环境保护意志的强化趋势。在流域管理方面，领导小组管理体制逐渐成为流域管理主管机构，国家先后于2014 年、2019 年成立"推动长江经济带发展领导小组"及"黄河流域生态保护和高质量发展领导小组"。"领导小组"基于流域管理的宏观角度对其全局进行统筹协调管理。

二是厘清流域管理职责，协调水利–环保职能开展。为了应对复杂的流域管理公共事务，破除流域海域生态环境监管所存在的种种问题；为流域生态环境治理工作提供专业技术指导、提供流域治理成效的评价依据，在环保工作方面国家于中央层面对水利–环保职能定位进行界定分工。在生态环保方面，国家于 2019 年针对长江流域、黄河流域、淮河流域、海河流域北海海域、珠江流域南海海域、松辽流域、太湖流域东海海域七大国家重点流域（海域）分设七大流域（海域）生态环境监督管理局。新成立的七大流域（海域）生态环境监督管理局负责流域生态环境监管和行政执法相关工作；在水利工作方面，水利部门基于自身职能属性，就流域水资源管理、水利设施建设等方面强化统筹协调体系建设以提升流域水利管理能力和水平。

3. 流域环境管理成效

通过一系列管理方式、手段及方法，新时期以来我国流域生态环境建设取得积极成效。以黄河流域为例，黄河流域生态状况变化遥感调查评估结果显示，2000—2019年，黄河流域植被覆盖度整体大幅提升，平均值由24.0%升至38.8%。黄河上游地区气候呈"暖湿化"趋势，优良等级森林、灌丛和草地生态系统面积比例增加。此外，2020年在长江、黄河、淮河、海河、珠江、松花江和辽河等七大流域开展水生态状况调查监测试点工作，评价结果显示，3641个国家地表水考核断面中，水质优良（Ⅰ～Ⅲ类）断面比例为88.2%，全国重点流域水生态状况以中等良好状态为主，优良状态断面（点位）占35.7%，中等状态占50.4%，较差及很差状态占14.0%[①]。生态文明建设使得人民群众生态环境获得感显著增强，全面建成小康社会的绿色底色和质量成色得以增强。

第二节　流域环境管理的主要内容

一、我国主要流域及其环境问题分析

（一）主要流域

流域，指由分水线所包围的河流集水区，常以地表水的分水线来划分流域的范围，指该水系从源头到入海间所影响的地理生态单元。流域内的水流能直接或间接流入海洋的，称为外流流域；仅流入内陆湖泊或消失于沙漠之中的称为内流流域。全世界外流流域的面积占全世界陆地总面积的80%，内流流域占20%。中国外流流域的面积占全国陆地总面积的63.8%，内流流域面积占36.2%。流域是对河流进行研究和治理的基本单元[②]。

1. 长江流域

长江发源于"世界屋脊"青藏高原的唐古拉山脉各拉丹冬峰西南侧，是我国第一大河。长江干流自西而东横贯中国中部，流经青海、西藏、四川、云南、重庆、湖北、

① 中华人民共和国生态环境部.2020中国生态环境公报[EB/OL].（2021-05-26）[2022-05-25]. https：//www.mee.gov.cn/hjzl/sthjzk/zghjzkgb/202205/P020220527581962738409.pdf.

② 中华人民共和国水利部.流域[EB/OL].（2016-12-22）[2022-05-25]. http：//www.mwr. gov.cn/szs/mcjs/201612/t20161222_776375.html.

湖南、江西、安徽、江苏、上海 11 个省、自治区、直辖市，于崇明岛以东注入东海，全长约 6300 千米，居世界第三位，流域面积达 180 万平方千米，约占中国陆地总面积的 20%；长江干流宜昌以上为上游，长 4504 千米，流域面积 100 万平方千米，其中直门达至宜宾称金沙江，长 3464 千米。宜宾至宜昌河段习称川江，长 1040 千米。宜昌至湖口为中游，长 955 千米，流域面积 68 万平方千米。湖口至出海口为下游，长 938 千米，流域面积 12 万平方千米[①]。

长江流域蕴含着丰富的生物资源、矿产资源、旅游资源、流域环境资源等生态资源，是我国流域环境构成的最主要部分，亦是流域治理组成的重要部分。

2. 黄河流域

黄河是中华民族的母亲河，流经青海、四川、甘肃、宁夏、内蒙古、陕西、山西、河南和山东 9 个省区，于山东省东营市注入渤海，黄河东西长约 1900 千米，南北宽约 1100 千米，全长约 5464 千米，是我国重要的生态宝藏和经济发展的黄金地带。黄河流域面积 79.5 万平方千米（包括内流区面积 4.2 万平方千米）。河口镇以上为黄河上游，河道长 3472 千米，上游流域面积 42.8 万平方千米；河口镇至桃花峪为中游，河道长 1206 千米，中游流域面积 34.4 万平方千米；桃花峪以下为下游，河道长 786 千米，下游流域面积 2.3 万平方千米[②]。由于上中游黄土高原的水土流失，黄河亦成为世界上含沙量最大的河流。

黄河流域是中华文明的重要发源地，亦是资源丰富、具有巨大发展潜力的地理生态区域，治理和开发黄河，对保证全国经济、社会的可持续发展有十分重要的意义。

3. 珠江流域

珠江，又名粤江，是中国流量第二大河流，因流经海珠岛而得名，是东、西、北三江及下游三角洲诸河的总称，发源于云贵高原乌蒙山系马雄山，流经范围涵盖中国中西部六省区及越南北部。珠江全长 2214 千米，流域面积约为 45 平方千米，其长度及流域面积均居全国第四位。珠江流域面积广阔，多为山地和丘陵，占总面积的 94.5%，平原面积小而分散，仅占 5.5%。珠江流域蕴含丰富的水能资源、矿产资源及旅游资源[③]。

---

① 中华人民共和国水利部 . 长江 [EB/OL].（2014-09-15）[2022-05-25]. http：//www.mwr.gov.cn/szs/hl/201612/t20161222_776387.html.

② 黄河网 . 黄河综述 [EB/OL].（2011-08-14）[2022-05-25]. http：//www.yrcc.gov.cn/hhyl/hhgk/zs/201108/t20110814_103443.html.

③ 中华人民共和国水利部 . 珠江 [EB/OL].（2014-08-06）[2022-05-25]. http：//www.mwr.gov.cn/szs/hl/201612/t20161222_776382.html.

4. 淮河流域

淮河是我国七大江河之一，发源于河南省桐柏山太白顶西北侧河谷，流经湖北、河南、安徽、江苏四省，于江苏省扬州市三江营入江。淮河流域地跨湖北、河南、安徽、江苏、山东五省四十地市。淮河流域东西长约 700 千米，南北宽约 400 千米；以黄河故道为界，可分成淮河和沂沭泗河两大水系。淮河干流全长约为 1000 千米，流域面积约为 27 万平方千米，其中沂沭泗流域面积约为 8 万平方千米①。

淮河流域土壤肥沃，人口密集，是我国粮油生产、能源矿业、基础制造的重要基地，亦是京九、京广、京沪三大南北大动脉及欧亚大陆桥的汇集之地，是我国流域治理的重要组成部分。

（二）流域环境问题

1. 水资源时空分布不均导致的水旱灾害

受地理环境、气候条件以及人多水少、水资源供需矛盾等影响，重点流域经常出现水资源时空分布不均现象②。这种现象的出现往往会导致水旱灾害的发生。水旱灾害由洪涝灾害与干旱灾害所共同组成。洪涝灾害分为洪水灾害和雨涝灾害。其中，洪水灾害指因自然因素如台风、强降雨等导致的水量陡增，致使水体水位上升、泛滥、山洪暴发等所造成的自然灾害，其按类型可分为暴雨、融雪、风暴潮、冰凌洪水等；雨涝灾害则指因降水量过大或降水时间过长，地面因各种因素所导致的排水不及时，致使房屋建筑、人群受淹受困的自然灾害，其按类型可分为春、夏、秋、夏秋涝等。洪水灾害与雨涝灾害往往同时发生，二者间难以清晰界定，故常统称为洪涝灾害。流域本身具有汇流、蓄水、调节的功能，但现实中河道泥沙淤积、河道堵塞不畅通等问题导致流域的防洪聚集和分散过程失衡，水资源调节功能降低。据统计，1950—2020 年，全国因洪涝受灾面积 67640.837 万公顷，死亡人口 283540 人，倒塌房屋 12281.57 万间，直接经济损失 48354.11 亿元（1990—2020 年数据），年均值分别为：952.688 万公顷、3994 人、172.98 万间、1559.81 亿元。

干旱指因降水稀少，无法满足生物生存及发展需要的一种气候现象，干旱往往导致旱灾。所谓旱灾指因干旱所引起的土壤水分不足以致农作物减产歉收、人类及动物因缺乏饮用水而死的一种灾害问题。我国部分河流断流、湖泊萎缩等问题依然严峻，

---

① 中华人民共和国水利部. 淮河 [EB/OL].（2014-09-13）[2022-05-25]. http：//www.mwr.
　gov.cn/szs/hl/201612/t20161222_776385.html.

② 中华人民共和国水利部. 2021 中国水资源公报 [EB/OL].（2022-06-15）[2022-08-25].
　http：//www.mwr.gov.cn/sj/tjgb/szygb/202206/t20220615_1579315.html.

一直是流域生态环境的顽疾。《城市蓝皮书：中国城市发展报告 No.14》中指出，黄河、海河、淮河和辽河等流域水资源开发利用率远超 40% 的生态警戒线，京津冀地区汛期超过 80% 的河流存在干涸断流现象，干涸河道长度占比约 1/4。据统计，1950—2019 年，全国因干旱受灾面积 141867.474 万公顷，粮食损失 115726.2 万吨，饮水困难人口 67511.96 万人（1991—2020 年数据），年均值分别为：1998.133 万公顷、1629.9 万吨、2250.40 万人[①]。

2. 流域系统性矛盾突出引发的水体污染

水体污染指因污染物进入水体，超出水体自身净化能力而导致的水质下降、水体使用价值降低或丧失的环境问题。引起水体污染的原因分为人为污染和天然污染两个方面：天然污染是指因自然因素如火山喷发、水流蚀、岩石风化或水解等所引起水体污染；人为污染则是指人类将生产生活所产生的废水废物排至水体所引起的水体污染问题，常见的有工业废水、农田废水及生活污水排放所引起的水体污染。

目前，流域水体污染主要因人为污染所造成。其根源在于流域水环境污染问题的负外部性所引起的系统性矛盾。具体而言，流域是具有整体性、区域性与关联性的复合系统[②]。这种复合系统使得水污染呈现以点带面、叠加扩散的态势。也就是说一旦在上游地区发生了水污染，若不及时治理，几乎整个流域都会受到影响。同样，中游的水污染也会直接影响到下游和入海口。如上游老城区、城郊接合部区域收集处理污水能力不足所引发的下游城市黑臭水治理难问题；流域工业、养殖业及种植业等所带来的多源污染问题等[③]。据统计，2020 年，长江、黄河、珠江、松花江、淮河、海河、辽河七大流域和浙闽片河流、西北诸河、西南诸河主要江河监测的 1614 个水质断面中，Ⅰ～Ⅲ类水质断面占 87.4%，比 2019 年上升 8.3 个百分点；劣Ⅴ类占 0.2%，比 2019 年下降 2.8 个百分点。西北诸河、浙闽片河流、长江流域、西南诸河和珠江流域水质为优，黄河流域、辽河流域和淮河流域水质良好，海河流域和松花江流域为轻度污染[④]。

---

① 中华人民共和国生态环境部 .2020 中国水旱灾害防御公报 [EB/OL].（2021-12-08）[2022-05-25]. http：//www.mwr.gov.cn/sj/tjgjb/zgshzhgb/202112/t20211208_1554245.html.

② 杨梦杰，杨凯，李根，等 . 博弈视角下跨界河流水资源保护协作机制——以太湖流域太浦河为例 [J]. 自然资源学报，2019，34（6）：1232-1244.

③ 中华人民共和国国家发展和改革委员会 . "十四五" 重点流域水环境综合治理规划 [EB/OL].（2021-12-31）[2022-05-25]. https：//www.ndrc.gov.cn/xxgk/zcfb/ghwb/202201/t20220111_1311768.html.

④ 中华人民共和国生态环境部 .2021 中国生态环境公报 [EB/OL].（2022-5-26）[2022-06-25]. https：//www.mee.gov.cn/hjzl/sthjzk/zghjzkgb/202205/P020220527581962738409.pdf.

可见，水污染绝不是局部性的，而是系统性和整体性的污染。

3. 流域整体性生态紊乱引致的水土流失

流域水土流失是指对因自然因素和人为活动所造成水分和土壤同时流失的现象。流域水土流失不仅使得土壤表层被侵蚀破坏、土地肥力下降，还会淤塞河道、水库等，引发次生洪涝灾害，是流域生态环境治理的重中之重。以黄河流域为例，由于上游植被的破坏或不合理开发，导致流域的中游水土流失现象严重，致使黄河流域水土流失面积 26.42 万公顷，占流域总面积的 33.25%[①]。流域水土流失现象日趋严重的原因在于流域整体性生态紊乱，即人为因素打破了流域生态系统原有自我调节的"阈限"，导致生态系统自我调节能力降低甚至消失，这集中表现为水少沙多、水沙关系不协调等。

水土流失引起的土地贫瘠、河道淤积、生态环境恶化等一系列问题，对我国重点流域生态环境影响巨大。据统计，2020 年，全国共有水土流失面积 269.27 万平方千米。其中，水力侵蚀面积 112.00 万平方千米，风力侵蚀面积 157.27 万平方千米。按侵蚀强度分，轻度、中度、强烈、极强烈、剧烈侵蚀面积分别为 170.51 万平方千米、46.30 万平方千米、20.39 万平方千米、15.34 万平方千米、16.73 万平方千米，分别占全国水土流失总面积的 63.33%、17.19%、7.57%、5.70%、6.21%[②]。可见，治理流域水土流失，刻不容缓。

4. 流域系列生态破坏延伸的次生灾害

次生灾害指由等级高、强度大、破坏力强的原生陡发性灾害所引致的二次灾害或后续灾害，如地震灾害所引发堰塞湖、山体坍塌等次生灾害。流域次生灾害的产生与流域生态环境状况息息相关。流域生态环境状况较好时，自然灾害所产生的危害往往会为生态系统本身所吸收消化；如若流域生态环境较差，则自然灾害所产生的危害往往会因早已恶化破坏的生态系统本身所延伸发展，产生更为严重的次生灾害。

在流域内常见的次生灾害有：因干旱所引起的饥荒、蝗灾；因洪涝灾害引起的山体滑坡、泥石流、水土流失及瘟疫等；因水体污染引起的水体富营养化致使鱼虾死亡，人类罹患水俣病等次生灾害。与原生陡发性灾害相比，次生灾害是灾害链式反应的中间环节，具有传递性和衍生性的灾害特征，其往往持续时间较长，对生态环境、人类及其他生物生存发展带来更为严重的全域性系统性危机。

① 高云飞，张栋，赵帮元，等.1990—2019 年黄河流域水土流失动态变化分析 [J]. 中国水土保持，2020（10）：64-67，7.

② 中华人民共和国水利部 .2020 年中国水土保持公报 [EB/OL].（2021-09-30）[2022-05-25]. http：//www.mwr.gov.cn/sj/tjgb/zgstbcgb/202109/t20210930_1545971.html.

二、我国流域环境管理机构与职责

（一）中央领导机构

1. 领导小组

流域治理是横跨多个地理单元与政府部门、针对各类管理对象、涵盖多样管理内容在内的复合型管理，因其所具备的系统性、整体性及协调性而使得必须要有一种统筹协调性机构来沟通、协调、处理复杂的流域公共事务。在此背景下，流域综合治理领导小组作为一种制度化且行之有效的跨部门间协调机制应运而生。

随着整个国家政治运行的制度化，领导小组这一原本并未见于宪法、法律但实际上发挥着协调决策功能的组织逐渐显化[①]。历次政府机构改革过程中，领导小组以议事协调机构或临时机构逐渐登上政治舞台，成为具有明确行政地位和稳定组织形态结构的行为主体。与此同时，随政府运作过程透明度日益提高并趋于规范，某一领导小组的成立均由相应等级政府或政府办公厅颁布相关规范性政策文件予以正式确认，并以该文件说明这一领导小组的成立缘由、工作目标及成员机构。

流域治理中领导小组这一统筹协调性机构的设立以流域为单位而设立，如以长江流域为单位所设立的推动长江经济带发展领导小组、以黄河流域为单位所设立的推动黄河流域生态保护和高质量发展领导小组等。流域领导小组凭借其特殊的政治定位、机构性质、结构形式和运作方式，能够迅速统筹各类资源、协调与规制流域内各政府部门行动来推动流域治理相关工作的有效开展。

2. 生态环境部

作为专门负责生态环境保护相关工作的中央直属机构，生态环境部是国家机关为实现保护环境的基本国策，整合以往较为分散的生态保护职责，保障国家生态安全，建设美丽中国而设立的生态环境保护与治理的专业机构，是负责流域环境保护与生态治理的主体部门。

1974 年，国务院环境保护领导小组的正式成立标志着我国历史上首个生态环境管理机构诞生，但其特殊的组织形式与性质决定该组织对环境保护工作的作用成效十分有限。1982 年，国家于新成立的城乡建设环境保护部中设环境保护局，环境保护机关的组织性质与架构得以基本确定。1984 年，国务院环境保护委员会正式成立。与此同

[①] 赖静萍，刘晖. 制度化与有效性的平衡——领导小组与政府部门协调机制研究 [J]. 中国行政管理，2011（8）：22-26.

时，城乡建设环境保护部环境保护局改为国家环境保护局。1988 年，中央政府为将环保工作独立析出，将国家环境保护局从城乡建设部中分离，成立独立的国家环境保护局，明确其为国务院副部级综合管理环境保护的职能部门。1998 年，国家环境保护局进一步升格为国家环境保护总局（正部级），作为国务院主管环境保护工作的直属机关的组织性质与组织形态得以确定，并在随后两次机构改革中改组成环境保护部、生态环境部，统筹负责管理全国环境保护与生态治理问题。

3. 水利部

水利部是国家负责水利资源开发利用，统筹水利工程建设安排，指导水资源保护、水土保持、水文及农村水利工作的国务院直属机构。就流域治理而言，水利部职责在于负责流域水资源开发利用、保护及水质水文检测，负责重要流域及重大调水工程的水资源调度，协同其他相关部门做好流域水旱灾害应对与生态保护工作。

作为流域治理机构重要的组成部分，水利部门在各流域分别成立相应的流域水利管理机构，如依托长江流域成立的长江水利委员会、依托黄河流域成立的黄河水利委员会、依托淮河流域成立的淮河水利委员会等。流域水利管理机构作为各流域治理的主体部门，与水利部门下设其他协调支撑性机构如水利部水土保持监测中心等共同构成流域治理水利机关，宏观统筹管理流域水利事务。

（二）流域属地政府

流域属地政府是负责本地区某一流域综合治理的主体部门，与上述生态保护部门、水利部门相比，流域属地政府突出流域治理的综合性与具体性。综合性是指流域属地政府全面负责与本地区某一流域相关的各项治理职责任务；具体性则是指在流域领导小组统筹协调下，在生态保护部门、水利部门的业务指导下，流域属地政府负责流域治理的各项任务的具体执行。

就流域环境管理而言，流域属地政府开展流域生态环境保护治理工作是以"河长（湖长）制"为抓手。"河长（湖长）制"即将流域内大小河流（湖泊）按级划分，并与流域属地各级政府进行匹配，以流域属地各级政府党政负责人担任流域内大小河流（湖泊）生态环境负责人的一种环境保护管理制度。"河长（湖长）制"率先于 2003 年在浙江长兴县开始实践，在取得环保治理积极成效后于 2016 年正式推广全国。目前我国各流域内均已设立河长（湖长）制。从黄河流域河长制（湖长）制实践来看，黄河流域"四乱"问题增量基本得到遏制，河湖面貌明显改善，岸线环境、采砂管理等问题得到明显改善。

（三）流域职能管理部门

1.流域水利部门

如前所述，水利部依托各个流域分设流域水利管理机构，负责各大流域水利设施建设、水文水质监测、水资源保护开发及利用等相关水利工作。在各流域水利部门内部依据不同地域、职能等分设相关机构进行流域水利管理。如黄河水利委员会在沿黄河省份如陕西、山西、河南、山东等省分设河务局，以职能分设水利研究中心、信息中心及移民局等。

2.流域生态监督管理部门

与水利部门相似，生态环保部门亦依托流域分设流域生态环境管理机构，如依托长江流域成立的生态环境部长江流域生态环境监督管理局、依托黄河流域成立的生态环境部黄河流域生态环境监督管理局等。流域生态环境管理机构均实行生态环境部和水利部双重领导、以生态环境部为主的管理体制，依据相关法律、行政法规规定和生态环境部授权或委托，负责水资源、水生态、水环境方面的生态环境监管工作。与此同时，在流域生态环境管理机构内部，亦根据职能分设不同机构开展流域生态保护管理。如长江流域生态环境监督管理局下设监督管理一处、二处及监测信息处等不同处室部门，承担相应的生态保护职能业务。

三、我国流域环境管理的主要模式

（一）属地政府横向环境管理机制

流域属地政府针对特定跨行政区公共事务所开展的合作协商实践是横向流域环境管理机制的发展前提与基础。为破除因行政区划设置而带来的流域治理藩篱，有效解决"条块分割"的碎片化属地治理现状，各流域属地政府在流域生态保护、水利资源开发利用及经济发展等领域纷纷展开合作。

流域属地政府横向流域环境管理机制建构在以各地政府为参与主体、政府间联席会议为参与平台的基础之上。参与各方针对流域公共事务召开府际联席会议，实行承办与召集的轮值制度，联席会议办公室一般置于各流域水利环保机构之中。该类横向流域环境管理机制通过会议形式达成流域管理共识，形成相应的政策文件并用于指导实践，为协调流域内各属地政府利益、推进生态环境管理实践作出巨大贡献。如2021年设立的由15个流域省市所组成的长江流域省级河湖长联席会议机制、2022年成立的由流域9省市所组成的黄河流域生态保护和高质量发展省际合作联席会议等。但就实践来看，这一机制在管理能效方面存在偏"软"问题，对流域各地政府的环境管理行为缺乏硬性约束，必须配合纵向机制方能有效发挥机制能效。

（二）职能部门间纵向流域环境管理机制

职能部门间纵向流域环境管理机制体现在各部门的职能分工方面，其中，生态保护部门与水利部门各自分别形成了一套自上而下的流域管理体系，二者之间差异十分显著。

在流域生态环境管理中，生态保护部门承担着统一监督管理的职责，对水环境改善的最高目标负责。水利部门只在其分管领域内进行环境管理，并不负责整体目标的制定、实施与完成与否。因而就实现目标的手段和优势而言，生态保护部门与水利部门之间存在显著差异。生态保护部门虽有权组织流域环境管理政策及流域水污染防治规划的编制、制定和实施，但仍有大量流域生态环境管理事务并不在生态环境保护部门直接掌控之下。因而在流域水资源开发、利用、水土保持等方面，生态保护部门所掌握的信息远远不如水利部门全面可靠。然而在流域环境政策标准把握、水环境保护等方面生态保护部门显然具有更加充分的信息和科学的理解。如果生态保护部门和水利部门能够充分协作，则双方各自优势都可以得到发挥，共同提高流域生态环境管理的治理成效。

（三）"纵－横"间流域环境斜向协调机制

纵向的生态保护部门及水利部门与横向的流域内各区域各级流域属地政府之间的斜向协调机制亦是流域生态环境治理结构的重要组成部分，纵向协同与横向协同交织而成的流域环境斜向协调网络通过流域相关制度政策进行协调，相互制约。

纵向的生态保护部门及水利部门可以通过制定和实施排污收费等环境政策来遏制污染，也可以通过水体质量监测及水温质量调查等方式遏制污染。同时，横向的流域内各区域各级流域属地政府一方面可以通过审批流域生态保护及水利设施的建设项目来调控环境保护行动，另一方面流域内各属地政府亦能通过财政部门对建设项目资金拨付和监督来推动流域环境管理。如果"纵－横"双方能够在流域生态保护治理整体目标指导下，积极沟通和协调，则流域生态保护治理形成政策合力，流域生态保护治理取得积极进展，反之流域生态保护治理整体目标势必难以实现。

四、流域环境管理的基本制度

（一）行政管理制度

1. 流域环境管理的组织结构制度

流域环境管理组织是开展流域环境管理实践的现实载体。具体而言，流域环境管理组织依其组织性质及功能分为以下几种类型：

一是统筹协调型组织。其代表是各流域分设成立的各类型领导小组，这类组织作为流域宏观协调专设组织，组织地位及政治位势较高，能较为有效调动流域内各项资源开展流域治理工作，往往具有临时性、协调性及统筹性特征。

二是业务职能型组织。其代表是各流域内分设成立的生态环境保护监督、水利资源开发利用及监测监管部门，这类部门作为具体职能型部门，负责流域内各项职能工作，往往依据相关法律法规对各自主管的专业领域范围进行管理，并在业务上对流域内各属地政府予以业务指导。

三是综合执行型组织。其代表是各流域内属地政府组织。这类组织作为治理实践部门，在统筹协调型组织领导下开展相互间的流域治理协作，在业务职能型组织的业务指导下开展具体的治理执行工作，是流域治理实践的载体。

2. 流域环境管理的职能分工制度

专业分工旨在提高部门行政效率，提高管理水平。流域环境管理属于复杂公共事务管理，涉及多个政府职能部门。根据在流域环境管理肩负职责的差异，这些职能部门可分为两类，即水利部门与生态环保部门。作为生态保护行政主管部门，生态环境保护职能部门负责流域生态环境治理的统一监管。与之相配套，一系列环境保护制度措施的制定和实施，为环境保护部门履行流域生态环境统一监管提供实施手段，比如流域生态环境标准制度、流域生态污染防治规划制度等。而作为水利资源开发利用的行政主管部门，水利资源开发利用职能部门负责流域水体资源开发利用、保护及监管监测。相类似的，与之相配套，亦有一系列水利开发利用及保护制度措施的制定和实施，为水利部门履行流域水体资源开发利用提供实施手段。

3. 流域环境管理的监管督察制度

如上所述，我国现阶段流域环境管理在职能分工方面已取得一定进展。就流域环境管理的监管督察制度而言，其由以下几方面构成：

一是流域性专门监管督查。2019 年，国家以国内主要流域为基本单位，成立负责水资源、水生态、水环境方面的生态环境监管工作的七大流域生态环境监督管理局，是生态环境部派出的正局级流域监管部门，实行生态环境部和水利部双重领导、以生态环境部为主的管理体制，负责流域生态环境规划、水功能区规划，参与编制生态保护补偿方案的监督实施等[①]。在各大流域生态环境监督管理局主导下，各大流域的监管

---

① 生态环境部黄河流域生态环境监督管理局 . 主要职责 [EB/OL].（2020-01-03）[2022-05-25]. https：//huanghejg.mee.gov.cn/zzjg/zyzn/202001/t20200103_756739.html.

督察制度相继出台。如黄河流域内黄河上中游管理局与陕西省人民检察院签署《联合推动陕西省黄河流域生态保护和高质量发展协作意见》并初步建立"流域管理＋检察长制"工作模式等。

二是区域性综合监管督查。2018年，中央政府根据国家地理大区划分先后成立华北、华东、华南、西北、西南、东北六大生态环境部督察局。作为生态环境部派出行政机构，生态环境部督察局负责本地区所辖省份地方政府对国家环境法规、政策、规划、标准的执行情况；负责承担中央生态环境保护督察相关工作；负责协调指导省级生态环境保护部门开展市、县生态环境保护综合督察；以及重大活动、重点时期空气质量保障督察、重特大突发环境事件应急响应与调查处理的督察等方面的督察活动[①]。以生态环境部华东督察局为例，根据历次中央生态环境保护督察结果对区域内相关省份的整改情况，以查阅资料、座谈走访、现场核查进行现场调研并做督察反馈。

三是中央生态环境保护督察。与上面两种流域环境管理的监管督察制度（组织形式）相比，中央生态环境保护督察的组织级别最高，督察力度更为强大。中央生态环境保护督察组以国内各个省区为监管督察单位，并在督察省份设立督察信箱及专线电话，接受生态环境保护方面的来信来电信访举报。流域生态环境督察亦是中央生态环境保护督察工作的重要内容，如第二轮第六批中央生态环境保护督察中重点关注长江经济带发展、长三角一体化发展、黄河流域生态保护和高质量发展等重大国家战略实施中生态环境保护要求落实情况。迄今为止，中央生态环境保护督察已开展至第二轮第六批，成为我国生态环境监督督察的重要组成方式之一。

4. 流域环境管理的追责问责制度

作为有效规范流域环境管理行为，确保流域环境管理权责能够有效追溯的重要手段，流域环境管理的追责问责制度是流域环境管理制度建构的重中之重。就现阶段流域环境管理的追责问责实践来看，主要是依据2015年中共中央办公厅、国务院办公厅所印发的《党政领导干部生态环境损害责任追究办法（试行）》（以下简称《办法》）来开展流域环境管理的追责问责工作。

《办法》明确规定生态环境追责问责坚持一岗双责、党政同责的问责追责原则，实行生态环境损害责任终身追究制并将责任追究决定向社会公开。《办法》对生态环境追

---

① 生态环境部华北督察局. 机构设置 [EB/OL].（2019-03-06）[2022-05-25]. https：//hbdc. mee.gov.cn/zxgk/jgsz/.

责问责的执行原则、责任界定、实行方法、处理细则等方面进行了充分阐释。流域内各省、市及自治区政府亦出台相关配套措施完善本地区流域环境管理追责问责制度，例如，江西省出台《江西省党政领导干部生态环境损害责任追究实施细则（试行）》、武汉市出台《武汉市党政领导干部生态环境损害责任追究实施细则（试行）》等。

除此之外，最高人民法院、最高人民检察院亦从自身专业领域出发为流域环境管理的追责问责提供司法支持。如最高人民法院、最高人民检察院支持为黄河流域生态保护和高质量发展出台了《关于为黄河流域生态保护和高质量发展提供司法服务与保障的意见》《关于充分发挥检察职能服务保障黄河流域生态保护和高质量发展的意见》等文件，从司法角度为流域环境管理的追责问责制度发展完善提供保障。

（二）技术管理制度

1. 流域环境的水体质量与排放标准

我国流域环境管理水体质量依据《地面水环境质量标准》进行水质评价。该标准广泛适用于江河、湖泊、运河及渠道等地表水水域，较为科学地将我国水体划分为五类标准，如其中Ⅰ类标准水体主要适用于源头水、国家自然保护区；Ⅱ类标准水体主要适用于集中式生活饮用水地表水源地、保护区、珍稀水生生物栖息地、鱼虾类产卵场、仔稚幼鱼的索饵场等。

此外，我国流域环境管理废污水排放标准一方面依据《污水综合排放标准》（GB 8978—1996）进行排放监测，另一方面因排放主体不同而其标准各有不同。如工业类里为不同工业所设置的排放标准各有不同，如《缫丝工业水污染物排放标准》《淀粉工业水污染物排放标准》《柠檬酸工业水污染物排放标准》《船舶水污染物排放控制标准》《城镇污水处理厂污染物排放标准》等。

2. 流域环境的监测标准体系

我国现行环境质量监测标准体系以《环境监测分析方法标准制订技术导则》为核心，以不同监测对象为依据制定不同监测主体的环境监测标准，共同构成环境质量监测标准体系。这一标准规定了环境监测分析方法标准制订的基本要求、技术路线，以及标准文本和相关技术文件的技术要求。在该标准基础上，为了契合流域治理的实际需要，我国进一步出台了《流域水污染物排放标准制订技术导则》，并在该标准中对流域水污染物排放监测标准进行详细说明，如流域调查、区域分析及环境水体特征污染物识别；污染源调查与排放特征污染物识别；基于水环境质量目标排放限值的技术经济论证与实施方案设计等。

基于上述文件，我国以流域为单位分别制定了各流域同步监测方案，调动流域监测站进行采样和分析，按该方案要求将监测数据和分析报告报送流域生态环保部门，如淮河流域所实行的《淮河流域同步监测方案》、长江流域所实行的《长江流域环境质量监测预警办法》等，共同构成了流域环境的监测标准体系。

3. 流域环境的评价标准细则

以往我国流域环境的评价标准依据《规划环境评价影响条例》开展相关流域环境评价工作，对流域环境评价工作的具体开展与评价成效而言缺乏针对性和有效性。

为适应我国现阶段流域综合治理有关环境的评价评估工作要求，生态环保部门会同相关单位依据相关法律法规，制定并实施的《规划环境影响评价技术导则流域综合规划》用以防治流域环境污染，改善生态环境质量，规范流域综合规划环境影响评价工作。这一标准规定了流域综合规划环境影响评价的评价原则、工作程序、重点内容、方法和要求，适用于国务院有关部门、流域管理机构、设区的市级以上地方人民政府及其有关部门组织编制的流域综合规划（含修订）的环境影响评价。该标准对流域环境的评价标准的评价目的、评价原则、评价范围及评价时段进行明确说明，在此基础上对流域综合规划设计进行进一步指导。

（三）流域水体利用保护制度

1. 流域水体资源分配制度

以往我国流域内水资源分配大多以属地政府需求为依据，流域内各属地政府针对水资源分配问题大多尚未形成正式的分配机制及分配细则，流域水资源分配往往呈现"按需分配"的特征。

现阶段我国高度重视流域水资源配置与用水管控，强调水资源分配要优先满足城乡居民生活用水、保障基本生态用水，并统筹农业、工业用水以及航运等需要，流域治理呈现出以立法的方式确定流域水资源配置与用水管控的趋势[①]。如《中华人民共和国长江保护法》中明确规定："国务院水行政主管部门有关流域管理机构商长江流域省级人民政府依法制定跨省河流水量分配方案，报国务院或者国务院授权的部门批准后实施；制定长江流域跨省河流水量分配方案应当征求国务院有关部门的意见；长江流域省级人民政府水行政主管部门制定本行政区域的长江流域水量分配方案，报本级人

---

① 吕忠梅. 关于制定《长江保护法》的法理思考 [J]. 东方法学，2020（2）：79-90.

民政府批准后实施。"随该法律的颁布,《中华人民共和国黄河保护法》草案亦提交审议。该法律的出台首次以制度形式将流域水资源分配制度及机制明文确定下来,为我国其他流域水资源配置与用水管控提供科学依据。

2. 流域水体生态补偿制度

流域水体生态补偿制度是流域生态环境治理的关键所在。就实践来看,流域内各属地政府间小规模横向生态保护补偿制度建设实践已取得不俗成效,如黄河流域内甘肃、四川两省为加快提升两省黄河流域生态保护工作能效而共同签订《黄河流域(四川—甘肃段)横向生态补偿协议》;长江流域内安徽、江苏两省在原有滁河流域生态补偿实践基础上积极推进建立健全长江流域横向生态保护补偿制度建设;赤水河流域云南、贵州和四川三省以"共同决定+条例"的方式使赤水河成为全国首例三个省份共同建立横向生态保护补偿机制的流域。上述流域内各属地政府生态补偿实践为流域大规模生态保护补偿制度建构提供了充分的实践经验。

在此基础上,国务院于2020年、2021年分别印发《支持引导黄河全流域建立横向生态补偿机制试点实施方案》《支持长江全流域建立横向生态保护补偿机制的实施方案》,为流域全范围大规模生态补偿实践提供制度基础的同时,亦为流域全范围大规模生态补偿制度建构提供政策纲领。

3. 流域突发环境事件应急管理制度

流域突发环境事件应急管理工作自环保部门设立之初就得到重视,将流域突发环境事件纳入国家突发环境事件进行统一管理。我国于2005年初次颁布并实施了《国家突发环境事件应急预案》,对突发环境事件类型、级别及处置方式方法都进行了充分阐明。

为适应生态保护工作及突发环境事件工作的实际需要,进一步健全突发环境事件应急机制,以更为科学高效地应对突发环境事件,我国于2014年在原有《国家突发环境事件应急预案》基础上进行修订并重新颁布新版《国家突发环境事件应急预案》。在此基础上,环境保护部于2015年颁布《突发环境事件应急管理办法》以增强突发环境事件处置可操作性。目前,各大流域内各属地政府分别依据中央政府所制定的《国家突发环境事件应急预案》及《突发环境事件应急管理办法》制定本地区突发环境事件应急预案。如黄河流域河南省所制定的《河南省突发环境事件应急预案》、长江流域南京市所制定的《南京市突发环境事件应急预案》、珠江流域惠来县所制定的《惠来县突发环境事件应急预案》等,借此形成"省—市—县"三级突发环境事件应急处理机制。

第三节 流域环境综合治理

一、流域环境综合治理的内涵

流域环境综合治理是指以流域自然生态状况与社会经济发展情况为依据，以全流域为治理对象，以流域水质达标、生态环境恢复良性循环及流域内人与自然和谐共生为治理目标，强调流域统一规划、统一调度、统一管理，实现流域水安全、水资源、水环境、水生态及水经济等领域系统协调发展的治理模式。流域环境综合治理更加强调治理过程中多主体的利益整合与分工协作，是流域环境管理发展的新阶段，其目的在于通过流域环境综合治理实现流域治理能力现代化。具体而言，流域环境综合治理具有以下几大特点：

（1）系统性。流域综合治理的系统性，指因流域综合治理是一项涵盖针对流域内所有管理对象的综合治理方式，其治理对象多种多样，各管理对象间联系紧密，具有"牵一发而动全身"的治理系统性特性。

（2）协调性。流域综合治理的协调性指在流域综合治理的具体过程方面所体现出的协调性与一致性特征，流域综合治理的协调与否直接关系到流域综合治理的实际工作成效。流域综合治理的协调性可分为两个方面：其一，由于流域综合治理在治理对象与治理手段方式上的复杂性，要求流域综合治理必须注重在治理对象及治理手段方式的协调；其二，由于流域环境管理所具有的跨域特征，使得流域综合治理要求必须强调流域内各主体在治理意识、思维、方式等方面的整合协调。

（3）整合性。流域综合治理是流域利益整合、文化整合及管理整合的全过程。流域综合治理是指以流域为社会经济基本单元，通过跨部门、跨区域协调联动对流域各要素资源进行整合，在此基础上因地制宜，针对流域内不同的治理对象采取不同的治理措施，以实现流域社会经济的高效发展。

二、流域环境综合治理重点领域

（一）重要湖泊的保护性治理

以白洋淀、洱海、丹江口、太湖、巢湖、滇池、洞庭湖、鄱阳湖等为重点湖泊流域，坚持"突出抓好大保护，严禁开展大开发"为原则，强调沿岸保护治理，要因地制宜采取截污控源、生态扩容、科学调配、精准管控等措施，统筹水环境治理、水生态修复和水资源保障，持续深化湖泊生态环境保护治理，不断提升生态系统质量和稳定性，推进污染防治与绿色发展。主要任务集中体现在严守生态保护空间、统筹污染防治与绿色发展、健全完善体制机制三个方面。

（二）重点河流的整体性治理

加强大江大河干支流整体性治理直接关乎流域环境治理的全局。一方面，要深化流域水环境综合治理与可持续发展试点，通过点上的实质性突破带动面上的整体性推进，探索流域治理与发展新模式。另一方面，要推进水资源、水生态和水环境"三水统筹"，治理修复水生态环境，加强区域协作，实现减污降碳协同增效；坚持生态优先，实施系统保护修复；构建治理体系，提升治理水平。

（三）流域城镇污水雨水的有效治理

流域沿岸城镇污水雨水直排治理是防治流域水污染与城市内涝灾害的重中之重。目前来看，流域沿岸城镇污水垃圾收集管网存在短板，城中村、老旧城区、城乡接合部和易地扶贫搬迁安置区生活污水垃圾收集设施较为欠缺，污水资源化利用水平不足。沿岸城市雨洪排口，直接通江入湖的涵闸、泵站等初期雨水污染未能有效控制，流域各地未能建设充足初期雨水调蓄池，未能消除初期雨水污染影响。推进污泥无害化资源化处置，逐步压减污泥填埋规模。

（四）流域农村农业污染的防范治理

流域沿线农村农业、养殖业生产所带来农药化肥污染、畜禽养殖污染直接影响流域城乡黑臭水体综合治理成效。流域环境综合治理下农村农业污染防治，应结合人居环境整治，有序推进农村环保基础设施建设，提高已建设施运行水平。鼓励有条件的地区先行先试，适度优化种植结构，开展规模化种植业、养殖业污染防治试点，探索符合种植业特点的农业面源污染治理模式。规划工业化水产养殖尾水排污口设置，在水产养殖主产区推进养殖尾水治理。

（五）流域地下水与地表水的协同共治

流域地下水与地表水联系十分紧密，二者共抓才能实现流域环境质量的有效改善。应重点防范受污染河段侧渗和垂直补给对傍河型地下水型饮用水源的污染，加强化学品生产企业及聚集区等地下水污染源风险管控和修复，阻断受污染地下水对地表水环境的影响。

（六）流域治理的保障措施建设

在流域综合治理保障措施方面，首先要加强组织领导。目前流域环境综合治理体系大体由水利部和生态环境部、流域机构、地方省（区）三个层次所构成。除了加强国家层面的统筹领导外，要重点发挥重点流域所在省、市政府的综合治理作用，省级发展改革委要加强统筹协调，明确本省重点流域综合治理目标任务，加强组织协调，确保规划目标任务落到实处。各级发展改革部门要加强与相关行业主管部门的沟通协调，科学谋划综合治理项目。其次，加强利益协调和资金筹措。流域生态环境管理"表面在水，实质在人"，即流域生态环境治理外在呈现的是以流域生态环境保护为核心，而其内在则是以流域内各部门、各属地政府及当地社会公众的自身利益为核心。因此，要协调好各方的利益。鼓励各地人民政府加大投入力度，创新投融资方式，推动多渠道融资，推进重点流域水环境综合治理项目建设运营。最后，强化监督管理。不仅要充分发挥各级地方水行政主管部门监管能力，还要充分利用河长制湖长制平台，建立健全流域管理与地方水行政管理相结合的水利行业监督机制。

三、流域环境综合治理方案

（一）推动流域环境综合治理试点

持续推动与深化流域环境综合治理试点工作，能有效发掘流域环境综合治理工作的可取之处与缺陷所在，是提升流域环境综合治理成效的关键。

现阶段流域生态环境综合治理试点主要集中于流域治理体制机制创新、绿色生产生活方式养成、流域污染源的截污控源等领域。在流域治理体制机制创新试点方面，有效鼓励试点地区创新流域综合管理与协同治理机制，建立健全了试点考核评价体系，有效推动了排污权、碳排放权、水权交易，探索了流域生态产品价值实现机制。通过创新投融资机制，有效积极引导社会资本参与流域治理和长效管理；有效创建健全横向生态保护补偿机制，构建流域上下游、左右岸协调联动机制；成功建立公众参与环境决策的有效渠道，完善信息公开等制度[①]。

在推动绿色生产生活方式养成试点方面，有效因地制宜发展资源节约型、环境友好型产业，推动减污降碳协同增效。公众水环境保护、水资源节约意识得到提高，简约适度、绿色低碳的生活方式被广大群众所践行。在推动流域污染源的截污控源试点方面，有效开展截污整治，严控城镇、工业、农业等废水直排工作。进一步完善了工业园区污水集中处理设施，推动工业污染全面达标排放。有效加强农业面源污染治理，防治畜禽养殖污染。污染较重河流和城乡黑臭水体综合治理得以推进，入河排污口整

---

① 中华人民共和国国家发展和改革委员会."十四五"重点流域水环境综合治理规划[EB/OL].（2021-12-31）[2022-05-25]. https：//www.ndrc.gov.cn/xxgk/zcfb/ghwb/202201/t20220111_1311768.html.

治得到加强。

（二）发挥流域重大战略优势

发挥流域重大战略优势是指以国家重点区域发展战略为支撑平台，推动流域环境综合治理实践开展。就现阶段流域环境综合治理实践来看，表现为结合京津冀协同发展、长江经济带发展、粤港澳大湾区建设、长三角一体化发展、黄河流域生态保护和高质量发展等区域重大战略，带动并聚焦流域生态环境突出问题，加大流域环境综合治理力度。

在长江流域结合长江经济带发展与长三角一体化发展的带动作用，以保护修复长江生态环境为首要目标，开展了长江上中下游、江河湖库、左右岸、干支流协同治理，加快发展了循环农业，对周边畜禽养殖进行了管理强化。有效提高了城镇污水垃圾收集处理能力，提升了重点湖泊、重点水库等敏感区域治理水平。在黄河流域结合黄河流域生态保护和高质量发展战略，统筹推进黄河流域生态保护。黄河流域干支流及流域腹地生态环境治理、开展农田退水污染综合治理得到加强，黄河流域农业面源污染治理力度得以加大，农业用水效率得到有效提高。在珠江流域结合粤港澳大湾区建设，科学划定生态减污缓冲带。有效推进珠江—西江"黄金水道"污染防治，开展数次协同整治跨界河流及重污染水体实践。

（三）提升流域生态环境综合治理水平

科学化、精细化是提升流域生态环境综合治理水平的重中之重。科学化是指充分利用如大数据等科技手段对流域生态综合治理进行赋能，提升流域生态综合治理的效率与效能；精细化则指在流域综合治理过程中坚持问题导向、目标导向，加大城乡生活污染、工业污染和农业面源污染治理力度，加强地表水与地下水协同防治。

就现阶段流域环境综合治理实践来看，一是以治理科学化推动流域环境治理从人海战术向科技战术转变。通过引入雷达走航、高点监控、无人机等技术手段，将各类污染物排放情况等数据进行分析处理，实现对各类环境污染物有效管控，流域生态环境决策管理的科学化得到提升。二是以治理精细化推动流域环境治理从粗放管理向精准治理转变。因地制宜加强了城镇污水垃圾收集处理设施建设、农业农村污染防治力度、地表水与地下水协同防治等领域的工作力度，采取相应治理手段与措施有效提升了流域环境治理质量。

四、流域环境综合治理成效

流域生态环境事关人民群众切身利益。党的十八大以来，国家有序推进了

《"十四五"重点流域水环境综合治理规划》在内的一批专项规划和重大治理工程；启动如黄河流域、长江流域综合治理等全国第一批流域水环境综合治理与可持续发展试点工作。经过努力，我国重点流域生态环境质量总体稳定向好，生态系统基本稳定，森林、湿地等重要生态系统面积有所增加，水体安全保障进一步增强，这为推进全国生态文明建设、打赢污染防治攻坚战作出了重大贡献，具体体现为以下几个方面：

（一）水环境综合治理能力不断提升

国家发展改革委会同各有关部门和地方推动长江、黄河、珠江、松花江、淮河等流域和太湖、滇池、巢湖等重要湖库水环境综合治理，支持流域内各地区实施了一批城镇污水和垃圾处理、河道整治、饮用水源地保护等项目，有效提升了水环境综合治理能力。如印发了《黄河流域生态环境保护规划》，出台实施了《黄河生态保护治理攻坚战行动方案》，推动流域开展了河湖生态保护治理行动、减污降碳协同增效行动等。在长江流域各地各部门先后实施了强化国土空间管控，严守生态保护红线；落实长江"十年禁渔"；排查整治长江干流、九条主要支流及太湖入河排污口；加强工业污染治理；遏制农业面源污染；加强航运污染治理等一系列措施。

（二）流域试点治理得到有益探索

2017 年，国家发展改革委办公厅在全国选取了北戴河等 16 个典型流域单元开展第一批流域水环境综合治理与可持续发展试点，在优化流域空间布局、推动产业绿色转型、完善流域治理模式等领域进行了有益探索，进一步提升了湖南省大通湖、江苏省西太湖等流域的治理社会参与度。探索形成的流域环境综合治理与可持续发展模式，总结形成具有推广价值的先进经验和典型案例，可以为全省乃至全国推进流域水环境综合治理与可持续发展提供示范。

（三）流域水环境质量稳定向好

根据中国《2020 年中国生态环境状况公报》和《2015 年中国生态环境状况公报》统计，2020 年长江、黄河、珠江、松花江、淮河、海河、辽河七大流域和浙闽片河流、西北诸河、西南诸河主要江河监测的 1614 个水质断面中，Ⅰ至Ⅲ类水质断面占 87.4%，Ⅳ至Ⅴ类水质断面占 12.4%，劣Ⅴ类占 0.2%，与 2015 年相比，Ⅰ至Ⅲ类水质断面比例上升 15.3 个百分点，Ⅳ至Ⅴ类水质断面比例下降 6.6 个百分点，劣Ⅴ类水质断面比例下降 8.7 个百分点。长江干流历史性实现全Ⅱ类及以上水质，珠江流域水质由良好改善为优，黄河、松花江和淮河流域水质由轻度污染改善为良好。长江、黄河、珠江、松花江、淮河、辽河等重点流域基本消除劣Ⅴ类水质断面。总体呈现出稳中向好的局面。

第四节　流域治理与治理能力现代化

一、流域环境治理能力现代化的内涵及目标

（一）基本内涵

流域环境治理能力现代化是指通过治理能力建设，提升治理主体运用各种制度治理流域生态环境各方面事务的能力，进而实现制度体系化、治理方式科学化、治理过程参与化的治理态势。具体表现为通过治理能力建设，使流域环境治理体系趋于制度化、科学化、规范化、程序化，使流域环境治理主体善于运用系统性、整体性思维和法律、行政、经济等多种手段治理流域环境。提升治理水平，能有效地将流域环境中各方面的制度优势转化为治理效能，实现人与自然的和谐共生。

一是治理制度体系化。所谓制度体系化是指协调并整合涉及流域治理的制度法规，使其成为逻辑紧密、相互契合的制度体系。流域环境治理能力现代化的关键是形成制度化的规则规范，强调需从流域生态环境领域机构改革、强化流域生态环境保护督察、完善生态环境监测体系、健全法律法规保障体系、完善资金投入机制等系列举措入手，深入推进流域生态环境治理制度建设，以适应流域环境治理的现实诉求。

二是治理方式科学化。"精准、科学、有效"的流域生态环境治理方式，是推动流域生态环境治理体系高效运转的关键。治理方式的科学化强调坚持问题导向，从提升执法效能、提高监测能力、加强科技保障三方面入手，在制度设计与治理手段上充分发挥科学技术作用，利用大数据技术提升流域环境治理能效的整体化与精准化，为流域生态环境治理能力现代化的支撑体系建设提供基础[①]。

三是治理过程参与化。流域环境治理中人民群众的获得感与幸福感是评价生态环境治理工作成效的关键。流域环境治理能力现代化建设强调坚持以人民为中心的治理理念，解决困扰群众的流域生态问题，建立起人民群众广泛认同参与的"参与式"治理。这要求鼓励、支持、引导人民群众参与流域治理实践的全过程，集中攻克社会公众身边的突出流域环境问题，让公众实实在在感受到生态环境质量改善。

（二）治理目标

流域环境治理能力现代化是国家治理体系与治理能力现代化建构的重要组成部分。

---

① 中国政府网.中共中央 国务院关于深入打好污染防治攻坚战的意见[EB/OL].(2021-11-02)[2022-05-25]. http://www.gov.cn/gongbao/content/2021/content_5651723.htm.

治理目标是流域内各行动主体开展流域治理工作的基本纲领。流域治理能力现代化必须实现全流域的协同治理，全流域总体治理目标的确定是流域治理的行动指南，制定全流域总体治理目标的根本目的在于实现全流域"一盘棋"的治理格局。主要包括以下几个方面内容：一是进一步改善全国流域人水关系，提升流域治理水平，形成统一规划、统一调度和统一管理的全流域治理格局。二是处理好开发与保护、上下游、左右岸、干支流的水域关系，实现全流域的综合治理体系。三是基本形成较为完善的水污染防治体系，持续改善重点流域的水环境。四是处理好流域各主体的利益关系，形成多主体协同治理的流域环境治理格局。

2022 年，国家发展改革委印发《"十四五"重点流域水环境综合治理规划》，明确指出，到 2025 年，基本形成较为完善的城镇水污染防治体系，进一步提高重要江河湖泊水功能区水质达标率，持续改善重点流域水环境，基本消除污染严重水体。尤其是推动大江大河的综合治理，深化流域治理体制机制的创新，加快流域的协同化。综合治理作为治理现代化的基础和推动器，流域环境治理现代化总体目标是推动国家流域治理体系空间的一体化、系统化和制度化整合，破解流域区域的发展困局。

基于国家层面关于流域生态环境治理的整体目标，我国各大流域治理主管机构亦纷纷制订本流域生态环境治理具体分目标。以黄河流域为例，根据《黄河流域生态保护和高质量发展规划纲要》和《黄河保护法》，黄河流域治理的目标是到 2030 年，黄河流域人水关系进一步完善，流域治理水平明显提高，逐步形成生态共治、环境共保、城乡区域协调联动发展格局，基本建成现代化防洪减灾体系。水资源保障能力、生态环境质量明显提升，切实增强流域人民的获得感和幸福感。到 2035 年，实现黄河流域生态保护取得重大成果，并且黄河流域生态环境全面改善、生态系统健康稳定，水资源节约利用处于全国领先地位。根据《长江保护法》和《长江经济带发展规划纲要》，长江流域的治理目标集中在全面改善水环境和水质量，增强生态系统功能，全面建成功能完备的长江全流域黄金水道，并在规划和管控、资源保护、生态环境修复、绿色发展、保障与监督等方面作为治理重点，以实现沿江流域的人与水的和谐共生。淮河流域的规划纲要也明确提出，到 2030 年建成完善的流域防洪除涝减灾体系，各类防洪标准达到国家规定要求，并建立合理开发、优化配置、全面节约、高效利用、有效保护、综合治理的水资源开发利用和保护体系，水土流失得到全面治理，显著提升水生态系统和生态功能恢复能力。

总体而言，流域生态环境治理能力现代化建设的主要治理目标是以体系建设与能力建设为抓手，在流域国土空间开发、生产生活方式绿色转型、能源资源配置等方面取得突破，以实现流域生态环境持续改善和社会经济的高效可持续发展。

二、流域环境治理能力现代化的实践路径

（一）重塑府际关系

1.强化中央政府导向作用

就流域环境治理而言，中央环保部门通过人事、资金与业务监督这三类保障机制措施调控地方政府及其职能部门的行政行为，使之符合流域环境管理目标的要求，不偏离中央在流域环境治理方面的政策法令。就实践而言，上述权威保障机制措施的强度不足导致地方政府偏离中央职能部门的现象比较严重。因此，必须强化中央政府的导向作用，从宏观层面统筹协调流域治理实践的整个过程。一方面，我国需要借鉴其他国家处理环境保护与经济发展关系的经验，并将我国的此类关系与之对照，分析和寻找我国环境保护的合适力度。另一方面，需要考虑我国经济技术条件，以及国际经济社会对环境保护提出的要求，以便结合国家面临的时代背景和社会问题，做出恰当反应。

2.调整流域属地政府利益格局

流域属地政府利益格局决定其治理行为选择。体现在以下两个方面：其一，就流域环境管理而言，中央层级权威对塑造地方政府的利益权衡格局具有决定性作用。当代中国政治体制下，由于党管干部的原则以及单一制国家结构的特征，地方政府领导人对上级党委和政府负责，流域内属地政府服从中央政府。这种潜在层级压力的方向决定着流域内属地政府行动的方向。因此，如果中央政府试图改变地方政府的行为方向，必须从根本改变这种潜在压力的倾向性。其二，如果流域属地政府利益只顾自身利益，而无视流域整体利益，则会致使流域整体利益受损。如前些年"抢水大战"等。因而迫切需要调整流域属地政府利益格局，避免"唯上畏权"与"过度自利"倾向产生，影响其自身治理行为。

3.规范地方政府间合作竞争

就治理实践而言，地方政府间关系的协调有两条途径，即层级协调和制度协调。层级协调更加强调人治，而制度协调将更多地融入法治色彩。制度协调的核心在于规定地方政府间处理彼此关系的权利和义务。地方政府间通过一定的程序安排，就流域环境管理问题展开协商谈判，达成共识并履行相应的权利义务，如果出现违背权利义务的现象，制度协调需要提供相应的司法裁决机制，把地方政府纳入依法行政范畴。对流域环境管理而言，地方政府间竞争与合作都是导向外部效应内部化的途径。内部化要求地方政府间能够在公共物品供给水平上达成共识，并在行政实践中以共同目标为基础开展工

作。这种以共识为基础的政府间关系既可以是竞争性的，也可以是合作性的，故必须以制度对流域地方政府间行为进行规制，实现流域治理外部性内在化目标。

（二）增强治理深度

1.界定部门职责

就现阶段流域环境管理的实践情况来看，流域环境管理各部门职责权限必须加以重新界定，以真正实现流域环境管理统筹协调、分工明确的管理效果。具体而言，流域生态环保部门必须被赋予有效的环保裁定权力，分为以下几个方面：

其一，流域生态环保部门对流域属地政府要具备约束规制权力。流域属地政府往往出于自身利益考量弱化自身在流域环境管理中的力量，致使政府治理行为缺失。因而，必须加强生态环保部门对流域属地政府的约束规制，使流域属地政府的作用发挥与流域治理的整体目标相适应。

其二，流域生态环保部门对流域其他职能部门要具备监管追责权力。如若流域生态环保部门缺乏对其他职能部门的监管追责权力，则会导致其他职能部门各言其利、各行其是的部门本位主义产生，致使流域环境管理合力形成陷入困境。必须以法律法规及政策文件的形式对流域生态环保部门所具备的职能权限进行明确具体的规定，强化流域生态环保部门的行为力度，使得流域环境管理合力形成。

2.发挥制度作用

一是应切实发挥流域内"河－湖长制"作用。完善"河－湖长制"组织体系，压紧压实流域保护治理属地责任，加大监督力度，防止制度"空转"和流于形式。探索建立跨域河流湖泊"河－湖长制"协调联动机制，协调解决河流湖泊保护治理跨区域、跨流域重大问题。研究建立跨域河流湖泊联防联控机制，加强区域协作与部门联动。严格流域保护治理监管考核，健全巡查检查监管制度。

二是改进健全生态补偿机制。尊重流域生态系统的完整性和系统性，因地制宜地推进生态保护补偿机制建设、产业布局谋划等工作，推进流域地表地下、城市乡村、水里岸上协同治理，加快形成流域生态环境共保联治格局。进一步健全生态保护补偿机制，综合考虑山水林田湖等自然生态要素，发挥中央资金引导和地方政府主导作用，完善补偿资金渠道。

三是建立重要流域系统治理监督评估体系。建立完善流域综合评价体系，定期客观评价流域健康和生态安全状况。加快完善流域保护治理法律法规体系，大力推进联合执法，着力完善综合监管体系。建立健全流域保护行政执法与刑事司法衔接，加大对流域侵占水域、偷排漏排、非法采砂、非法捕捞等打击力度。

3. 改进协同机制

现阶段流域环境管理协同机制是通过流域部门间联席会议机制的方式展开沟通协作工作。部门间联席会议机制虽然能较为有效地强化部门间的沟通与协调，但这一类型会议一方面受制于会议召开准备工作等方面因素，其在应对流域突发环境事件时常呈现出一定的时滞性；另一方面受制于参加联席会议的流域各部门的自利动机，这一机制处理流域环境公共事务往往呈现出一定的妥协性。因而必须对这一会议机制进行改进以适应流域环境管理的现实诉求。

其一，建立常设性联络协调平台。应统筹流域内各属地政府及职能部门，建构流域常设性联络协调平台，一方面避免应对流域突发环境问题所呈现的时滞性，另一方面亦能减轻会议筹备所带来的行政负担。其二，以沟通协调统筹流域各部门自身利益。通过流域常设性联络协调平台建设将各部门自身利益融入流域集体利益之中，从而避免协同中出现的互相推诿、消极协作的协同问题。

（三）提升治理力度

1. 拓宽参与渠道

就流域环境管理实践而言，社会公众参与的不足之处在于参与缺失。所谓参与缺失，是指社会公众在流域公共事务方面未能充分进行利益诉求表达、参与决策、发挥公民监督。社会公众参与不足的原因是多方面的，比如社会参与渠道有限、公众参与意识和能力较低、政府对公众参与反应冷淡等[①]。

就社会公众参与渠道而言，现阶段流域环境管理缺乏相关社会公众参与渠道，社会公众参与流域环境管理往往只能通过人大代表、地方政府留言等间接方式，社会公众直接参与流域环境管理渠道缺失。政府行为与社会公众民意的现实偏差会导致政府公信力下降及政府形象恶化，造成公民与政府之间互不信任的情况，陷入政府政策难以执行，公民利益难以得到保障的治理困境，社会公众中的大部分则会沦为"沉默的大多数"[②]。就实践而言，可利用互联网建构社会公众直接参与流域环境管理平台、民主恳谈及参与式预算等方式来实现公众参与渠道拓宽这一目的。

2. 营造参与氛围

社会公众参与流域环境治理的参与氛围亦是影响社会公众参与期望与参与动机的

---

① 王资峰. 中国流域水环境管理体制研究 [D]. 北京：中国人民大学，2010.

② [美] 曼瑟尔·奥尔森. 集体行动的逻辑 [M]. 陈郁，等译. 上海：格致出版社，2017：70-71.

重要因素之一。就政治市场与公共选择理论来看，政治市场只有坚持普通社会公众的普遍参与，才能实现真正的公共选择；只有实现真正的公共选择，属地政府才会重视与尊重地方社会公众的权利和意志[①]。

公众参与氛围营造应从以下几方面入手：首先，流域属地政府应将当地社会公众视作流域环境治理的可靠力量。在观念上摒弃原有规避甚至"厌恶"社会公众参与的错误思想[②]。其次，应充分发挥社会参与在流域环境治理领域中非正式协作的积极力量。在合理合法的前提下，流域内各地社会公众间的自发协作会产生正式组织所无法产生的柔性功能，对流域环境管理产生积极正向作用。最后，应充分发挥社会舆论的引导作用，通过宣传、策划相关活动来吸引与鼓励社会公众参与流域治理实践。

3. 提升公众参与获得感

社会公众参与获得感是公众参与社会公共事务的重要成果与反馈来源[③]。就流域环境管理实践来看，流域属地政府的参与环境治理的积极态度一般会得到社会公众的积极响应。具体而言，流域地方政府如对社会公众参与流域治理表现出积极态度，使得社会公众参与得到相应的反馈回应，则会对社会公众的参与行为产生正向激励，进一步强化社会公众参与流域公共事务的动机与行动，反之则会极大打击社会公众参与流域公共事务的积极性，使得流域各地社会公众对其属地政府的政策行为和价值取向产生怀疑，弱化参与动机，进而产生政治参与冷漠。因而提升公众参与环境管理力度，必须重视公众参与获得感的提升。

思考题

1. 我国流域环境管理实践大致经历了几大阶段？各有什么特点？

2. 现阶段我国流域环境管理是如何开展具体工作的？

3. 流域环境综合治理的突出问题是什么？如何解决？

4. 如何理解流域生态环境综合治理与治理能力现代化建设的关系？

---

① 胡鞍钢，王亚华. 转型期水资源配置的公共政策：准市场和政治民主协商 [J]. 中国软科学，2000（5）：5-11.

② 李培林. 中国社会巨变和治理 [M]. 北京：中国社会科学出版社，2014：3.

③ 汤汇浩. 邻避效应：公益性项目的补偿机制与公民参与 [J]. 中国行政管理，2011（7）：111-114.

案例分析

案例材料 1：现实版"鲁豫有约"：最近，河南和山东打了个赌

"全年均值类别达到Ⅲ类标准，每改善一个水质类别，山东省给予河南省 6000 万元补偿资金""每恶化一个水质类别，河南省给予山东省 6000 万元补偿资金"……近日，河南、山东两省政府正式签署《山东省人民政府河南省人民政府黄河流域（豫鲁段）横向生态保护补偿协议》。听起来是不是很有意思？最近，不少人把这份涉及真金白银的两省协议称为现实版"鲁豫有约"。

《补偿协议》是黄河流域第一份省际横向生态补偿协议，实施范围为河南省、山东省黄河干流流域（豫鲁段），其中河南省为上游区域、山东省为下游区域。《补偿协议》最高资金规模 1 亿元，分为水质基本补偿和水质变化补偿两部分。在水质基本补偿方面，若刘庄国控断面（河南省与山东省黄河干流跨省界断面）水质全年均值类别达到Ⅲ类标准，山东省、河南省互不补偿；水质年均值在Ⅲ类基础上每改善一个水质类别，山东省给予河南省 6000 万元补偿资金；水质年均值在Ⅲ类基础上每恶化一个水质类别，河南省给予山东省 6000 万元补偿资金。在水质变化补偿方面，刘庄国控断面 2021 年度关键污染物指数与 2020 年度相比，每下降 1 个百分点，山东省给予河南省 100 万元补偿；每上升 1 个百分点，河南省给予山东省 100 万元补偿。该项补偿最高限额 4000 万元。

黄河流域内上游"闭眼"排污、下游"遭殃"难管的情况在过去屡见不鲜。下游认为，自己花了大成本保护母亲河，上游却对污染"睁一只眼闭一只眼"，最后功亏一篑；上游则认为，自己的经济也要发展，凭什么花我财政的钱来给下游"做嫁衣"。在过去很长一段时间里，"各扫自家门前雪，莫管他人瓦上霜"是一些地区一味追求经济发展的真实写照。推进跨流域、跨区域生态保护因而显得阻力重重。该协议对于豫鲁两省拓展生态领域合作，健全完善"保护责任共担、流域环境共治、生态效益共享"的横向生态补偿机制具有重要意义，同时也为实现"一河清水出中原，千回百转入齐鲁"的目标奠定基础。

——资料来源：中原网．现实版"鲁豫有约"[EB/OL]．（2021-05-25）[2022-05-25]．https：//mp.weixin.qq.com/s/JmikSbSGQL4aybsacM5haw.

案例材料 2：汉江"毛细血管"里有流不尽的磺水，这场病怎么治？

汉江发源于秦岭南麓，流经陕西汉中、安康，在武汉汇入长江，乃长江九大支流之首；同时，它作为南水北调中线工程的调水中心，承载着"一江清水永续北上"的重大使命。但这片区域的污染问题及系统整治，一直是各界关注的焦点。

2021 年，中央第三生态环保督察组走进安康市的蒿坪河流域，酸性磺水肆意横流的景象让人倒吸一口凉气。

病态的颜色里隐藏着什么秘密？蒿坪河是汉江一级支流，20 世纪 70 年代以来，由于矿产资源开采方式粗放，该流域遍布大量废弃矿硐及矿山弃渣，一些区域产生的高浓度酸性磺水，未经有效收集处理直排蒿坪河，给流域水环境安全带来较大风险隐患。尽管周围的石煤矿 2014 年都已经关闭，但这么多年了，污染源仍长期存在，沟里的水还是这种颜色。

拿出"刮骨疗毒"之勇了吗？汉滨区自己介绍所采取的措施：以"刮骨疗毒"之勇，启动大竹园镇矿山治理工作；出台严令，禁止该区域违法开采行为；安排资金两百余万元，永久性封堵该区域私挖乱采矿硐 21 处 30 个；组织非法采矿专项整治行动。然而，事实证明，这与"刮骨疗毒"还相差甚远。

"落后"就能解释一切？流域所在的汉滨区和紫阳县位于秦巴山区，都是欠发达地区，没有更多的资金投入。而督导员强调除了客观原因，对系统解决问题的决心不够、力度不大，没有举全县（区）力量，下决心去解决问题。此外，缺乏系统治理也是这些遗留矿区久拖未治的重要原因。那么如何才能根除污染隐患，修复受污染河流生态呢？

——资料来源：中国环境网. 汉江"毛细血管"里有流不尽的磺水，这场病怎么治？[EB/OL].（2021-12-29）[2023-02-05]. https：//www.cenews.com.cn/news.html？ aid=218093.

结合以上材料，请分析：

1. 案例材料 1 中体现了流域环境管理中哪些管理制度？这些管理制度如何运行？

2. 案例材料 2 中如何通过综合治理实现受污染河流的生态修复？

3. 上述案例对我国境内其他流域的生态环境补偿实践有何启示？

第八章　自然资源管理

自然资源的开发、利用与管理贯穿于整个人类社会发展历程中。随着社会科技发展水平的提升，人类社会对于自然资源的需求程度也在不断加深。如何处理好自然资源的开发、利用、保护与人类需求之间的关系成为当今世界共同关注的热门话题。自然资源管理是对自然资源各要素进行优化配置，保障自然资源能够合理地开发、利用和保护，以此协调自然资源与人类需求之间的关系，或称之为处理好"人与自然"的关系。党的二十大报告指出：大自然是人类赖以生存发展的基本条件，尊重自然、顺应自然、保护自然，是全面建设社会主义现代化国家的内在要求，必须牢固树立和践行绿水青山就是金山银山的理念，站在人与自然和谐共生的高度谋划发展。本章将对自然资源与自然资源管理的相关概念和内容进行系统梳理和归纳，分析我国自然资源管理存在的问题，进一步探究我国自然资源管理体制改革，并依据我国国情，提出自然资源管理体制改革的基本路径。

第一节　自然资源管理概述

自然资源是自然环境的一部分，是对国家和地区经济发展至关重要的基本生产要素之一。自然资源管理，顾名思义，是具有目的性的管理措施，旨在实现自然资源各要素的最优配置，同时也关系到人类生存、经济社会、生态环境的可持续发展。

一、自然资源的概念与特点

（一）自然资源的概念

人类开发利用自然资源的历史悠久，但直到近代才出现对自然资源科学、系统的研究。1972 年，联合国环境规划署对自然资源概念作出进一步界定，将自然资源定义为：在一定的时间条件下，能够产生经济价值的提高人类当前和未来福利的自然环境因素的总称。此外，《大英百科全书》《中国大百科全书》以及众多学者均对自然资源进行了定义，学界对自然资源尚没有一个统一的定义，但总的来看，大多数定义都是以人类需求与否的主观视角提出的，只有当人类对自然界中的某个或某些自然物存在需求时，这些自然物才被赋予经济和社会属性。因此，自然资源可以被定义为：自然界中天然存在的，能够被人类开发和利用，满足人类需求或为人类创造价值的自然环境要素和条件的总称。

（二）自然资源的特点

自然资源是一个动态概念，会随着社会、经济、科技的发展而不断发生变化，自然资源的特点（也可称之为自然资源的属性）也会随之变化[①]，可以总体概括为：

（1）自然资源必须为自然物。根据自然资源的定义可以看出，自然资源是不经人类加工合成，天然存在于自然界中的自然环境要素和条件的总称，是自然界长期自然作用下的产物。

（2）自然资源种类繁多。自然资源被人类社会应用于社会发展和人类日常生活的方方面面，包含类别具有多样性，主要包括土地资源、水资源、森林资源、草原资源、海洋资源、矿产资源、生物资源等[②]。

（3）自然资源具有有限性。自然资源的有限性是由其天然属性决定的，由于自然资源的形成需要经过自然界长期的自然作用，因此在短期内自然资源的储量是一定的。自然资源产出速度远远小于人类社会消耗自然资源的速度，这意味着当人类社会对自然资源的需求大于自然资源补给、再生、增殖时，自然资源有可能被彻底消耗殆尽。

（4）自然资源具有整体性。自然资源是生态系统的重要组成部分，自然资源之间存在彼此联系、相互依存的关系。对一种自然资源开发和利用的过程可能会影响其他一种或多种自然资源甚至是整个生态系统[③]。

（5）自然资源的分布具有区域差异性。自然资源的形成过程受到多种因素的共同作用，地形地貌、气候环境以及所处经纬度都会对自然资源的种类和数量造成影响，自然资源分布存在明显的区域差异性。

---

① 王松青. 自然资源物质运动与人类经济活动的互补运动刍议——关于自然资源价值的理论思考 [J]. 长江大学学报（社会科学版），2008（1）：63-68，90.

② 王晓青，濮励杰. 国内外自然资源分类体系研究综述 [J]. 资源科学，2021，43（11）：2203-2214.

③ 刘清江. 自然资源定价问题研究 [D]. 北京：中共中央党校，2011.

二、自然资源管理的概念与特点

（一）自然资源管理的概念

自然资源管理是指采用经济、政治、法律和科技等手段对自然资源各要素进行合理的开发、利用和保护的一系列管理措施，本质上是对自然资源的优化配置，目的是协调好自然资源与人类需求之间的关系，或称之为处理好"人与自然"的关系，最终实现生态发展的可持续。

（二）自然资源管理的特点

自然资源管理的特点主要由自然资源的基本属性决定，还受到不同国家国情和基本管理制度的影响，因此不同国家自然资源管理的特点不尽相同，总的来讲可以概括为以下几个方面：

（1）自然资源管理的范围是多层面的。自然资源管理的管辖范围具有广泛性，既包括地球上一切具有生命体征的生物体，如植物、动物、微生物等，又包括生物体赖以生存的空间环境及空间环境内包含的无生命体征的其他自然资源，如水资源、矿产资源等。

（2）自然资源管理具有紧迫性。目前，全球自然资源正遭受到不同程度的破坏，生态失调、环境污染、自然灾害等问题频发，全球面临的资源危机已危及全人类的生存和发展。

（3）自然资源管理是艰巨的。自然资源退化和生态平衡丧失是人类社会长期无节制开发利用的结果，因此修复自然资源是一个缓慢、长期且困难的过程。

三、我国自然资源管理过程中存在的问题

我国自然资源种类齐全、储量充足，但人均占有量相对较少，且资源利用不充分，这对我国经济社会的可持续发展目标来讲情况不容乐观。加之公民大众长期受到我国"地大物博、物产丰富"观念的影响，节约保护自然资源意识淡薄，现阶段我国自然资源管理过程仍存在以下问题：

（一）管理过程存在职责交叉现象，管理失序时有发生

目前，我国自然资源管理主要实行"中央—地方"的分级管理模式。在这一模式下，中央政府首先根据国家宏观发展规划从宏观层面制定整体性的资源管理目标，相关资源管理部门和地方政府再根据宏观目标具体实施资源管理工作。但是，由于相关部门和地方政府在实施管理过程中责任划分标准不够明晰，导致该模式易出现管理秩序混乱、权责不清和责任推诿等现象。以水资源管理为例，我国主要由各级水利部门与环境保护部门对水资源实施管理保护工作，水利部门负责水资源水量，环境保护部门负责水资源水质，职责分明，各司其职。但在实际管理过程中，由于水资源的整体

性特征，很难实现水质、水量治理的完全分离，因此极易出现涉水部门职责交叉重复、水资源管理秩序混乱等问题，割裂水资源的系统性与整体性属性，难以形成治理合力，大大影响治理效果。此外，中央和地方政府对自然资源管理工作重点关注的角度不同。在自然资源开发和利用方面，中央政府须从全局考虑我国自然资源储量与再生能力，基于可持续发展理念，制定合理的管理规划，以确保我国生态安全；但在地方政府层面上，当地环境治理状况与短期经济发展水平极大影响了政府政绩考核情况，因此，地方政府则会更多关注短期目标，为谋求地方利益最大化而忽视资源利用的合理性原则，滥用、误用自然资源，对当地生态环境造成损害。

（二）环保意识不强造成自然资源损耗，影响资源管理与保护工作开展

明确自然资源的所有权和使用权问题是推动自然资源管理工作顺利运行的基础。《中华人民共和国民法典》第二百五十条规定：森林、山岭、草原、荒地、滩涂等自然资源，属于国家所有，但是法律规定属于集体所有的除外。第三百二十五条规定：国家实行自然资源有偿使用制度，但是法律另有规定的除外。也就是说，国家对于自然资源采用有偿使用制度，除非法律另有规定，个人、组织使用自然资源，应依法支付费用。但在现实执法过程中，大部分资源利用单位、组织和个人并不能做到自觉向国家缴纳自然资源使用费以用于生态资源的修复，而是采取事不关己高高挂起的消极态度，只注重眼前的现实利益，环保意识匮乏，造成自然资源极大程度上的浪费，尤其体现在对矿产资源开发与管理过程中。新中国成立初期，我国实行计划经济体制，矿产资源完全归于国有。有别于现行资源有偿使用制度，在计划经济时代，企业获取矿产资源无须付出任何代价，中央政府出资负责矿产的开采并无偿提供给国有企业进行经济建设，开采时造成的资源损耗也完全由国家承担。由于长期受到计划经济时期矿产资源无偿使用制度的影响，在法律颁布初期执法相对不完善的情况下，面对矿产资源开采巨大的利益诱惑，无证违法私挖滥采现象频频出现。随着经济体制改革不断深入，相关利益关系网络逐渐复杂多变，对矿产资源的保护与管理成本高且难以根治。

（三）执法力度不足，政府监管不到位

为推动自然资源管理的进一步发展，我国也在逐步出台自然资源管理相关法律法规，完善自然资源依法管理体系。但在现阶段，我国在对自然资源依法管理的过程中仍存在执法人员队伍整体水平有待提高、执法力度不足、相关法律法规不全面等问题，影响政府管理的权威性。在我国，基层环保执法人员队伍整体水平一直偏弱，基层执法人员对自然资源相关法律法规认识不全面，理解不够深入，不能准确熟练运用法律整治违法行为，易造成违法事实与法律规定的处罚条例不相符的情况，影响执法行为的有效性和准确性。在执法过程中，处罚方式过于单一，惩处力度不足。在处理污染、破坏自然资源的违法行为时，大多数处罚方式是向违法的企业、组织和个人收取一定数额的罚款，用作被破坏资源的修复成本。这种处罚方式既使违法者受到惩处，又在一定程度上减轻了国家和地方在生态补偿上的财政压力。但在现实执法中，很多企业、组织和个人排污者还是会因违法成本低、依法环保成本高而随意排污，只需缴足罚金即可随心所欲地污染破坏，加重环境污染，给自然资源管理带来极大的挑战。最后，相关法律不够全面，执法过程中缺乏可操作性。现行自然资源管理相关法律法规大多是在原则性层面制定的，对违法行为具体的、具有可操作性的惩处措施描述较少，在具体责任界定上模糊性概念较多。在具体执法过程中，可能会出现因缺乏具体的法律依据而造成的错判误判行为，影响执法的权威性。

第二节　自然资源管理的主要内容

自然资源是自然环境系统的重要组成部分，"山水林田湖草沙"都是组成自然资源的基本骨架。党的二十大报告指出，我们要推进美丽中国建设，坚持绿水青山就是金山银山的理念，坚持山水林田湖草沙一体化保护和系统治理，统筹产业结构调整、污染治理、生态保护、应对气候变化。本节选取土地资源、水资源、森林资源和草原资源进行重点介绍。

一、土地资源管理

（一）土地资源的概念

土地关系到人类的生存与发展，是自然资源的重要组成部分。土地资源为人类社会全部生产活动和社会活动提供了物质基础，为人类提供了生存和发展的场所，也为国家经济发展提供了基本保障。

所谓土地资源，就是在当前和可以预见的未来，在地球表层土地中，依托一定技术手段，可以为人类所利用而创造出经济价值的所有土地。从"土地资源"这个概念可看出，"土地"与"土地资源"并非完全等同，土地资源是土地这一大范围概念里可供人类开发和利用、能给人类带来经济效益的部分。但是从某一角度来说，"土地"与"土地资源"也可以画上等号。随着科技的进步，目前无法被人类开发利用的土地完全可以在将来转化为有用乃至珍贵的资源，由此，"土地"和"土地资源"也是同义词。

（二）土地资源的特点

1. 土地资源的一般特点

（1）数量的有限性。人类不能生产土地，只能对现有土地资源进行开发和利用。

全球土地资源的总量一般来说是个定值，地球表面总面积约 5.1 亿平方千米，其中海洋面积约为 3.61 亿平方千米，占地球表面积的 71%，陆地面积约 1.49 亿平方千米，仅为地球表面积的 29%。地球表面陆地面积的大小基本决定了全球土地资源的整体上限。

（2）空间位置的固定性。土地资源的形成是在自然条件下经过自然力长期作用的结果。因此，其所在地理位置无法因人类意志或人力作用而发生改变，且土地资源与其周围其他资源要素之间相互联系，形成不可分割的环境整体，具有很强的地域性。

（3）使用价值的不定性（增值 / 贬值）。由土地资源的概念可以看出，对人类有利用价值的土地才能被称为土地资源，这里的利用价值是由时间、空间和技术条件决定的。在同一时间、空间条件下，采用的不同的技术手段，其利用价值也会不同，可以增值，也可以贬值。

2. 我国土地资源的特点

（1）土地资源总量多，但人均占有量少。我国幅员辽阔，是世界上仅次于俄罗斯、加拿大的第三大国。但我国由于人口众多，人均土地占有量较少，我国人均占有的土地资源仅是澳大利亚的 1/58，加拿大的 1/48，俄罗斯的 1/15 [1]，"人多地少"是我国的一项基本国情。

（2）土地类型丰富多样。我国领土南北跨域纬度近 50 度，东西横跨 5 个时区，受自然因素的影响，我国土地资源类型复杂多样。依据土地利用的特征划分，土地资源可分为耕地、园地、林地、草地、湿地、城镇村及工矿用地、交通运输用地、水域及水利设施用地八类，见表 8-1。

表 8-1 我国不同类型的土地资源基本情况 [2]

土地类型	面积 / 万公顷
耕地	12786.19
园地	2017.16
林地	28412.59
草地	26453.01
湿地	2346.93
城镇村及工矿用地	3530.64
交通运输用地	955.31
水域及水利设施用地	3628.79

（3）可利用土地少，生产力水平低。我国多山地、丘陵，平原面积相对较少，山地、丘陵、高原面积占全国国土总面积的 69%，平原、盆地仅占 31%。虽然国土总面

---

[1] 中国政府网.土地资源 [EB/OL].（2005-06-24）[2022-05-04]. http：//www.gov.cn/test/2005-06/24/content_9234.htmc.

[2] 中华人民共和国自然资源部.第三次全国国土调查 [EB/OL].（2021-08-26）[2022-05-04]. http：//www.mnr.gov.cn/dt/ywbb/202108/t20210826_2678340.html.

积居世界前列，但人均耕地面积仅 1.4 亩，低于世界平均水平的一半。

（4）区域分布差异大。我国国土跨经度、纬度广，土地资源类型丰富的同时，各类土地资源的地域性特征也十分明显。我国在地势上呈现明显的西高东低特征，西部多山地、高原，东部多平原。以耕地为例，我国大约有 20 亿亩的耕地，其中 90% 以上分布在东南部的湿润、半湿润地区。在全部耕地中，中低产耕地大约占耕地总面积的 2/3 [①]。

（三）土地资源开发利用过程中存在的环境问题

人类为追求更高的经济效益和更快的社会发展速度，采用不合理的方法开发和利用土地资源，势必会对生态环境造成影响，导致生态破坏和环境污染等问题。土地资源退化已成为全球备受关注的生态环境问题，我国在开发利用土地资源过程中造成的土地资源退化主要表现为以下方面：

1. 水土流失严重

由于自然或人为因素造成的雨水无法自然消融，顺势冲刷土壤造成水分和土壤一同流失的现象称为水土流失。地面坡度大、地表植被破坏、耕作技术不合理、土质松散、乱砍滥伐、过度放牧等都会导致不同程度的水土流失 [②]。2021 年，我国水土流失总面积达 275.47 万平方千米，占全国国土总面积的 28.7% [③]。

2. 土地沙化、盐碱化

土地沙化和盐碱化是土地资源退化的典型特征。土地沙化指地表由于自然气候因素以及人类活动等因素的影响，造成植被与覆盖物被破坏而形成流沙与沙土裸露的过程。在我国，土地沙化主要集中在西北内陆地区，该地区常年降雨量较少且蒸发量大，使得土壤蓄水能力不足，土壤结构松散，加速土地沙化过程。

土地盐碱化则是指由于地势低洼或地下水位高导致地表径流、地下径流滞留排泄不畅，加之地表蒸发量高，水中的易溶盐分积累在地表土壤中，进而导致土地生产力下降或完全丧失的现象。我国盐碱土分布范围广，主要在干旱和半干旱地区，涉及全国 19 个省区。

---

① 中国政府网 . 我国土地资源的特点 [EB/OL].（2007-06-13）[2022-05-13]. http：//www. gov.cn/ztzl/tdr/content_647251.htm.

② 张坤 . 城镇化建设中生态环境保护的问题及对策研究 [J]. 环境与发展，2019，31（3）：157，164.

③ 中华人民共和国自然资源部 . 第三次全国国土调查 [EB/OL].（2021-08-26）[2022-05-13]. http：//www.mnr.gov.cn/dt/ywbb/202108/t20210826_2678340.html.

3.土壤污染

土壤污染是我国经济社会发展过程中长期积累造成的，土壤污染的类型包括：农业污染、工业污染、生活污染。农业污染是我国较为常见的土壤污染类型，过度使用农药化肥、过度耕种等均会导致土壤肥力下降，我国在农业耕种上重产量轻养护，耕地利用不合理，致使土壤板结、肥力下降。

（四）土地资源管理的基本路径

土地资源管理的总目标是要提高土地的生态、经济、社会综合效益，结合土地资源的特点和开发利用过程中存在的问题，从行政、经济、法律和技术角度提出土地资源管理的基本路径：

1.加强行政约束力，制定科学、合理的土地利用规划体系

行政权力具有强制性和约束性，行政人员行使行政权力，按照自上而下的行政程序对土地资源进行管理。按照国家、省（自治区、直辖市）、区（县）、镇（乡）等不同级别分别从宏观、中观、微观层面制定土地资源使用规范，妥善处理好各行政单元和各职能部门在土地利用中的矛盾。

2.发挥国家宏观调控作用，实现土地资源的充分利用

管理部门通过实施税收、市场机制等来规范土地资源的分配和再分配，使土地资源得到优化配置和合理利用。推行土地有偿使用制度，调节土地供需矛盾，改善土地使用结构，激励土地投资，提高土地利用集约度。国家财政拨款促进土地复垦工程和大型水利工程建设，以实现国家在土地利用方面的宏观控制。

3.完善土地管理相关法律法规

落实、执行相关土地资源管理法规，认真贯彻"十分珍惜、合理利用每寸土地和切实保护耕地"的基本国策。规范土地开发、使用、保护和管理中出现的各种土地关系，在土地管理过程中使用法律手段，主要是指利用立法和司法手段，整合和协调不同方面的土地关系，规范社会土地使用行为。

4.提高土地管理科技化水平，提升管理专业化程度

根据土地的自然和经济规律，利用遥感（RS）、地理信息系统（GIS）、全球定位系统（GPS）等高科技数字化技术，以系统工程和土地规划为手段履行管理职能。综合运用多种技术手段对土地资源利用现状进行调查与评估，充分了解我国土地资源国情，包括土地利用类型、质量及分布格局，结合社会经济和技术条件提出土地合理利用的方向、对策、措施和建议。

二、水资源管理

（一）水资源的概念

水资源的概念有广义和狭义之分。广义上的水资源是指地球上人类可直接或间接利用的一切水体，包括咸水和淡水资源，既包括天然水，也包括人类利用科技手段加工合成或更新的水[①]。本节提到的水资源专指狭义上的水资源，狭义上来讲，水资源是在一定时期内，能被人类直接或间接开发利用的自然条件下形成的一切淡水资源，如河流、湖泊、沼泽、冰川、地下径流等。

（二）水资源的特点

1.水资源的一般特点

（1）水资源的总量有限。从全球范围内的淡水资源总量来看，水资源的总量是有限的且是相对稀缺的。地球上所有的淡水资源仅占全球总水量的 2.5%，在这极少的淡水资源中，70% 以上被冻结在南北两极的冰层中；再加上难以利用的高山冰川和永冻积雪，有 87% 的淡水资源难以利用。人类实际可利用的淡水资源仅是河流、湖泊和一小部分地下水，它们约占地球总水量的 0.26%[②]。

（2）水资源分布不平衡。根据联合国统计的数据来看，全球淡水资源分布极不平衡。约有 60% 的淡水资源集中分布在巴西、俄罗斯、加拿大、中国、美国、印度尼西亚、印度、哥伦比亚和刚果 9 个国家，而全球超过 80 个国家和地区的 15 亿人口面临严重缺水，其中 26 个国家处于极度缺水状态。

表 8-2　国际公认的缺水标准[③]

人均水资源拥有量 /（m³/ 人）	缺水状态
3000	轻度缺水
2000	中度缺水
1000	重度缺水
500	极度缺水

2.我国水资源的特点

（1）总量相对较多，但人均占有量少。我国水资源总量为 28000 亿立方米，居世界第 6 位，其中地表径流达 27000 万亿立方米，地下径流为 8300 亿立方米。但人均占

---

① 吴雅丽.完善我国水资源管理体制的法律思考 [D].重庆：重庆大学，2008.

② 中国水利学会官网.世界水资源状况 [EB/OL].（2016-02-05）[2022-05-13]. http：//www.ches.org.cn/ches/kpyd/szy/201703/t20170303_879732.htm.

③ 中国水利学会官网.地球水资源分布状况 [EB/OL].（2004-06-29）[2022-05-14]. http：//www.ches.org.cn/ches/kpyd/szy/201703/t20170303_879732.htm.

有量相对较少，仅有 2240 立方米，约为世界平均水平的 1/4。中国目前有 16 个省（区、市）人均水资源量（不包括过境水）低于严重缺水线，6 个省、区人均水资源量低于 500 立方米[①]。

（2）地区分布不均。全国水资源地区分布极不平衡，总体来看可以概括为"南多北少，东多西少"。就地区而言，长江流域及其以南地区的水资源储量达到全国总量的 81%，而占据我国国土面积 63.5% 的淮河流域及其以北地区，其水资源储量仅为全国总量的 19%，水土资源相差悬殊[②]。

（3）具有周期性。我国地处太平洋西岸，季风性气候显著，全国降水量时空分布具有极强的周期性特征，这就导致我国水资源径流量年内、年际变化很大，全国大部分地区降水呈现"夏秋多，冬春少"，长江以南地区 3—6 月的降水量约占全年降水量的 60%，长江以北地区 6—9 月的降水量占全年的 80% 左右。另外在北方干旱和半干旱地区，全年的降水量常集中在夏季少数几次暴雨中，降水过分集中会造成雨期大量废弃水、旱涝灾害严重，同时非雨期水量匮乏，可用水资源占水资源总量的比重很低。

（三）水资源开发利用过程中存在的环境问题

开发利用水资源造成的环境问题，主要体现在水资源水质、水量、水能三个方面。

1. 排污治理不达标造成水质污染

水质污染主要包含工业污染、生活污染、农业污染三个方面。工业污染是水体污染的主要来源，工业生产过程中产生的污水、废水不经处理或处理不达标排放到河湖中，造成河湖水质污染严重；生活污染主要是由居民日常生活中洗涤衣物、清洁剂、生活垃圾、粪便等，我国每年约有 90% 的生活污水直接排放到各个水域中；农业污染则是指由于农药和化肥的不正确使用所造成的污染，经雨水冲刷、地表径流进入水体，造成水体污染。

2. 人为因素造成水域面积缩小，地表调蓄能力减弱

大规模围湖造田等人为活动造成水域面积缩小、水文条件改变较大，从而使调洪与泄洪能力减弱，河湖水没有足够的分流空间，地表调蓄困难，易导致洪涝灾害，威胁沿岸人民生命财产安全；同时还会造成河湖通航里程缩短，影响航运；水产资源和风景资源也会受到不同程度的破坏。

[①] 中国水利学会官网 . 地球水资源分布状况 [EB/OL]. （2004-06-29）[2022-05-14]. http：//www.ches.org.cn/ches/kpyd/szy/201703/t20170303_879732.htm.

[②] 中国水利学会官网 . 地球水资源分布状况 [EB/OL]. （2004-06-29）[2022-05-14]. http：//www.ches.org.cn/ches/kpyd/szy/201703/t20170303_879732.htm.

3. 河流落差减缓，水能减弱

影响水能的因素主要包含两个方面，一是河流落差，二是河流径流量大小。由于一些地区大量毁林造田、过度放牧等行为致使区域植被破坏严重，加剧了水土流失，不仅会造成流失地区耕地面积减少、土壤肥力下降，还会使得河湖含沙量增大，大量泥沙沉积在下游河段形成地上悬河，在流经中下游时河流落差减缓，河流水能减弱，影响下游地区。

（四）水资源管理的基本路径

1. 引导全民节水保水意识，树立水资源有偿使用观念

完善我国水资源管理，最根本的是要从思想观念层面引导全民树立节水保水意识。《中华人民共和国水法》第一章第三条规定："水资源属于国家所有，即全民所有。"为保障我国全民用水安全，实行"节流与开源并重""保护与管理并重"，并做到"节流优先，保护优先"。教育公众"知水、惜水、护水、节水"，提高节水意识、养成节水习惯、加强节水宣传、落实节水措施。通过"严格取水许可、严控计划用水、严禁超标配水"等措施，实行最严格的水资源管理制度，不断提高水资源集约化、规范化管理水平。

2. 加强排污监管制度，实行水污染物排放总量控制

大量废水未经处理直接排入水环境系统，严重影响水质，降低水资源可得性，加剧水资源供需矛盾。实行水污染物总量控制，根据水环境质量目标，对某一地区各污水源排放的污染物总量进行调节的控制。大力推进清洁生产，逐步将水污染防治从末端处理扩大到全过程管理，全面实施水污染物排放综合治理，建立许可证制度，完善和加强水环境监测管理，实现水量和水质双重管理。

3. 完善水资源管理体制，加强水资源信息互通

按照水系、流域或地理区域建立水资源统一管理机构，对辖区内的水资源进行合理开发利用、监督保护水质和水量，根据国家法规制定辖区水资源发展规划及水资源使用规范。给予统一管理机构统筹管理辖区内水资源的权力，下设其他职能部门向统一管理机构负责，避免出现"多龙治水"困境。

健全水资源信息共享共建机制，进一步完善信息公开制度。实施水域生态信息强制共享制度，构建水域生态信息网络平台，成立大数据中心，依靠信息化技术革新水资源开发利用及水污染防治途径。设立专门机构、定期召开多边会议等方式，沟通其管辖范围内的水域生态环境状况的变化信息，特别是洪水灾害、水资源污染等紧急情况信息。

三、森林资源管理

（一）森林资源的概念

森林资源是地球上最重要的资源之一，为生物多样性和人类居住的陆地生态系统提供了物质基础。森林不仅为人类的生产和生活提供原材料，而且是人类生存所必需的氧气的主要来源。森林资源是林地及生存在该林地上的所有群落的总称，包括森林、林木、林地以及依托森林、林木、林地生存的野生动物、植物和微生物[①]。森林资源是可再生资源，也是潜在的"绿色能源"。森林在保护水土、调节气候、预防和减轻诸如旱灾、洪水、沙尘、冰雹等自然灾害方面有独特的作用，同时森林还具有净化空气的功能。

（二）森林资源的特点

1. 森林资源的一般特点

（1）森林资源具有可再生性和再生的长期性。森林资源是可再生的自然资源。在一定条件下，森林资源具有自我复制、自我更新和循环再生的功能。然而，森林资源的循环再生是一个长期的过程，只有人类遵循森林生态系统的规律，不对森林资源造成不可逆转的破坏，才能真正实现森林的循环再生。

（2）森林资源功能的多样性。森林资源所含种类的多样性决定了其功能的多样性，森林资源的功能体现在以下几个方面：一是森林为工农业生产提供原材料，为人类生存和社会发展提供物质保障；二是森林能够维持大气中氧气与二氧化碳浓度平衡，吸收过滤空气中的有害气体和放射性物质，净化大气环境；三是森林具有保持水土的功能，树冠能够防止雨水直接冲刷地面带走地表的土壤，根系能够固定土壤吸收水分，地面的落叶与枯枝能够有效减少地表径流，防止水土流失；此外，森林还具有调节气候、降低噪声等功能。

（3）森林资源分布的辽阔性。森林资源作为陆地上最大的生态系统，其分布十分广泛。根据联合国粮农组织（FAO）发布的《全球森林资源评估》显示，全球森林总面积达 40.6 亿公顷，占全球总面积的 31%，人均森林面积为 0.52 公顷[②]。据统计，全球有超过一半的森林资源主要分布在俄罗斯、巴西、加拿大、美国、中国五个国家[③]。

---

① 《中华人民共和国森林法实施条例》第一章第二条：森林资源，包括森林、林木、林地以及依托森林、林木、林地生存的野生动物、植物和微生物。

② 联合国粮食及农业组织（FAO）. 全球森林资源评估报告 [EB/OL]. （2022-03-03）[2022-05-14]. https：//www.fao.org/forest-resources-assessment/zh/.

③ 联合国粮食及农业组织（FAO）. 全球森林资源评估报告 [EB/OL]. （2022-03-03）[2022-05-14]. https：//www.fao.org/forest-resources-assessment/zh/.

2. 我国森林资源的特点

（1）森林面积相对数量大，森林资源物种丰富。随着我国对生态保护的重视程度不断提高，近些年来森林资源总面积总体呈现上升趋势，在第九次全国森林资源清查（2014—2018 年）中，全国森林总面积达 2.2 亿公顷，森林覆盖率 22.96%，其中人造林面积稳居世界首位，为 7954 万公顷①，国家森林总面积仅次于俄罗斯、巴西、加拿大、美国，居世界第五位。且我国幅员辽阔，地形复杂，气候多样，分布有热带的雨林、季雨林，温带的阔叶林，寒温带的针叶林等，类型多样是世界少有的。据统计，我国有经济价值较高、材质优良的树种 1000 余种，还有大量的工业原料、药材、香料及观赏木等经济林木。

（2）森林分布不均，地域性差异大。我国森林资源主要分布在我国的东北、西南和东南部地区。东北林场是我国面积最大的天然林场，主要集中在大兴安岭、小兴安岭和长白山地；西南林场主要林区位于横断山脉，天然原始森林和成熟及过度成熟森林所占比重大；东南林场则主要以次生林为主。而土地面积约占全国 32% 的西北地区，森林面积仅占全国的 6.7%，林地资源分布极不平衡。

（3）森林结构不尽合理。现阶段我国森林资源中幼龄林面积占森林总面积的 60% 以上，成熟林所占面积比重小，当下的木材可利用率水平低，可利用森林资源面临枯竭。由于缺乏成熟林资源，这将不可避免地导致中龄和近熟林被砍伐，造成森林结构更加不合理，森林质量下降，形成恶性循环。

（三）森林资源开发利用过程中存在的环境问题

1. 乱砍滥伐现象仍旧存在，森林涵养水源能力下降

《中华人民共和国刑法》《中华人民共和国森林法》均有明文规定盗伐、滥伐等违法行为，但因执法监管不力、惩处力度较低、利益驱使等原因，森林乱砍滥伐现象仍旧存在。过度砍伐森林破坏了森林物种的自然栖息地，使它们面临灭绝的危险，影响森林的生物多样性。森林在水土保持方面发挥着重要作用，乱砍滥伐会加速土壤侵蚀，导致土地荒漠化，造成水土流失和一系列自然灾害，如沙尘暴和龙卷风等。

2. 森林灾害防范意识较弱，自然灾害频发

森林灾害对森林损害最为严重的一般为虫灾和火灾，一旦发生，对于森林资源的破坏可以称得上是毁灭性的。我国已知的森林害虫约有 2400 种，它们的入侵或寄生在

---

① 国家林业和草原局 . 中国森林资源报告（2014—2018 年）[M]. 北京：中国林业出版社，2019：3-5.

林木的根系、枝干或者树冠上，会使树木的形态、组织和生理结构发生一系列异常变化，导致生长受阻，产量和质量下降，甚至会引发整个林分的死亡。

森林火灾突发性强、破坏力大，易发于干燥少雨的春季。据统计，2021 年，全国森林火灾数量为 616 起，是新中国成立以来首次低于 1000 位数，没有发生重大火灾，森林火灾数量、受害面积和伤亡人数均下降 3 倍，比往年明显减少。

（四）森林资源管理的基本路径

森林资源是陆地生态系统的重要组成部分，在提供林、副产品和建立生态系统方面发挥着重要作用。森林资源管理是对森林的开发、利用、经营等行为进行规范，是实施科学森林管理和控制过度使用森林的重要手段。

1. 明确森林权属，加强森林产权管理

《中华人民共和国森林法》（以下简称《森林法》）第十四条规定："森林资源属于国家所有。"明确森林所有权，加强产权保护，是完善生态保护、促进生态文明建设的重要基础制度。2019 年，第十三届全国人民代表大会常务委员会第十五次会议修订《森林法》，将明确森林产权作为修订的重要工作任务，建立国有森林资源所有权行使制度。国有森林资源可由国务院代表国家管理，授权自然资源部统一履行国有森林资源所有者的职能。要依法确定林业企业对国有森林资源的使用权，通过有偿的采伐特许权、批准的项目和租赁等方式授权使用国有森林资源使用权，不限于国有林业企业和国有林管理部门。

2. 加强林区后备资源培育，积极建设防护林

要提高森林资源的利用率，开发宜林荒地，改造低产林，调整树龄结构，扩大可利用森林面积。要坚持合理砍伐、及时造林，保证森林使用率低于复种率。此外还需加强防护林建设，目前我国防护林体系建设主要包括：三北防护林、农田防护林、长江中上游防护林、沿海防护林和太行山绿化工程等。防护林体系建设，需要按照生态与经济相结合的原则，规划现有林区，增加树种，调整结构，实行乔木、灌木、低矮草种相结合的方式，增大防护林面积，提高防护林质量。

3. 保护森林资源，建立多边生态补偿机制

保护和管理森林资源，使之实现健康可持续发展需要建立多元主体共同参与的多边生态补偿机制，实现以横向"造血式补偿"为中心，尊重自然规律，保护森林环境，依托森林资源的可再生性特征实现森林"自我造血式"补偿；同时，辅以四周纵向"输血式补偿"，调动社会、企业、组织和个人积极保护森林资源的意识，实行森林资

源有偿使用原则，加大违规违法采伐森林资源处罚力度，设立专项基金，形成完备的生态补偿网络。

四、草原资源管理

（一）草原资源的概念

草原植被是大地的皮肤，是面积最大的陆地生态系统，是维护国家生态安全的重要绿色屏障。草原是由低温、旱生、多年生草本植物组成的植物群落，是温带半湿润向半干旱区过渡的地带性植被类型。

草原资源是指包括草原、草山及其他一切草类资源的总称。草原具有保持水土、涵养水源、防风固沙、净化空气、固碳释氧、维护生物多样性等多种重要的生态功能，是不可替代的生态资源，是牧区农牧民群众重要的生产资料和生活资料。

（二）草原资源的特点

1. 草原资源的一般特点

（1）草原的分布具有广泛性且具有极强的地域性特征。草原是地球上面积最大的陆地生态系统，在人类干预之前，原始草原覆盖了地球陆地面积的大约 40%～45%。由于人类的耕作和放牧，草原面积逐渐减少，自 19 世纪末以来，草原面积所占地球陆地面积比重在 22%～25% 之间趋于平稳。目前全球草原总面积为 34 亿公顷，约占地球陆地面积的 24%。就世界范围来看，草原资源主要分布在亚洲、非洲、南美洲、大洋洲，欧洲所占比重最小。在不同的地理环境和气候条件下，各地区草原类型呈现明显的地域性差别，亚洲草原主要以温带草原为主，非洲草原则主要为热带稀树干草原，欧洲和大洋洲以干草原占绝大多数，此外大洋洲还有少部分热带稀树干草原类型，南美洲草原主要为潘帕斯草原，北美洲则多为普列利草原，不同类型的草原生态系统中包含的生物群落种类也不尽相同。

（2）草原资源属于可再生资源。作为活的、不断发展变化的草原资源，在一定时间范围内，必然处于一定的发展阶段。在一定条件下，草原资源可以实现自我复制、自我更新和循环再生。需要注意的是，相比于森林而言，草原的自我修复能力较弱，在遭受相同程度的破坏时，草原资源更易面临枯竭。

2. 我国草原资源的特点

（1）草原资源储量大但分布不平衡。我国共有草原面积 3.928 亿公顷，约占国土总面积的 40.9%，全球草原面积的 12%，草原资源数量居世界首位。从全球草原分布格局来看，中国草原是欧亚大陆草原的重要组成部分，其中 80% 的草原分布在我国北方，草原总面积约为 3.14 亿公顷，形成北方牧区；仅有 20% 分布在南方，约有草地 0.79 亿公顷，草原面积小且分布较为分散，是传统的农牧区[①]。

（2）草原类型多样且分布呈地区性差异。由于不同的地形和气候差异，我国草原资源形成复杂多样的类型，在空间分布上呈现区域性不同。我国草原资源一般可以划分为五个主要区域：东北草原区、蒙宁甘草原区、新疆草原区、青藏高原高寒草原区和南方草山草坡区[②]。东北草原区主要为草甸类草原，该类型草原牧草适口性好、产草量高，但大多分布在海拔较高地区，难以利用；蒙宁甘草原区以草甸草原和山地草原为主，还有少部分干荒漠，产草量适中，是我国几大著名草原所在地；新疆草原区北起阿尔泰山和准噶尔界山，南至昆仑山和阿尔金山之间，以山地草原占主体，占全国草地总面积的 22% 以上；青藏高原高寒草原区大部分为高寒草原，山谷地区为草原，森林的上限为高山草原和高山冻原，气候条件恶劣，产草量低，适宜放牧骆驼、山羊等环境适应性高的牲畜。

（三）草原资源开发利用过程中存在的环境问题

1. 草场退化

草场退化是土地资源退化的一种表现形式，既包括"草"资源的退化，也包括"场"资源的退化，是指草原生态系统在发展过程中，其结构特征、能量流动、物质循环等功能的恶化。主要表现为草地变稀疏，产草量降低；草质变坏，优良牧草减少；草地沙化、盐碱化严重。不利的自然条件和不合理的人为活动都是造成草场退化的主要原因，干旱、洪涝、盐碱、风沙等自然灾害再加之人为过度放牧、开垦草地，造成牧草质量下降、草原生产力减弱、草场面积缩小等，从而导致草地资源功能退化。

2. 草原生态破坏

工业和采矿业的发展是破坏草原生态系统的主要因素之一。大规模地勘探和开采露天煤矿破坏了草原植被，致使土壤松散，并对该地区的自然景观造成严重破坏。矿山建设和矿物运输影响到运输沿线的大片草地，造成沿线草地的污染。农业和畜牧业的过度发展也会造成草原生态系统的破坏，过度开垦和大规模放牧会导致草原资源的减少和严重破坏。

---

① 中国科学院地理科学与资源研究所 . 中国草地资源及其分布 .[EB/OL].（2007-09-11）[2022-05-15]. http://www.igsnrr.ac.cn/kxcb/dlyzykpyd/zybk/cyzy/200709/t20070911_2155574.html.

② 中国科学院地理科学与资源研究所 . 中国草地资源及其分布 .[EB/OL].（2007-09-11）[2022-05-15]. http://www.igsnrr.ac.cn/kxcb/dlyzykpyd/zybk/cyzy/200709/t20070911_2155574.html.

3.草原生物多样性减少

草场退化使得草原动植物的栖息地面积大规模减少，大量动植物失去适宜的生存条件，进而退出该草原生态系统。此外，人类违法捕杀、猎杀草原野生动物如羚羊、野牛、野兔等，造成草原生物数量减少，影响草原原有食物链、食物网，从而进一步影响草原的生物多样性。

（四）草原资源管理的基本路径

1.引导牧民树立科学放牧、合理放牧意识，推广草原平衡示范点建设

完善和落实禁牧和草畜平衡制度，依法查处过度放牧、非法放牧等破坏性行为，恢复受损草原，实现自然恢复。通过建立草畜平衡示范点，推广草畜平衡的经验和模式，实现草原资源的可持续利用和保护，提高草原生态、生产和生活的"三生功能"。

2.因地制宜开展"还草护草"工作

实施一地一策，因地制宜，提高草原生态修复效率。在严重过度放牧地区，停止放牧、禁止耕种、松土、施肥、消灭虫鼠等灾害是促进草原植被恢复的重要措施。对于已开垦的草原，按照国务院批准的范围和规模，有计划地退耕还草；在水土条件较好的地区，开展退化草地生态恢复，支持和促进人工草地建设，恢复和提高草地生产力，支持优质牧草储备建设，促进草地生态恢复与畜牧业高质量发展的有机结合。

3.建立草原调查和草原监测评价体系

草原是陆地生态系统的重要组成部分，也是重要的自然资源和生态屏障。要加强对草原调查的基本理论和技术方法的研究，建立符合新时期要求的草原调查技术标准体系。自然资源部和国家林业和草原局制定和发布全国草原调查技术规程和规范等技术标准，在全国第三次土地（国土）调查的基础上开展草原资源调查，获取调查数据，彻底解决当下调查和统计结果不一致、不利于草原管理的情况。建立完善草原监测评价队伍、技术和标准体系。加强草原监测网络建设，充分利用遥感卫星等数据资源，强化草原动态监测。健全草原监测评价数据汇交、定期发布和信息共享机制。

第三节　自然资源管理体制改革

一、自然资源管理体制的内涵

自然资源管理体制是指政府部门管理自然资源的系统结构和组成方式，即政府部门中对自然资源管理的行政权力的划分、政府机构的设置以及运行等各种关系和制度

的总和①。说到底就是采用多种组织方式，并将产生的组织形式结合为一个合理的有机系统，并以各种有效的手段、方法来实现自然资源管理的任务和目的。

自然资源管理体制主要由三部分构成：管理对象、管理主体和管理保障。管理对象顾名思义就是自然资源，主要是指广泛存在于自然界并能为人类利用的自然要素，包括土地、水、大气、岩石、矿物、生物、海洋、森林、草地等。从管理主体来看，我国目前形成了统一集中管理、中央与地方管理相结合的管理主体架构。一方面成立自然资源部，对自然资源开展统一管理，统一行使所有国土空间用途和生态保护职能；另一方面对比较重要的自然资源分别设置了相应的职能部门，如国土空间规划局、耕地保护监督司、矿业权管理司、海洋战略规划与经济司等。同时在地方设立相应的自然资源与规划局，负责地方自然资源的具体事务管理。在管理保障方面，形成了"两大基础、三大环节和四大保障"的自然资源管理制度体系。资产产权制度和空间规划制度是自然资源管理制度体系中的两大基础性制度，也是自然资源管理部门需要履行的关键职责。在自然资源制度体系中，源头保护、利用节约、破坏修复是三大核心环节，其中涉及自然资源保护制度、节约集约利用制度、有偿使用制度、生态补偿制度，这也是自然资源管理实践的四个关键制度，它们相互之间的协同作用实现了对自然资源的严格保护、高效配置。四大保障包括体制保障、法治保障、监督保障和服务保障，涉及资产管理制度和资源管理制度、自然资源法律制度、执法监督制度和离任审计制度、公共服务制度和统计核算制度等②。

二、我国自然资源管理体制改革的历程

自然资源特点和经济发展状况的变革积极推动着国家自然资源管理体制做出相应的调整和转变。从我国自然资源管理体制改革的历程来看，我国的自然资源管理体制发展可以大致概括为四个阶段。

（一）萌芽阶段（1949—1978 年）

新中国成立后，为了适应计划经济发展的需要，自然资源管理以行政命令为主，主要依据自然属性、资源产品和生产技术专业等方面对自然资源经济效益进行管理，管理方式和管理机构未进行细分，存在牺牲自然发展经济现象。

---

① 张卉 . 生态文明视角下的自然资源管理制度改革研究 [M]. 北京：中国经济出版社，2017：62.

② 宋马林，崔连标，周远翔 . 中国自然资源管理体制与制度：现状、问题及展望 [J]. 自然资源学报，2022，37（1）：1-16.

从土地、矿产、草原、林业等几大主要自然资源管理来看，土地资源管理经历了从 1949 年的内务部地政司到 1955 年组建农业部土地利用局；矿产资源管理最早设立的行政机构是 1950 年的地质工作计划指导委员会，直到 1952 年才成立地质部。而草原管理职能早期长期放在农业、农牧部门，没有引起足够的重视。我国海洋专门管理机构到 1964 年才成立，当时叫国家海洋局，由海军部门代管，并以行业分头管理为主[①]。水作为生存和发展的特殊资源，再加上我国又是个洪涝灾害频繁、水资源短缺的国家，管理水资源就显得格外重要，新中国成立之初就设立了水利部，并辖设 4 个机构：黄河水利委员会、长江水利委员会、治淮委员会和珠江水利工程局。1955 年改为电力工业部，后又改为水利电力部。林业资源管理经历了 1949 年的林垦部到 1951 年的林业部、1956 年的森林工业部和 1970 年的农林部的变革。

该阶段国家正处于百废待兴的状态，以发展经济为主，对自然资源的管理制度并没有太多的关注，相应的管理体制也很缺乏。尽管也初步设置了一些自然资源的管理结构，但都是以服务当时的计划经济为目的，也没有形成制度保障，多是以行政命令为主，其科学性和合理性较为欠缺。

（二）探索阶段（1979—1990 年）

十一届三中全会以后，国家进入社会主义现代化建设的新时期，自然资源法律监管体系初步建立，转变自然资源开发形式，变无偿开发为有偿开发，自然资源监管机构不断完善。

从机构设置和法律法规制定来看，1982 年，国家开始实行城乡土地分管制度，城市设置房地产管理局，地方的农业部门则建立了土地管理部门。而后在 1986 年组建国家土地管理局，负责全国土地、城乡地政的统一工作，使得土地资源管理由多头分散管理转为集中统一管理。并在同年颁布了我国第一部《土地管理法》，使得土地管理有法可依，且在 1988 年进行了第一次修订。矿产资源管理方面，1982 年原地质部改为地质矿产部，同年国务院能源委员会成立，承担能源行业监管职能；并在 1986 年颁布《矿产资源法》。在水资源管理方面，1979 年设立水利部和电力工业部，1982 年将两者合并，成立水利水电部；1988 年设立能源部和水利部。同年颁布了我国第一部《水法》，1984 年颁布《水污染防治法》。在林业和草原资源管理领域，1979 年成立农业部和林业部，1984 年和 1985 年分别颁布了我国第一部《森林法》和《草原法》。在海洋管理方面，1982 年国家成立国家海洋局，负责统筹规划管理全国海洋工作，并在 1982 年颁

---

① 吴初国，马永欢，苏利阳 . 我国自然资源管理体制改革历程概览 [J]. 资源与人居环境，2019（10）：8-11.

布了我国第一部《海洋环境保护法》。

总体来看，该阶段不仅各个自然资源管理领域的管理部门和机构设置不断调整，同时各部门的职能定位和管理工作也开始逐步适应社会的发展和市场经济改革的需要。该阶段的重要成果就是相关领域法律法规的颁布，使得自然资源管理有法可依。在管理手段上采取了行政、法律和经济相结合的手段。但在当时初步探索阶段，仍存在很多问题。一是管理结构林立、职能交叉多，分工不够明确。同时管理法规处于初建阶段，虽然有了基本法律作为依据，但尚不完善，导致资源管理中许多环节无法律依据。二是地方自然资源管理机构不健全。不仅体现在机构设置上的"头重脚轻"，而且在技术力量、专业人才方面地方更是缺乏 [1]。

（三）形成阶段（1991—2012 年）

到 20 世纪 90 年代，随着改革深入和经济社会发展，可持续发展战略、"两型社会"建设、生态文明建设等相关理念被提出，经济建设与发展规划中涉及节约资源和保护环境的内容增多，有关自然资源管理的法律体系、监管机构逐渐完善。

从机构设置和法律法规制定来看，1998 年，国家土地管理局并入新成立的国土资源部，进一步实现了土地管理的集中化，并在 1998 年和 2004 年对《土地管理法》进行了修订。同时 1994 年颁布了《城市房地产管理法》、2002 年公布了《农村土地承包法》，还有 1998 年颁布了《土地管理实施条例》《基本农田保护条例》等，这些法律法规的实施推动了土地利用规划管理制度、耕地保护制度、建设用地审批制度等一系列土地管理制度的发展。矿产方面，1998 年组建了国土资源部，将原煤炭工业部、化学工业部等均划入其内。2008 年成立国家能源局，而后 2010 年成立国家能源委员会。在这个阶段还颁布了《矿产资源实施细则》《资源税暂行条例》《矿产资源补偿费征收管理规定》《矿产资源勘查区块登记管理办法》《矿产资源开采登记管理办法》等文件。在水资源管理方面，1993 年，再次成立电力工业部，1997 年成立国家电力公司，1998 年重新组建水利部，2008 年，进一步明确了水利部对水资源的保护责任，环境保护部对水环境质量和水污染防治负责。在法律制定方面，1991 年颁布《水土保持法》，相关条例有《水土保持法实施条例》《防洪法》《河道管理条例》《取水许可和水资源费征收管理条例》等。可以看出，水资源管理的法律制度基本涵盖了水资源保护和管理的主要方面。在林业方面，1997 年，林业部改为国家林业局。1998 年修订了《森林法》，并进一步颁布了《森林法实施条例》《森林防火条例》《城市绿化条例》等，加强了森林保

---

[1] 覃定超 . 我国自然资源管理概况 [M]. 北京：中国计划出版社，1993：6-12.

护。1998 年将国家海洋局划归到国土资源部管理。在该阶段，还颁布了《海洋倾废管理条例实施办法》《海域使用管理办法》《海岛保护法》等法律法规。

总体而言，该阶段自然资源管理的各个领域得到快速发展，土地、水资源管理等几类重要自然资源相对实现了统一集中管理，但其他资源的管理依然较为分散[①]。虽然我国对自然资源分类管理并设立管理部门，但由于自然资源之间存在相互依存的现象，具有重叠性以及可利用性，导致各部门之间权责不清，管理内容与范畴交叉。中央政府对重要自然资源进行统一管理，其他资源交由地方管理，但自然资源之间的交换不可避免，在交换过程中出现了权责不清的现象，从而发生寻租腐败问题。中央政府指出自然资源管理的主要方向，地方政府在实施过程中并不能充分贯彻相关制度，管理主体在权力分配、权力使用方面出现矛盾。在自然资源交换和结合利用过程中，各类自然资源权责交叠，而这类法律在我国法律体系建设和发展过程中空白、缺失，各类自然资源法律关联性减弱，阻碍自然资源创新发展方向，降低各类主体资源交换发展的活力，影响生态修复工作的开展。

（四）完善阶段（2012 年至今）

自 2012 年党的十八大提出中国特色社会主义"五位一体"总体布局以来，自然资源管理体制不断深化改革，开创了新局面。自然资源管理被全面纳入生态文明建设中，法律体系和监管机构配置得到进一步完善。

在这一阶段最重要的变革就是"大部制"改革。2018 年 3 月，国务院组建自然资源部，整合了国土资源部、国家发展和改革委员会、住房和城乡建设部、水利部、国家林业局、农业部、国家海洋局和国家测绘地理信息局等部门的相关职责，形成了统一的自然资源管理部门。它不仅履行全民所有的自然资源所有者职责和国土空间管制职责，还负责自然资源的调查检测评价、统一确权登记、资产有偿使用、资源的合理开发、生态修复等。这次改革有利于解决自然资源管理者不到位、空间规划重叠等问题，也有利于对山林水草等的整体保护、系统修复和综合治理。同时在这个阶段国家对《土地管理法》《环境保护法》等法律法规进一步修订。

总之，随着社会发展和管理理念变革，我国自然资源管理体制改革路径和改革目标也在不断发生着变化，自然资源管理的部门调整和职责划分逐渐由分散管理走向统一管理，自然资源的总量和价值得到重视和保护。作为一个动态变化的过程，自然资源体制以适度性为原则，将自然资源管理与产业和生态管理相结合，开创符合中国国

---

① 宋马林，崔连标，周远翔 . 中国自然资源管理体制与制度：现状、问题及展望 [J]. 自然资源学报，2022，37（1）：1-16.

情的自然资源管理体制道路[①]。在国家生态文明建设的战略部署下，我国自然资源管理体制获得较大的突破和创新，制定的节约集约制度、生态补偿制度等制度夯实了自然资源体制框架基础，修复和防范资源破坏，并在产权上建立了自然资源资产产权制度，借用补偿、所属权管理等手段进行资源保护，有效使用有限资源。然而在发展过程中问题和矛盾仍有显现。一方面是我国自然资源产权归属仍有很多地方不明确，导致出现一系列延缓资源利用或对资源利用过度等现象。自然资源再利用过程中的产权最大的效益莫过于其收益，但产权收益流失严重对资源利用造成一系列的障碍，由于产权不清问题使得拥有者得不到收益或者收益没有达到期望值，降低对资源利用的动力，使得资源利用过程不能顺利进行。产权交易存在偏离市场的现象，目前有偿使用制度依赖国家政策资金，并不是以市场为主导的交易方式，缺乏市场活力，阻碍产权分配工作的进行。另一方面，人们对相关法律认识薄弱，法律执行手段欠缺，立法体系中心需要由自然资源利用开发转变为可持续发展，需要建立健全统一的监管体系[②]。

三、自然资源管理体制改革的基本路径

根据我国自然资源管理制度建设中的两大基础、三大环节和四大保障等重要内容[③]，按照资源综合化管理、总量集约化管理、空间补偿化管理、资源法治化管理的时代要求，自然资源管理体制改革的内容主要分为四部分：资源规划、节约保护、生态补偿、监管制度。这四部分作为自然资源管理体制中的重要组成内容，是改革的重要突破口。

（一）统筹资源整体性规划

我国目前资源规划管理工作主要由自然资源部负责，其内设机构统一行使国土空间用途管制职责，着力实现资源系统化建设和保护。由于自然资源所有权主位缺失、自然资源产权制度建设存在"虚化"和"弱置"，资源规划存在着多头管理等问题，国土空间规划与自然资源整体规划衔接性不够，规划存在重叠甚至冲突。因此，需要强化"多规合一"规划制度建设，厘清各层级和各部门的职责，并推动规划的实施。

---

① 袁一仁，成金华，陈从喜.中国自然资源管理体制改革：历史脉络、时代要求与实践路径 [J].学习与实践，2019（9）：5-13.

② 宋马林，崔连标，周远翔.中国自然资源管理体制与制度：现状、问题及展望 [J].自然资源学报，2022（1）：1-16.

③ 马永欢，吴初国，苏利阳，等.重构自然资源管理制度体系 [J].中国科学院院刊,2017(7)：757-765.

1. 加强规划编制建设

一是完善现有的资源规划管理体制，建立协调和监督机制，明确各部门之间的职能划分和权力责任边界，厘清责任关系网，解决各类规划自成体系、内容冲突交叉、缺乏衔接等问题，填补空白区域管理的缺漏。二是加强国土空间规划顶层设计，坚持生态文明理念、保护和节约资源的方针政策，统筹资源开发利用和保护；形成从中央到地方、地方上级至下级之间"自上而下"的管控体系，增强规划的系统性和联结性。三是统一规划用地分类，遵循土地高效集约利用原则，按照土地分类标准，对土地规划用地进行分类分级管理，并建立指标考核体系，落实各部门的规划责任。

2. 推动规划审批和报批改革，完善规划管理实施制度

完善"多规合一"规划审批流程，推进审批制度改革，推行精简式审批程序，采用"一表式"审批，由一个窗口接收受批文件，其他事务相关部门通过网络平台进行协同办理事务；改革国土空间规划审查报批制度，降低报批的复杂性，切实提高规划的科学性、权威性和可操作性，促进国土空间治理体制和治理能力现代化。同时成立规划委员会，统筹推进空间规划管理的实施，加强规划管理的专业性和系统性，对重大的空间规划项目进行指导性的规划，并根据需要建立监督委员会作为规划监督管理机构，对试点中的规划进行有效监督检查，确保规划的顺利进行；构建统一高效的信息系统，利用信息系统高效信息化的手段搭建综合管理平台。完善规划管理机制，制定合理的规划法律法规，激发规划管理的外在约束机制，促使各部门在法律的强制性约束下行事[①]。

（二）加强节约保护制度建设

节约资源是目前人类面临可利用资源日益枯竭形势的客观现实需要。党的二十大报告指出，要"实施全面节约战略，推进各类资源节约集约利用，加快构建废弃物循环利用体系"。具体来说，加强节约保护制度建设，就必须加强耕地、水、矿产等资源保护，完善资源总量管理和全面节约集约制度，同时加快建设循环经济创新平台，推动数字技术在废弃物产生端、回收端、利用端的多场景应用，缓解资源"瓶颈"压力，推进生态文明建设。

1. 健全国土空间开发保护制度

该制度是自然资源管理改革的重要内容，能够有效实现国土空间有效管制。健全

---

① 宋马林，林伯强，吴杰，等. 自然资源管理体制研究 [M]. 北京：经济科学出版社，2020：190-200.

资源开发保护制度，宏观考虑区域规划，实现空间规划与其他规划和谐统一，形成良好的发展规划体系，促进人与自然和谐发展。将主体功能区的有关要求、省域和市县"多规合一"成果融入国土空间规划中，并以国土空间规划统领整合各类空间性规划，促进国土空间开发保护制度改革，建立国土空间规划与发展规划的衔接机制，贯彻落实发展与保护协调兼顾理念，切实加强国土空间开发保护制度建设[①]。

2.完善资源总量管理和全面节约集约制度

全面了解我国的总体资源，对资源开发利用设定质量标准，遵循可持续发展原则，落实严格的资源节约利用制度，实时考核监督资源节约情况，及时调整和控制资源利用行为；完善节约利用、集约利用、综合监管制度，合理规划保护土地、水和矿产等资源，打破管理体制障碍，发挥市场在资源中的配置作用。强化资源规划引导控制作用，推进资源用途管理制度的建设，加强资源综合治理，完善资源循环利用系统，促进经济发展与生态保护同步推进。积极推广资源节约集约准入制度，提高开发者使用资源的标准，完善市场价格机制，以市场价格促进资源合理配置。优化政绩考核评价机制，加强监管制度建设，促进管理手段、方式创新，促进自然资源管理产业化、综合化和生态一体化，创新发展资源管理体制，加强各部门之间联系和交流，促进资源置换协调发展。

3.加快构建废弃物循环利用系统

围绕废弃物循环利用的重点领域布局建设循环经济创新理论和实验平台，将清洁能源的使用和生产、所有资源的综合规划以及利用、生态文明的保护以及与可持续发展消费的理念进行有机地结合，实现资源的再次利用和资源无害化的生态规律，缓解资源短缺问题，促进经济增长方式转变。强化数字技术赋能循环利用，研究"互联网＋资源循环利用"的有关政策措施，借助"互联网＋再生资源回收"的新产业模式，运用物联网、大数据对行业升级优化，优化传统废品回收的流程，促进再制造产业的高质量发展，积极建设资源循环型社会。

（三）完善生态保护补偿制度

完善生态保护补偿制度，可以实现对生态利益重新分配，建立社会经济发展和环境资源保护之间的矛盾协调机制，进而达成修复自然资源的目的。但在实施过程中产权交易市场不完善致使产权出让、流转不能顺利进行，产权界限不明晰，税收和收费

---

① 谢海燕，程磊磊.国土空间开发保护制度建设现状、问题及建议[J].中国经贸导刊，2020（19）：23-25.

没有合理规定，生态补偿制度并不能很好地发挥作用，加之收益分配和法律制度不够完善，自然资源修复工作滞缓。2021年中央印发的《关于深化生态保护补偿制度改革的意见》指出，亟须通过完善生态保护补偿制度，建立资金稳定机制，健全分类补偿和综合补偿制度，推进自然资源体制改革，推动自然资源修复工作的开展。

1. 建立资金稳定投入机制，完善补偿资金分配办法

为了保障生态受益者能够对生态保护者因保护生态环境付出的直接成本和增加的投入给予补偿，政府需要打破现阶段投资主体单一、补偿资金缺乏的现状，拓宽生态补偿资金的融资渠道，建立稳定的资金投入机制，提高投资力度和补偿资金的比例，有效分配政府资金，加强对生态功能区的修复和保护。充分发挥生态补偿资金使用绩效，对补偿资金实行专项管理，并制定配套的资金管理办法监督管理资金的使用过程。完善重点生态功能区转移支付资金分配办法，参照生态产品价值核算结果、生态保护红线面积等因素制定分配方案，提高资金使用效益。

2. 围绕生态环境要素，健全分类补偿制度

针对我国生态保护地区经济社会发展状况、生态保护成效等因素，建立健全以生态环境要素为实施对象的分类补偿制度，针对重要水源地、水土流失重点防护点、受损河湖等重点区域开展流域生态保护补偿工作，强化天然林与湿地生态保护补偿制度建设，完善耕地保护补偿机制，推广以绿色生态为导向的农业生态治理政策，推进山水河湖林田草沙一体化生态管理。逐步探索统筹保护模式，系统谋划多元生态环境要素，依法稳步推进不同渠道生态保护补偿资金统筹使用，以灵活有效的方式推进生态保护补偿工作，提高生态保护整体效益。

3. 聚焦重点生态功能区，加强综合补偿制度建设

突出纵向补偿重点，提高青藏高原、南水北调水源地等生态功能重要地区的转移支付系数，加大政府支持力度，推动其基本公共服务保障能力居于同等发展能力地区前列。建立健全以国家公园为主体的自然保护地体系生态保护补偿机制，根据自然保护地规模和管护成效加大保护补偿力度。改进纵向补偿办法，根据生态效益外溢性、生态功能重要性、生态环境敏感性和脆弱性等特点，在重点生态功能区转移支付中实施差异化补偿，探索建立补偿资金与破坏生态环境相关产业逆向关联机制，有效发挥生态保护补偿的作用。推进横向生态保护补偿制度建设，巩固跨省流域横向生态保护补偿机制试点成果，积极引导多元主体参与，促进生态受益地区与保护地区的良性互动，促进补偿机制多元化发展。

（四）深化监管制度改革

自然资源环境监管制度需要做到三个统一，即设立统一行使全民所有自然资源资产所有者职责的国有自然资源资产管理机构、统一行使所有国土空间用途管制和生态保护修复职责的自然生态监管机构、统一行使监管城乡各类污染排放和行政执法职责的生态环境管理机构，三者共同落实生态环境监管任务。"三个机构"的体制设定既体现了生态系统综合管理趋势，又反映了资源资产环境差异性特征，符合我国行政体制实际[①]。针对这三个统一和监管现状提出对我国监管制度的改革，需要建立多层次、多领域、全流程、全覆盖的自然资源监督管理体系。

1. 建立科学的统计标准，减少监管政策偏差

多部门分散管理导致同类自然资源统计标准存在差异，而标准差异导致自然资源开发过程中出现问题，因此建立合理的统计标准能够减少同类资源监管方面的政策差异，减少利益流失和资源浪费。国家要完善相关的法律体系，促进监管主体能够更好地对监管对象进行取证或采取相应的强制手段，加强基层执法力量建设，执法队伍的扩大有利于队伍能够更好地进行监管，提供技术和资金支持扩大执法力量进行相应的监管，利用激励机制和绩效机制提高监管队伍的积极性，提高自然资源监管的作用，进行相应的思想建设，促进自然资源管理监管发展。

2. 协调自然资源管理主体的关系

科学划清政府与市场的边界，市场在自然资源的配置过程中发挥决定性作用，由市场配置资源能够优化资源利用成效，政府则发挥资源开发的生态环境问题的监管职能，制定生态补偿机制，促使资源开发的外部性内部化，同时监督市场的配置行为，在失灵情况下及时宏观调控资源，保障自然资源管理的顺利运行。合理划分中央与地方的关系，依据各级政府的事权匹配相应的财权，中央政府要积极制定全国性的工作规则，明确监管对象、目标和责任追究的各项措施，地方政府则根据中央的指令制定地方性规划，落实各项监管政策，形成合理分工、上下互动的工作格局，推动监管制度的贯彻落实。

3. 实行全方位综合监管

正确认识自然资源监管主体、监管对象、重点领域、难点问题，妥善处理自然资源监管在各层级、各方面的需求，进行系统性的改革和创新，不断提高监管效能；建

---

① 董祚继. 统筹自然资源资产管理和自然生态监管体制改革 [J]. 中国土地，2017（12）：8-11.

立完善的监管体制和绩效激励机制，使得监管过程规范化、合理化①。整合内部监督力量，增强监管实效，建立统一的监管部门对资源进行统一监管，确立明确的监管标准，促进部门与部门之间的交流，促进资源交换，借助外部监管力量，加强群众参与和科技手段的应用，使监管更加多元化、科学化。从源头进行监管改革，设立资源开发准入标准，并对开发过程进行相应的探查和监管②。

思考题

1. 自然资源与自然环境有何区别？
2. 自然资源管理的概念和特点是什么？
3. 我国自然资源管理过程中存在哪些突出问题？
4. 自然资源管理的主要内容有哪些？各有什么特点？
5. 我国自然资源管理体制改革有什么特点？

案例分析

案例材料1："大棚房"耕地非农化问题

2020年9月15日，国务院办公厅印发《关于坚决制止耕地"非农化"行为的通知》指出，耕地是粮食生产的重要基础，解决好14亿人口的吃饭问题，必须守住耕地这个根基。坚决制止各类耕地"非农化"行为，坚决守住耕地红线。2008年以来，内蒙古呼和浩特市新城区香岛生态农业开发有限公司流转耕地建设香岛生态农业园区，其中超标看护房113栋，均为二层建筑、面积120平方米以上，占地18.94亩，作为住宿、休闲用房对外出租、出售，这些在农业用地上建造的非农业性质房屋被称为"大棚房"，其本质是改变土地性质用途，使得耕地非农化。在专项行动排查发现问题后，新城区政府进行整治整改并复垦复耕。2021年"大棚房"问题专项清理整治行动"回头看"排查中发现，香岛生态农业园区又有3个温室内存在建设步道、木质地板等违规

---

① 宋马林，林伯强，吴杰，等．自然资源管理体制研究 [M]．北京：经济科学出版社，2020：31-38，56-189.
② 李青青，朱泰玉，刘伯恩．关于我国自然资源监管体制改革问题的思考 [J]．中国国土资源经济，2021，34（3）：63-68.

设施，占地 0.6 亩，当地立即拆除违规设施并恢复耕地。新城区对项目处以行政罚款 6.1 万元，对负责人进行约谈和批评教育。

——资料来源：中华人民共和国自然资源部.自然资源部联合通报 6 起"大棚房"问题典型案例 [EB/OL].（2022-07-18）[2022-10-01]. https：//www.mnr.gov.cn/dt/ywbb/202207/t20220718_2742401.html.

案例材料 2：云南省瑞丽江水变"血水"问题

2020 年 6 月 11 日 15 时，因连续降雨等因素，中缅边境瑞丽江畹町桥下游段江水变红。附近居民担心，瑞丽江疑似受到污染。从云南省德宏傣族景颇族自治州生态环境局获悉，江水变红的原因已查明，系造纸企业违法排放污染物所致。

事件发生的畹町河位于瑞丽江上游，是中缅两国界河，附近有造纸企业违规排放出直接玫红 FR 染料染色形成的红色生产废水，使得污染物排入畹町河并汇入瑞丽江，造成瑞丽江畹町桥下游段断面江水变红。专家表示，直接玫红 FR 为直接耐晒染料的一种，生产过程简单，使用方便，价格低廉，可广泛应用于棉纤维染色，也可用于粘胶、真丝等纤维的染色以及制革、造纸等工业产品的着色。据德宏州生态环境局瑞丽分局专业人士介绍，"虽然江水断面染红了，但是玫红染料对环境风险影响较低，更多的是视觉上的影响"。

据调查，污染源排放区域内中方和缅方边境地区均有造纸企业，双方均需加强管理。事件发生后，中方已对排污企业采取严厉管控措施，并将依法予以处理。

——资料来源：根据德宏州生态环境局官网信息整理.

案例材料 3：违法开采矿山破坏草原、矿区生态环境问题

2021 年，内蒙古自治区巴彦淖尔市乌拉特前旗境内的矿山因长期无序开发、非法开采、侵占等原因，已有 3 万亩左右的草原遭到严重破坏。有关矿业公司在该矿区采矿证面积仅有 81.9 亩，违规开采却达 353 亩。根据当地林业和草原局的统计，有 45 家采矿公司、62 项工程破坏了近 2.8 万亩草原。乌拉特草原因常年遭受破坏，生态已经出现退化现象。2021 年 12 月，乌拉特前旗对破坏草原的矿企进行治理。受损草原 2.8 万亩，其中仅 6844 亩被要求限期复植，其余 2 万多亩将重新领取征用草原许可证。乌拉特前

旗向自治区呈报申请给矿企处理征用草原审批的草原总面积远远超过了矿企破坏的2.8万亩。旗农牧业综合行政执法局分管草原监管工作，有关工作人员反映，目前全局36名工作人员需对全旗440余万亩草原进行监管。

——资料来源：新华网．聚焦中央生态环保督察 | 内蒙古乌拉特前旗：近3万亩草原遭违法开矿和侵占 [EB/OL].（2022-04-07）[2022-10-01]. http：//www.news.cn/2022-04-07/c_1128539509.htm.

结合以上材料，请分析：

1. 上述三则材料分别反映了自然资源管理过程中的哪些问题？

2. 结合个人经历和所学知识，谈谈应该如何有效治理"大棚房"等违规侵占土地资源的问题。

3. 结合材料2，试分析加强水资源管理的基本路径。

4. 结合材料3和所学知识，试分析如何加强草原、矿区管理联动。

第九章　全球环境治理与国际合作

工业化和城市化为人类创造了前所未有的文明和财富，但也带来了严重的环境污染和生态破坏问题。20 世纪 30 年代以来频发的全球性环境问题引起了人们的反思：在享有地球环境和资源的同时必须对生态环境进行保护。然而，各国在应对全球环境问题上的利益冲突、责任争端和能力差别造成了合作治理的困境。面对共同的责任，各国应该协调利益、统一力量，构建人类命运共同体，共同保护美丽的地球。本章主要对全球环境治理的内涵、原则及面临的挑战进行分析，介绍当前全球环境治理与国际合作的主要行动，以及中国参与全球环境治理与国际合作的原则立场、主要行动、缔结的环境保护公约和协议。

第一节　全球环境治理与国际合作概述

一、全球环境治理

20 世纪 30 年代以来，人们逐渐认识到生态环境的重要性：它不仅关乎经济社会的发展，更关乎全人类的生存与安全。生态环境具有公共物品的属性，地球及其自然资源为全人类所共有，应对生态环境问题的挑战需要各国携手共同应对。

（一）全球环境治理的内涵

1. 全球环境治理的定义

根据联合国《里约环境与发展宣言》《21 世纪议程》等相关条约或协议，全球环境治理主要指国际社会通过建立新的公平的全球伙伴关系，经由条约、协议、组织所形成的复杂网络来解决全球环境问题以促进人类社会的可持续发展[①]。

---

① 刘颖. 多元中心体系下的全球环境治理 [J]. 理论月刊，2008（10）：157-159.

2. 全球环境治理的特征

全球环境治理是全球治理概念在环境领域的具体化，它的兴起和发展是全球化时代的必然趋势。综合来看，全球环境治理具有以下特征：

（1）治理主体的多元化

全球环境治理的主体是多层次、多中心的。全球环境治理主体包括：一是主权国家，它具有对本国经济发展方向和资源利用模式的控制权和支配权，能够决定其是否参与全球环境治理以及贡献多少力量、承担多少责任；二是政府间国际组织，它们依靠主权国家、社会和个人等提供的资金进行环境研究和调查，并积极参与解决环境保护、生态平衡等问题；三是全球公民社会组织，包括国际性的非政府组织、全球公民网络、跨国社会运动等，它们是全球范围内民主化浪潮的产物，构成了全球环境治理的微观基础。

（2）治理对象的复杂化

全球环境治理不能只考虑问题的本身，不能只从末端对环境污染进行惩罚和规制，而是要将一个区域、流域、国家乃至全球作为一个整体，综合考虑自然发展规律、贫困问题的解决与经济的可持续发展、资源的合理开发与循环利用、人类人文和生活条件的改善与社会和谐等问题①。实际上，环境问题与经济发展密切相关，环境问题的实质就是发展利益问题。全球环境治理除了要解决环境污染与生态破坏问题，还要对各国的发展方式、资源利用状况等进行合理的调整和规范，构建公平合理的全球环境治理体系。

（3）治理机制的网络化

全球环境治理主客体的复杂多样要求通过创新强化治理机制，加强国际合作，而治理机制的创新和强化又反过来推动全球环境治理向更深层次发展。作为一种追求人类共同利益的活动，全球环境治理不仅要求主权国家之间、国际组织之间实现利益和目标的协调，更倡导跨国公司、非政府组织、全球精英等治理主体间的合作。当前，依托国际协议、合作原则、治理程序等，全球环境治理机制呈现网格化趋势。具体来说，主要包括：国际环境会议及其达成的多边环境协议；具有强制力的国际环境法律体系；具体进行全球环境治理的政策工具；解决经济技术援助的资金机制等②。

---

① 李永峰，李巧燕，程国玲，等.基础环境科学 [M].哈尔滨：哈尔滨工业大学出版社，2015：37.

② 陶坚.全球经济治理与中国对外经济关系 [M].北京：知识产权出版社，2016：109.

（4）追求"公平"与"正义"

它包括地域和时间两个治理维度。从地域上看，全球经济发展不平衡趋势加剧，贫富差距、南北差距问题日益突出，一些处于贫困境地的国家面临严重的生存和发展问题，这就使得如何合理分配各国的环境责任成为难题。从时间上来看，全球环境问题的解决和治理不仅影响当代人，还要影响后代人，这就要求全球环境治理必须考虑代际公平。

（二）全球环境治理的基本原则

1. 国家环境主权原则

国家环境主权原则是指各国拥有按照其本国的环境、资源与发展政策开发本国自然资源的主权权利，并负有确保其在管辖范围内或其控制下的活动不致损害其他国家或各国管辖范围以外地区的环境的责任[①]。它有两层含义：一是主权国家可以依照本国的法律、政策和意志来决定开发的时间、方式和程度；二是在行使环境主权的同时不能损害其他国家的利益。

2. 共有环境共享资源原则

共享资源是指在一定范围内任何主体均可享用的资源，如公海矿藏资源、跨国性的河流和湖泊、南极大陆等，它们具有较强的非竞争性、非排他性和共享性，其产权难以明确地界定，属于全人类的共同财产，而且对开发和利用的技术要求较高，世界各国应加强合作，共同保护、共同享有。

3. 国际环境合作原则

国际环境合作原则是指在解决全球环境问题上，世界各国及所有治理主体应当以合作而非对抗的方式采取协调一致的行动，共同保护和改善地球的生态环境。这是由全球环境问题及环境治理的特点所决定的，全球环境问题是普遍的、全球性的，全球环境治理是复杂的、有难度的。所有国家都有权且应当参与到全球环境治理当中。

4. 共同但有区别的责任原则

共同但有区别的责任原则是指由于地球生态系统的整体性、导致全球环境退化的各种不同因素以及各国的具体情况，所有国家负有保护和改善全球环境的共同责任，但责任的大小必须有所差别，特别是工业发达国家应当承担更大的责任。这主要是因为发达国家是造成当今全球环境问题的主要责任方，而且它们相较于发展中国家有更多的资金和更先进的科学技术。

[①] 蔡守秋，常纪文 . 国际环境法学 [M]. 北京：法律出版社，2004：83.

5. 可持续发展原则

可持续发展的实质是既满足当代人的需要，又不对后代人满足其需要的能力构成危害的发展。其内涵包括：代际公平、代内公平、资源的可持续利用和环境与发展一体化。全球环境治理所制定的政策、法规、制度等，都需要合理适度地利用自然资源，最大限度发挥它们的效益且不破坏它们的再生能力，实现可持续发展。

6. 预防原则

环境问题的产生具有潜伏性，人类环境损害造成的长远影响和最终后果，往往难以发现，一旦发现却又为时已晚。而且，环境问题具有不可逆性。环境污染和破坏一旦发生，往往难以消除和恢复[①]。因此，为了预防不可逆转的危害发生，应当对无法确定实际危害和影响的活动加强科学预测、分析和评价。

（三）全球环境治理面临的挑战

党的二十大报告指出，世界之变、时代之变、历史之变正以前所未有的方式展开，人类社会面临前所未有的挑战。当前，单边主义、霸权主义、孤立主义暗流涌动，逆全球化思潮与运动高涨，许多主权国家虽然深知全球问题的解决需要各国携手应对，但多以投机心态，只想享受利益，不愿承担责任[②]。各国利益的分野和发展诉求的不一致，增大了合作的难度，为全球环境治理带来了诸多挑战。

1. 全球生态环境恶化趋势明显，环境问题风险不断加剧

2020 年以来，澳大利亚山火持续数月，对生物多样性、全球气候造成严重影响；非洲蝗灾肆虐，农作物生长、粮食安全面临严重挑战；西班牙暴雪、西伯利亚持续高温、印度尼西亚水灾等极端环境问题凸显；日本福岛核电站排放污水，严重影响海洋生态环境。此外，新冠肺炎疫情肆虐全球，严重影响人类的生存和发展。

2. 环境治理能力不平衡，发达国家与发展中国家矛盾凸显

发达国家与发展中国家关于生态问题的成因以及环境问题责任的划分上存在分歧。发达国家虽然拥有资金、技术、管理等方面的优势，但在行动上却趋于保守消极，推延履行自己的承诺。发展中国家面临经济与保护环境的双重任务，压力巨大、困难重重。

3. 单边主义、环境霸权主义威胁全球环境治理体系

个别西方发达国家在应对全球环境问题上大搞单边主义、霸权主义，奉行"本国优先"的霸权逻辑，屡次违反国际公约，单边采取退约退群退协议行为，扰乱全球环

---

① 高晓露. 环境法学总论 [M]. 大连：大连海事大学出版社，2017：16.

② 黄永鹏，庞云丽. 人类命运共同体思想的外部反应分析 [J]. 社会科学，2018（11）：10-21.

境治理秩序，推卸自身生态环境责任[①]，或是采取环境霸权形式，转嫁本国的环境污染和生态危机，牺牲他国的环境资源来换取自身的发展，甚至以预防环境污染为名、行阻碍发展中国家发展之实，公然开历史的倒车，威胁全球环境治理体系。

4. 全球环境治理领域意识形态偏见依然存在

当前，资本主义与社会主义两种社会制度、两种意识形态将长期并存。一些西方国家大搞"中国威胁论""中国资源掠夺论"，将中国的发展视为对其主导的全球环境治理体系的威胁，费尽心机遏制和延缓中国的崛起，对我国经济增长、能源消耗、污染排放等问题过度渲染和攻击，并对我国参与全球环境治理的合理行为制造压力和障碍。

二、国际社会应对全球环境问题的历程

传统工业发展模式所造成的全球环境问题日趋恶化，引起了人类社会的反思和回应。回顾全球环境保护的发展历程，主要包括限制阶段、"三废"治理阶段、综合防治阶段和可持续发展阶段[②]。

（一）限制阶段

早在19世纪环境污染问题就已经产生。英国的泰晤士河原本是沿岸居民用水的供应来源和远洋船舶的重要通道，工业化的发展使得沿岸人口急剧增长，大量的生活污水和工业废物造成了泰晤士河的严重污染。然而，当时的做法仅仅是通过污水排放规划将污染转移到了下游河口。20世纪30年代以来的震惊全球的"八大公害事件"严重影响了人类的生命健康。由于当时的环保意识落后，并未研究清楚环境污染产生的原因和作用机理，所以一般只是采取限制措施，如关停污染源、改变污染物排放渠道、限制燃料使用量和污染物的排放时间。

（二）"三废"治理阶段

20世纪50年代以来，发达国家环境污染问题日益突出。在当时，环境问题仅仅被认为是工业污染问题，采取的措施也只是从末端对污染进行处理和净化，聚焦于废水、废气、废渣的处理。主要工作就是采取各种措施治理污染源、减少排污量。具体的治理对策有：在法律措施上，颁布一系列环境保护的法规和标准；在经济措施上，以补助金的形式鼓励和支持企业通过建设净化设施来减少污染。总的来看，环境污染趋势有所控制，但这些措施不能从根本上解决问题，治理成效并不显著。

① 刘海涛，徐艳玲. 全球环境治理与中国角色和贡献 [J]. 理论视野，2021（3）：66-72.
② 鲁群岷，邹小南，薛秀园. 环境保护概论 [M]. 延吉：延边大学出版社，2019：13-14.

（三）综合防治阶段

1972 年 6 月联合国在瑞典斯德哥尔摩召开的人类环境会议成为全球环境治理工作的历史转折点，它有两个重要贡献：一是促进了人类环保意识的觉醒，加深了人类对于全球环境问题的认识，扩大了环境问题的范围。环境问题不仅仅是污染问题，还包括森林破坏、土地沙漠化、水土流失、物种灭绝等生态破坏问题。二是打破了就环境论环境的狭隘观点，以整体和系统的视角将人口、资源与环境联系起来考察，实行综合治理。因此，环境污染的治理也从"末端治理"向"全过程控制"和"综合治理"发展。

（四）可持续发展阶段

20 世纪 80 年代之后，人们开始重新思考传统的治理思维和发展理念。1992 年 6 月，人类第二次环境大会在巴西里约热内卢召开，会议第一次把经济发展与生态保护结合起来认识，提出了可持续发展战略。进入 21 世纪后，可持续发展的思想进一步深化。2002 年 8 月，联合国可持续发展世界首脑会议在南非约翰内斯堡举行，这次峰会的主题是通过环境的可持续发展解决世界贫困问题。2012 年 6 月，联合国可持续发展大会在巴西里约热内卢举行，大会围绕"可持续发展和消除贫困背景下的绿色经济"和"促进可持续发展的机制框架"两个主题展开。当前，各国已经达成共识：人类社会的永续生存和发展必须靠彻底改变现有的破坏自然和生态的发展方式才能实现，实现人与自然的和谐相处，必须走经济效益、社会效益和生态效益融洽和谐的可持续发展道路。

第二节　全球环境治理与国际合作的主要行动

一、全球环境治理与国际合作的主体：国际组织

20 世纪 70 年代以来，面对日益恶化的全球环境，国际社会采取了众多举措，国际组织、各国政府和民众纷纷参与到保护环境的行列中来，环保意识空前高涨，应对全球环境问题的国际合作已经成为活跃国际交往的连接点。

（一）全球环境治理与国际合作的主要国际组织

当前，参与全球环境治理与国际合作的国际环境组织主要包括两类：一类是政府间的国际环境组织，另一类是非政府环境组织。政府间国际环境组织主要是指联合国及其下属的各组织和专门委员会。世界卫生组织、世界银行、国际海事组织、世界气

象组织等也是重要的政府国际环境组织。此外，一些区域性的政府间组织，如欧洲共同体、经济合作与发展组织、经济互助委员会等在环境保护中也发挥着重要作用。非政府国际环境组织又被称作国际环保 NGO，主要包括绿色和平组织、世界自然基金会、地球之友、世界自然保护联盟等。下面简单介绍国际环境组织中的一些重要成员。

1. 联合国环境署（UNEP）

联合国环境署全称联合国环境规划署，它是在 1972 年 6 月的联合国人类环境会议上决定设立的，其总部位于肯尼亚首都内罗毕。联合国环境署包括环境规划理事会、环境秘书处和环境基金，负责协调各国在环境领域的活动。它不仅关注世界环境状况、提供环境信息和政策指导，还致力于推动环境领域内的国际合作，与主权国家、政府间国际组织和非政府环保组织等密切合作，共同推动环境协议的达成与环保计划的开展。

2. 经济合作与发展组织（OECD）的环境委员会

经济与合作组织前身是欧洲经济合作组织，于 1960 年成立。1970 年设立环境委员会，作为研究和解决环境问题的专门机构。OECD 环境委员会在保护环境方面开展了相当广泛的工作，包括分析各国环境保护政策及其与国际经济的关系；研究国际污染问题并提出解决办法，特别是空气污染、水污染、噪声及废物处理的问题；研究化学物质对人类健康与环境的危害，能源开发、生产和使用对环境造成的影响等，并提出改善环境的建议。它在世界范围内首先提出的"污染者负担原则"已被各国国内环境法和国际环境法普遍接受和应用。

3. 世界自然基金会（WWF）

世界自然基金会是在全球享有盛誉的、最大的独立性非政府环境保护组织之一，因其黑白相间的大熊猫标识而广为人知。自 1961 年成立以来，WWF 一直致力于保护世界生物多样性、确保可再生自然资源的可持续利用和推动降低污染、减少浪费性消费的行动。WWF 的宗旨是制止并最终扭转地球自然环境的加速恶化，创立一个人与自然和谐共处的美好未来。近年来，WWF 在淡水保护、森林保护、气候变化与能源、可持续发展教育、科学发展与国际政策等领域颇具影响力。

4. 国际绿色和平组织

国际绿色和平组织是在 1971 年 9 月 15 日成立的一个国际性环境保护民间组织。国际绿色和平组织在世界环境保护方面贡献颇多。在其中一些环节更是扮演关键角色：禁止输出有毒物质到发展中国家；阻止商业性捕鲸；制定一项联合国公约，为世界渔业发展提供更好的环境；在南太平洋建立一个禁止捕鲸区；50 年内禁止在南极洲开采矿物；禁止向海洋倾倒放射性物质、工业废物和废弃的采油设备；停止使用大型拖网捕鱼和全面禁止核子武器试验①。

（二）国际组织在全球环境治理中的作用

在全球环境治理中，政府间国际组织主要是通过召开国际会议、签订双边或多边条约、监督国际会议的决议和条约的履行情况，通过促进多边环境条约的谈判、签订，推动条约的实施、遵守。相较于非政府间国际组织，它具有更多的资金、技术和资源，也具有更多的合法性和权威性。非政府间国际组织具有广泛的代表性，不受政党的干预，能够独立自主地开展活动，使命更加单纯。

1. 政府间国际组织的作用

政府间国际组织在全球环境治理中扮演着重要的角色，其作用表现在达成和实现的全球环境治理效能。根据罗伯特·基欧汉等人的观点，环境问题的高效管理应满足三个基本条件：政府足够高的关注度；良好的国际契约环境；相关国家对其国内事务调整的政治和行政能力②。下面以联合国为例，阐述政府间国际组织在全球环境治理中的作用。

（1）加强环境调查与科学研究，聚焦全球环境问题和生态危机，提供当前全球环境状况与信息，推动国际社会尤其是成员会对环境问题的关注。《人类环境宣言》的通过得益于联合国把环境问题提上了国际议事日程，引起了各国的广泛关注与讨论。此外，联合国还积极提出并传播新观念、新思想。

（2）为主权国家提供国际合作与交流的平台，创造良好的国际合作与谈判环境，推动构建全球环境治理机制，通过全球环境立法、开展全球环境治理的合作与谈判等来协调各国的统一行动。例如，每两年举办一届的联合国环境大会为主权国家提供了合作的基础，促进了全球应对气候变化、污染、生态系统退化等挑战的集体行动。

（3）积极协助相关国家提高履行国际公约或协定的能力，并对其开展环境保护工作提供支持和引导。例如，通过召开国际和区域会议、加强环境宣传等形式引导相关国家履行条约，并积极帮助欠发达国家完善立法、组建机构，提供技术、人员和资金等环境援助。

2. 非政府国际组织的作用

非政府国际组织参与全球环境治理缘起于全球环境问题的复杂、集体行动的困境

---

① 鲁群岷，邹小南，薛秀园. 环境保护概论 [M]. 延吉：延边大学出版社，2019：13-14.

② Peter M Haas，Robert O Keohane，Marc A Levy. Institutions for the Earth：Sources of Effective International Environmental Protection[M]. Cambridge Massachusetts：MIT Press，1993：19-20.

及公民环保意识的觉醒，是全球治理的生动实践。非政府国际组织作为公民与政府之间沟通的桥梁，其实质就是公民参与环境治理的一种形式。综合来看，非政府国际组织在全球环境治理中主要有以下作用：

（1）关注全球环境问题，普及环保知识，提高环境保护意识。非政府国际环境组织是环境意识的倡导者和环境信息的宣传者，它们针对特定的环境问题开展调查，通过舆论压力、参与谈判等形式提高社会关注度，推动环境问题的解决。

（2）积极参加国际环境会议，参与全球环境谈判，推动全球环境治理机制的形成与发展。非政府国际组织作为公众利益的代表，其追求的利益与主权国家、政府间国际组织追求的利益不冲突，且它们能更加切实准确地反映公众诉求，以中立立场促成谈判。

（3）监督和评估相关国家履行国际环境条约的情况，与主权国家、政府间国际组织、跨国公司及其他非政府国际组织积极互动，推动全球环境治理的法治化进程。同时，充分发挥自身人力、物力和财力的优势，参与相关污染环境、破坏生态问题的国际环境公益诉讼。

二、全球环境治理与国际行动的客体：全球环境问题

（一）全球环境问题的缘起

全球环境问题又称国际环境问题，是指由人类活动所引发的，影响超过一个主权国家的国界和管辖范围，对两个或两个以上的国家造成影响的生态破坏和环境污染问题。全球环境问题的复杂性在于某些地区性的环境问题可能通过河流、大气、海洋等介质而演变为区域性甚至是全球性的环境问题，使得任何一个国家都难以独自解决，需要相关国家和国际组织打破民族国家界限，携起手来共同应对。习近平总书记指出："人类是命运共同体，保护生态环境是全球面临的共同挑战和共同责任。"[①] 当前，全球变暖、臭氧层破坏、生物多样性减少、国际水域与海洋污染、有毒化学品污染和跨境转移等问题已经危及全球生态系统的平衡。因此，解决全球环境问题不仅关乎全球经济社会的发展，更关乎全人类的前途和命运，需要全人类的联合行动，更需要对环境问题的产生及其根源有清醒的认识。

1. 全球环境问题的产生

20 世纪以来，工业化和城市化的快速推进极大地提高了人们的生活水平。但是随

---

① 习近平 . 推动我国生态文明建设迈上新台阶 [J]. 求是，2019（3）：4-19.

之而来的却是传统经济增长模式所造成的环境污染和生态破坏问题。20 世纪 30 年代以来，西方发达国家陆续出现了严重的环境污染问题，导致短期内出现大量的人员发病、残废甚至死亡，其中最严重的有马斯河谷烟雾事件、多诺拉烟雾事件、伦敦烟雾事件、洛杉矶光化学烟雾事件、日本水俣病事件、富山骨痛病事件、四日哮喘事件和米糠油事件，史称"八大公害事件"。

1962 年，美国海洋生物学家蕾切尔·卡森出版了《寂静的春天》，她用无可辩驳的事实生动而严肃地描写了因过度使用以杀虫剂为主的化学农药 DDT 而导致的环境污染、生态破坏状况，并尖锐地指出了人类在征服自然的过程中对地球及生物的破坏[①]。这部被称为"环境灾难启示录"的著作一经发表便产生巨大轰动，引发了人们对环境问题的思考和行动。1972 年，罗马俱乐部发表了《增长的极限》报告，提出了人口爆炸、粮食生产的限制、不可再生资源的消耗、工业化及环境污染五个基本问题，质疑了传统的经济增长方式，呼吁各国政府高度重视环境保护问题，并提出"建立以后可以世世代代维持的社会"[②]。同年 6 月，第一届联合国人类环境会议在瑞典斯德哥尔摩召开，这是人类历史上第一次将环境问题纳入世界各国政府和国际政治的事务议程，会议通过了著名的《人类环境宣言》。1987 年，世界环境与发展委员会（WECD）向联合国大会提交了名为《我们共同的未来》的研究报告，正式提出了"可持续发展"的模式。此后，伴随着 1992 年《21 世纪议程》的提出，应对全球环境污染和生态破坏问题，探索可持续发展道路逐渐成为人类生存与发展必须面对的关键课题，国际社会也采取了广泛的行动和合作。

2. 全球环境问题的根源

环境问题的产生无疑是自然的、人为的或是两者共同作用的结果。因此，环境问题可以分为原生环境问题和次生环境问题两种。前者是指由自然界本身的环境变化所引起的环境问题，如地震、火山爆发、台风、海啸等；后者是指由人类活动尤其是人类对自然界不合理的开发和利用所导致的环境污染和生态破坏问题，如全球变暖、臭氧层破坏、土地荒漠化、有毒化学品污染等。需要指出的是，当今全球性的环境问题主要是由人为因素导致的，人类自身的活动正在影响着我们赖以生存的自然系统。具体来看，全球环境问题的产生主要有以下原因：

---

① [美] 蕾切尔·卡森 . 寂静的春天 [M]. 许亮，译 . 北京：北京理工大学出版社，2014：67.
② [美] 德内拉·梅多斯 . 增长的极限 [M]. 于树声，译 . 北京：商务印书馆，1984：140.

（1）人口的急剧增长

地球上的自然资源是有限的，人口的过度增长势必会给地球生态系统造成巨大压力，由此引发众多的问题。进入 21 世纪后，全球人口急剧增长，对物质资料的需求和消耗随之增多，超出了环境供给资源和消化废物的能力。人口的急剧增长又会加速工业化、城市化进程，间接地对生态环境造成污染和破坏。

（2）粗放的经济发展方式

西方传统的工业发展模式秉持"先污染，后治理"的理念，其关注的重心是经济发展领域，追求的是产值、利润的快速增长。因此，最大限度地开发自然资源，最大限度地创造社会财富，最大限度地获取利润，把大自然既当取料场，又当垃圾场[①]。从长期来看，这种狭隘的发展观点必然会破坏生态环境，打破人与自然之间的平衡。

（3）资源的不合理利用

自然资源分为可再生资源和不可再生资源两类。目前人类社会发展所需的大部分资源都是不可再生的，如煤炭、石油、天然气、金属矿产等，即使是可再生的资源，其再生速度相较于人类社会发展速度都是非常缓慢的。因此就产生了人类需求的无限性与自然资源有限性之间的矛盾。此外，在部分落后的发展中国家和地区，人们并不会考虑到发展方式对环境的危害，只是一味地对自然资源进行索取，或是由于技术条件和资金的限制运用不合理的开采方式，又会对环境造成污染和破坏。

（4）不公正的国际经济秩序

在早期工业化和现代化的进程中，西方国家凭借其人才、经济和技术等的优势，将部分发展中国家作为其原材料和廉价劳动力的来源地，牺牲他国的环境和利益来实现自身发展。同时，全球环境问题的治理机制基本都是由西方发达国家主导的，它们控制着一些关键的国际组织的决策权。因此，它们向来喜欢采用"双重标准"，忽视历史上它们对环境造成的严重污染，反而将当今严重的全球环境问题归咎于发展中国家，这是极不公平的。

（5）贫穷地区的生活生产方式

对于大多数发展中国家来说，其环境问题的根源主要在于贫穷落后、发展不足和发展中缺少妥善的环境规划和合理的环境政策。为了实现经济的发展，发展中国家不得不过度开发和廉价出卖本国的自然资源，造成生态破坏和污染，进一步加重其环境问题。此外，为了追求眼前的经济利益，部分发展中国家不得不承接发达国家转移的

---

① 黄勤. 循环经济概论 [M]. 成都：四川人民出版社，2011：25.

高污染、高耗能产业，甚至为了赚取少量的运费和处置费就允许进口"洋垃圾"，这些往往需要发展中国家付出巨大的生态环境代价。

（二）全球环境问题的特点

全球环境问题除了具有环境问题固有的人为性、复杂性、累积性等特点外，还具有其本身的特性。

1. 影响的关联性

生态系统是一个有机体，各种要素相互交织、相互影响。如今，各种全球环境问题之间的关联和影响不断增强，一种环境问题的产生可能会同时引发众多环境问题的加重。例如全球气候变暖导致冰川融化、海平面上升，进而改变南极地区生物的生存环境，导致生物多样性减少，同时，永冻土融化升温的过程中又会释放大量甲烷，进一步加剧全球变暖。

2. 范围的广泛性

全球环境问题的一大特点就是影响的地理范围非常广泛。区域性的环境问题虽然在世界各地均有发生，但其污染和影响的范围都集中在污染源附近或特定的生态环境中，而全球性环境问题一旦发生将会对全人类的生存和发展造成影响。此外，区域性的环境问题与全球性的环境问题也在发生着转化。如酸雨问题在欧洲和北美地区已经基本得到解决，但是在墨西哥、印度等国家依然是严重的环境问题。

3. 危害的长期性

全球环境问题是多种因素长期累积而产生的，其造成的危害也要经历长久的阶段才能显现。我们当前所遭遇的全球环境问题，可能就是几年、几十年甚至是几百年来人类活动的结果[①]。现代社会中人类对大自然的不合理开发和利用，又会造成一系列新的问题。一方面，环境危害的产生具有隐发性和长期性的特点，其在不同的演化阶段对不同区域、国家产生不同程度的影响，这就使得应对全球环境问题难以达成共识；另一方面，全球环境问题具有复杂性、多样性等特点，应对危害的发生、合理解决环境问题也是一个长期的过程。

4. 治理的多元性

全球环境问题的解决不是某个国家或国际组织的责任，而是全人类的共同责任。主权国家、国际组织、非政府组织、跨国企业和社会公众等治理主体凭借自身的优势在全球环境治理领域发挥着重要的作用。一方面，人们环保意识觉醒，关心环境问题

---

① 黄恒学. 环境管理学 [M]. 北京：中国经济出版社，2012：177.

的人不再局限于科技工作者、环境污染受害者以及相关组织和机构，而是呈现出社会化的趋势。另一方面，全球环境治理的机制逐步完善，网络化、多层次的治理格局初步构建。

5. 合作的政治性

环境问题的实质是发展问题，全球环境问题的解决关乎全球公平与正义。当前，环境问题已经成为国际合作和国际交流的重要内容。应对环境问题也成了国际政治斗争的导火索之一，如各国在环境责任和义务的承担、污染转嫁等问题上经常产生矛盾并引起激烈的政治斗争。可以说，任何国家的环境问题，在全球化时代都可能演变为全球的政治、经济和外交问题，这就需要我们建立一套公平合理的国际干预机制，加强环境治理的国际合作。

（三）全球环境问题的现状

1. 全球气候变暖

全球气候变暖是指在一段时间内，由于人类活动（如化石燃料的大量使用、土地覆盖的改变等）造成温室效应，进而使得地球大气和海洋温度上升的气候变化。全球气候变暖产生的影响包括海平面上升、降水变更和亚热带地区的沙漠扩张。同时，还会导致更为频繁的极端天气，如热浪、干旱、山火、雪暴等，进而影响农业生态系统，降低粮食产量，引发粮食安全危机。

2. 臭氧层损耗

臭氧层是指地球大气层的平流层中臭氧浓度相对较高的部分，主要作用是吸收短波紫外线，被称为"地球的保护伞"。但是臭氧层是一个很脆弱的大气层，很容易被破坏，导致臭氧层空洞，进而使地球表面受到的紫外线辐射增加，导致皮肤癌、白内障等疾病患者的增加，并造成一些生物品种（如海洋浮游生物）的灭绝。研究发现，氟氯昂气体是破坏臭氧层的主要原因，它主要被用于电冰箱、空调、泡沫塑料和喷雾剂等。

3. 生物多样性减少

生物多样性是人类社会赖以生存和发展的环境基础。近百年来，由于人口的急剧增加和人类对资源的不合理开发，加之环境污染等原因，地球上的各种生物及生态系统受到了极大的冲击，生物多样性也受到了极大的损害。2019年，生物多样性和生态系统服务政府间科学政策平台（IPBES）发布的《生物多样性和生态系统服务全球评估报告》指出，当前全球有超过100万种生物正面临灭绝威胁，而其中有许多物种极有可能在未来几十年内彻底从地球上灭绝和消亡[①]。生物多样性的减少有两个主要原因：一是自然淘汰；二是人类活动加剧引起的。

4. 森林锐减

森林锐减是指人类过度采伐、自然灾害等造成的森林大量减少的现象。对于生态系统来说，森林是物种宝贵的栖息地，能够维持生物多样性。森林锐减将会引发严重的环境问题和生态危机，如土地沙漠化、水土流失、干旱、物种灭绝、温室效应加剧，最终将严重危害人类的生存。综合来看，当前森林面积减少的主要原因包括山火、病虫害、人类乱砍滥伐和极端天气等。

5. 土地荒漠化

所谓荒漠化，具体是指在干旱、半干旱和某些半湿润、湿润地区，由于气候变化和人类活动等各种因素所造成的土地退化，它使土地生物和经济生产潜力减少，甚至基本丧失。土地荒漠化严重影响生态环境和经济建设，使大量土壤丧失了耕种、放牧、开发为工业资源的能力，使土地变得更为短缺，还容易引起沙尘暴和黑风暴[②]。人类不合理地开发利用耕地、过度放牧和砍伐森林是造成土地荒漠化的重要原因，其结果是土壤退化、水土流失越来越严重、沙漠化扩大。

6. 酸雨污染

酸雨是指大气降水中酸碱度（pH）低于 5.6 的雨、雪或其他形式的降水，这是大气污染的一种表现。它主要是由大量燃烧含硫高的煤和各种机动车排放的尾气造成的。酸雨对人类环境的影响是多方面的。首先会对人类呼吸造成危害，二氧化硫和二氧化氮会引起哮喘、干咳、头痛等。其次，酸雨降落到地面，汇入河流湖泊，妨碍鱼、虾的生长，还会导致土壤酸化，破坏土壤的营养，危害植物生长。此外，酸雨还会腐蚀建筑材料，使得一些古迹特别是石刻、石雕或铜塑像遭到破坏[③]。

7. 海洋污染

海洋污染是指由于人类的活动直接或间接地将物质或能量排入海洋环境，改变了海洋原来的状态，以致损害海洋生物资源、危害人类健康、妨碍海洋渔业、破坏海水

① IPBES. Summary for Policymakers of the Global Assessment Report on Biodiversity and Ecosystem Services of the Intergovernmental Science—Policy Platform on Biodiversity and Ecosystem Services [R/OL].（2019-11-25）[2022-04-20]. https：//www.ipbes.net/global-assessment-report-biodiversity-ecosystem-services.

② 谢云成. 基于可持续发展的环境保护技术探究 [M]. 北京：中国原子能出版社，2019：88.

③ 王东阳，刘瑞娜，李永峰，等. 基础环境管理学 [M]. 哈尔滨：哈尔滨工业大学出版社，2018：216.

正常使用或降低海洋环境优美程度的现象[①]。造成海洋污染的主要原因有：第一，船舶造成的污染；第二，海洋石油开发造成的污染；第三，工业和生活排污对海洋造成的污染；第四，水污染，包括工业污染源、农业污染源和生活污染源三大部分。

8. 有害废物越境转移

有害废物是指除放射性废物以外，具有化学活性或毒性、爆炸性、腐蚀性和其他对人类生存环境存在有害特性的废物。有害废物从发达国家转移到缺乏监控和处置手段的发展中国家，有可能造成污染的扩散并造成更大的污染危害。转移的主要原因是随着废物产生量剧增和发达国家控制废物污染的法规越来越严厉，废物处置费用大幅度上升，于是一些国家开始寻求境外处置废物的途径。

（四）全球环境问题的发展趋势

2019 年，联合国环境规划署发布第六版《全球环境展望》（Global Environment Outlook 6）报告（GEO-6），继续分析全球环境状况，全球、区域和国家的政策应对措施，以及对可预见未来的展望。GEO-6 以"地球健康，人类健康"为主题，主要强调可持续发展目标，并提供了可能实现这些目标的手段。根据评估报告，全球环境问题发展有以下几个趋势和特征[②]：

（1）人类活动正在导致污染增加，使污染问题上升为全球人类健康面临的最大单一风险。不论是在生态极限的边缘继续徘徊，还是突破生态极限，都会使我们更难以实现繁荣、公正、公平及全人类健康生活的目标。

（2）愈演愈烈的气候变化加剧了现有的贫困和不平等现象，并引发新的脆弱性，如果不尽快采取行动制止温室气体排放，预计未来还会发生更大的变化。

（3）遗传和物种多样性的下降处于持续的不可逆转的趋势，生态系统的退化也在区域和全球范围内被证实，如果对生物多样性的人为压力继续不减，我们有可能引发地球历史上第六次生物大规模灭绝，对人类健康和公平产生深远影响。

（4）随着人口增长和海洋资源的广泛利用，人类对海洋健康的压力持续增加，多重压力源产生的累积影响妨碍了海洋生态系统的健康，减少了自然对人类的益处。

（5）到 2050 年，全球至少需要再增加 50% 以上的粮食产量来养活预计的 100 亿人口。当前的土地管理在保护生态系统服务、丧失自然资本、应对气候变化、解决能源和水安全以及促进性别与社会平等的同时，无法实现这一目标。

---

① 鲁群岷，邹小南，薛秀园 . 环境保护概论 [M]. 延吉：延边大学出版社，2019：110.

② 联合国环境规划署 . 全球环境展望 6[EB/OL]. （2019-03-04）[2022-04-16]. https：//www.unep.org/resources/global-environment-outlook-6.

（6）淡水引发并加剧人类健康和环境风险。由于人口增长以及随之而来的农业、工业和能源用水需求增长，全球人均可利用的供水量正在减少。

三、当前全球环境治理与国际合作的主要行动

全球环境问题日趋政治化、经济化，引起了各国的广泛关注和积极行动，国际社会也加强了生态环境领域的国际合作。习近平总书记指出："保护生态环境是全球面临的共同挑战和共同责任。"[①] 当前，全球环境治理与国际合作的主要行动包括举办全球环境会议、签署全球环境保护公约和开展环境教育三个方面。

（一）举办国际环境会议，加强交流合作

国际环境会议是全球环境治理机制的重要内容，也是解决全球环境问题、开展国际环境保护合作的基本方式。从 1972 年联合国人类会议，到当前包括联合国环境大会、各环境公约的缔约方大会、地区环境合作会议在内的国际会议体系，国际环境会议逐渐成为环境谈判的重要载体[②]。下面简单介绍几个重要的国际环境会议。

1. 斯德哥尔摩环境会议

1972 年 6 月 5 日至 16 日，第一次国际环保大会——联合国人类环境会议在瑞典斯德哥尔摩举行。这是世界各国政府共同探讨当代环境问题，探讨保护全球环境战略的第一次国际会议。会议通过了《联合国人类环境会议宣言》和《行动计划》，宣告了人类对环境的传统观念的终结，达成了"只有一个地球"，人类与环境是不可分割的"共同体"的共识。这是人类对严重复杂的环境问题作出的一种清醒和理智的选择，是向采取共同行动保护环境迈出的第一步，是人类环境保护史上的第一座里程碑。

2. 里约热内卢环境会议

1992 年 6 月 3 日至 14 日，联合国环境与发展大会（又称里约热内卢环境会议）在巴西的"里约中心"组织召开。这次大会是继 1972 年瑞典斯德哥尔摩举行的联合国人类环境大会之后，规模最大、级别最高的一次国际会议。会议的宗旨是回顾第一次人类环境大会召开后 20 年来全球环境保护的历程，敦促各国政府和公众采取积极措施协调合作，防止环境污染和生态恶化，为保护人类生存环境而共同作出努力。会议通过了关于环境与发展的《里约宣言》和《21 世纪议程》，154 个国家签署了《气候变化框架公约》，148 个国家签署了《保护生物多样性公约》。

---

① 习近平. 推动我国生态文明建设迈上新台阶 [J]. 求是，2019（3）：4-19.

② 李金惠，贾少华，谭全银. 环境外交基础与实践 [M]. 北京：中国环境出版集团，2018：199.

3. 约翰内斯堡环境会议

2002 年 8 月 26 日至 9 月 4 日，联合国可持续发展世界首脑会议（又称"约翰内斯堡环境会议"）在南非约翰内斯堡举行，约有 130 多个国家的元首或政府首脑、政府代表团和非政府组织的代表共 6 万多人参加了会议。会议涉及政治、经济、环境与社会发展等多方面问题，全面审议 1992 年环境与发展大会通过的《里约宣言》《21 世纪议程》和主要环境公约的执行情况，并就未来进一步履行《21 世纪议程》的行动计划和首脑宣言进行分主题、分级别的磋商和谈判。在没有任何一国提出反对的情况下，通过了长达 65 页的《执行计划》和《约翰内斯堡可持续发展承诺》。

4. "里约 +20" 峰会

2012 年 6 月 20 日至 22 日，联合国可持续发展大会（又称"里约 +20"峰会）在巴西里约热内卢举行，它是继 1992 年联合国环境与发展大会及 2002 年南非约翰内斯堡可持续发展世界首脑会议后，国际可持续发展领域举行的又一次大规模、高级别会议。峰会以"可持续发展和消除贫困背景下的绿色经济"和"促进可持续发展的机制框架"为主题，达成了题为《我们憧憬的未来》的成果文件，阐述了各国共同的愿景、重申政治承诺、可持续发展和消除贫困背景下的绿色经济、可持续发展机制框架、行动框架和后续行动以及执行手段等问题[①]，并就具体环境领域中的森林问题、荒漠化和土地退化问题、能源问题、生物多样性问题、山区发展问题进行了交流合作。

5. 联合国环境大会

联合国环境大会是全球环境问题的最高决策机制，其前身是联合国环境规划署理事会。2013 年联合国大会通过决议，将环境规划署理事会升格为各成员国代表参加的联合国环境大会[②]。2014 年 6 月 23 日，第一届联合国环境大会在肯尼亚首都内罗毕联合国环境规划署总部开幕。各国政府代表、主要团体和利益攸关方代表等 1200 多人将出席会议，共同讨论 2015 年后的环境保护和发展、非法野生动植物贸易、绿色经济融资等议题。截至目前，联合国环境大会已召开五届。2022 年 2 月 28 日，第五届联合国环境大会第二阶段会议在肯尼亚首都内罗毕召开，会议以"加强保护自然的行动，实现可持续发展目标"为主题，聚焦塑料污染、绿色回收和化学废弃物管理等问题，会议

---

① 曾贤刚，李琪，孙瑛，等. 可持续发展新里程：问题与探索——参加"里约 +20"联合国可持续发展大会之思考 [J]. 中国人口·资源与环境，2012，22（8）：41-47.

② 新华网. 第五届联合国环境大会开幕 聚焦疫情下的环境政策 [EB/OL].（2021-02-23）[2022-06-12]. http://www.xinhuanet.com/2021-02/23/c_1127126617.htm.

通过了终结塑料污染、氮的可持续管理、生物多样性和健康等 14 项决议 [①]。

6. "斯德哥尔摩 +50"

2021 年联合国大会通过决议，决定在 2022 年世界环境日之际在瑞典举办一次国际环境会议。2022 年 6 月 2 日，"斯德哥尔摩 +50"国际环境会议在瑞典首都斯德哥尔摩如期举行，会议呼吁各方为健康的地球和共同繁荣采取紧急行动。本次会议主题为"斯德哥尔摩 +50：一个健康的地球有利于各方实现兴旺发达——我们的责任和机遇"。会议基于对多边主义在应对气候、自然和污染三大全球性环境危机方面重要性的认识，旨在加速推动实施联合国"行动十年"计划，以实现 2030 年议程、应对气候变化的《巴黎协定》以及"2020 年后全球生物多样性框架"等可持续发展目标，并鼓励采纳绿色的新冠肺炎疫情后复苏计划 [②]。

（二）制定签署全球环境保护公约，协调全球行动

全球环境保护公约是各国参加国际环境保护合作的法律依据，它规定了各国在全球环境保护中的责任和义务，包括联合国和有关的国际组织、国际会议及国家之间订立的宣言、决议、国际性公约和区域性公约。

1. 国际重要湿地公约

《国际湿地公约》（全称为《关于特别是作为水禽栖息地的国际重要湿地公约》）是以通过各缔约方保护水禽栖息地为目的的全球第一个环境公约，其宗旨是通过国家行动和国际合作来保护与合理利用湿地。《国际湿地公约》是全球第一个政府间多边环境公约，同时也是全球最早针对单一生态系统保护的国际公约。其关注的议题包括水资源管理，生物多样性保护和可持续利用，适应和减缓气候变化，提高城镇发展水平，满足区域和地方在水供给和食品安全、能源、人类健康、经济发展等方面的需求 [③]。

2. 濒危野生动植物物种国际贸易公约

1973 年 3 月，《濒危野生动植物物种国际贸易公约》（又称《华盛顿公约》）在美国华盛顿特区举行的会议上签署。按照物种的脆弱性程度，公约将受控物种分为 3 类列入 3 个附录，并对其贸易进行不同程度的控制。其中附录 I 包括所有受到和可能受到贸易影响而有灭绝危险的物种，附录 II 包括所有目前虽未濒临灭绝，但如果对其贸易

---

① 涂瑞和.第五届联合国环境大会综述 [J].世界环境，2022（2）：18-23.

② 新华网."斯德哥尔摩 +50"国际环境会议呼吁为健康的地球采取紧急行动 [EB/OL].（2022-06-23）[2022-06-12]. http：//m.news.cn/2022-06/03/c_1128709933.htm.

③ 马梓文，张明祥.从《湿地公约》第 12 次缔约方大会看国际湿地保护与管理的发展趋势 [J].湿地科学，2015，13（5）：523-527.

不严加管理，就可能变成有灭绝危险的物种，附录Ⅲ包括成员国认为属其管辖范围内，应该进行管理以防止或限制开发利用，而需要其他成员国合作控制的物种。

3. 保护臭氧层公约

1985 年 3 月 22 日，在奥地利首都维也纳召开的"保护臭氧层外交大会"通过了《保护臭氧层维也纳公约》。公约规定了缔约国应当具有采取保护臭氧层措施和依靠国际合作以减少改变臭氧层活动的义务，并明确指出大气臭氧层耗损对人类健康和环境可能造成的危害，呼吁各国政府采取合作行动，保护臭氧层，并首次提出将氟氯烃（CFCs）类物质作为被监控化学品。此后，对该公约进行了多次修正和完善。

4. 生物多样性公约

《生物多样性公约》是一项保护地球生物资源的国际性公约，于 1992 年 6 月 5 日在里约热内卢举行的联合国环境与发展大会上签署。该公约旨在保护濒临灭绝的植物和动物，最大限度地保护地球上多种多样的生物资源，以造福当代和子孙后代。公约的目标是按照公约有关条款从事保护生物多样性、持续利用其组成部分以及公平合理分享由遗传资源而产生的惠益，并确认了国家资源开发主权权利和不损害国外环境的责任原则。2021 年 10 月 13 日，"2020 年联合国生物多样性大会（第一阶段）高级别会议"在云南昆明闭幕，会议通过了《昆明宣言》，它是联合国《生物多样性公约》第十五次缔约方大会的主要成果。

5. 气候变化公约

《联合国气候变化框架公约》于 1992 年 5 月在纽约联合国总部通过，1992 年 6 月在巴西里约热内卢召开的由世界各国政府首脑参加的联合国环境与发展会议期间开放签署，1994 年 3 月 21 日该公约生效。该公约是世界上第一个为全面控制二氧化碳（CO_2）等温室气体排放，以应对全球气候变暖给人类经济和社会带来不利影响的国际公约，也是国际社会在应对全球气候变化问题上进行国际合作的一个基本框架。1997 年，《联合国气候变化框架公约》第三次缔约方会议通过了《京都议定书》，规定了缔约方的减排责任和数量。2015 年 11 月，《联合国气候变化框架公约》第二十一次缔约方大会在法国巴黎举行，大会通过了《巴黎协定》，对 2020 年后应对气候变化国际机制做出安排。

6. 关于汞的水俣公约

2013 年 10 月，外交全权大会在日本召开，包括我国在内的 91 个国家和欧盟签署了《关于汞的水俣公约》。该公约旨在让全世界牢记 20 世纪 50 年代日本因汞污染引发的水俣病给当地居民和环境带来的灾难，激励全球各方积极采取行动，通过履行国际公约在全球范围内减少和控制汞的人为排放，减少汞污染对环境和人体健康的危害。

该公约由35条正文和5个附件组成，其核心规定了大气汞排放的控制措施和受控范围、汞矿开采、添汞产品和用汞工艺的淘汰时限及豁免范围以及为实现本公约所需资金和技术援助机制。

（三）开展全球环境教育，提高公众环保意识

早在1972年召开的斯德哥尔摩人类环境会议上，与会代表就一直强调了环境教育的重要性。为了响应该建议，联合国教科文组织和联合国环境规划署于1975年成立了国际环境教育规划署，并颁布了国际环境教育计划（IEEP），旨在促进各国交流在环境教育的实践中所取得的经验，并对各国环境教育的师资培训提供帮助，在课程和教材的发展方面加强国际的合作等。作为国际环境教育的一部分，联合国教科文组织和联合国环境规划署于1975年在贝尔格莱德举行了国际环境教育研讨会，提出了关于环境教育的一系列指导方针，并强调环境教育应该是一种终身教育[1]。

1977年召开的第比利斯会议带来了国际环境教育事业的高潮，其被认为是国际环境教育发展史上具有里程碑意义的一次重要会议。1987年，由联合国教科文组织和联合国环境规划署联合主办的"国际环境教育和培训会议"在莫斯科召开，为90年代及更长远的将来制定了国际环境教育与培训策略，并从经济、社会、文化、生态、美学等不同角度全面阐述了人与环境之间的相互联系[2]。1992年召开的联合国环境与发展大会将环境教育列为可持续发展的重要内容，推动国际环境教育进入成熟阶段，也标志着可持续发展教育的诞生[3]。21世纪以来，开展环境教育成为国际社会应对环境问题的重要关注点。自2005年以来，联合国教科文组织相继发起实施了《国际可持续发展教育实施计划（2005—2014）》《全球可持续发展教育行动计划（2015—2019）》。2021年5月，联合国教科文组织举办的世界可持续发展教育大会在德国首都柏林举行，会议制定了一个新的目标："到2025年使环境教育成为所有国家的核心课程组成部分。"[4]经过国际环境教育多年发展，公众的环保意识明显加强，国际环境教育也逐渐成熟，走向了新的阶段，即由原来帮助人们正确认识环境、掌握解决环境问题的知识和技术，走向促进人们树立可持续发展的理念、提高参与环境保护的能力。

以上是当前全球环境治理与国际合作的一些重要行动，除此之外，在一些具体的

---

① 顾明远，孟繁华.国际教育新理念[M].海口：海南出版社，2006：84.

② 李斌，徐波锋.国际教育新理念[M].福州：福建教育出版社，2015：69-70.

③ 戴秀丽.生态价值观的演变与实践研究[M].北京：中央编译出版社，2019：165.

④ 王梦洁.联合国教科文组织：敦促各国在2025年前将环境教育纳入核心课程[J].人民教育，2021（11）：32.

环境保护中也采取了相应的措施和国际行动。为了实施可持续发展战略，国际社会采取了包括推行清洁生产、实施 ISO14000 系列标准等措施，并对发展中国家开展了环境援助，为全球环境治理与国际合作积累了宝贵的经验，推动全球环境治理迈上新台阶。

第三节　中国参与全球环境治理与国际合作的主要行动

一、中国在全球环境治理中的角色定位及战略选择

20 世纪 70 年代以来，全球环境问题因其影响的广泛性、外部性等特征，逐渐演变为重大的国际政治问题，国际社会围绕全球环境问题开展了深层次、多领域的外交活动，各国之间也开始探索建立共同应对全球环境问题的协调机制和制度。中国就是在这一时代背景下逐渐参与到全球环境治理与国际合作中，以 1972 年中国派团参加联合国人类环境会议为起点，时至今日，中国已经成为全球环境治理与国际合作中的一支重要力量。

（一）中国和全球环境治理

作为最大的发展中国家，中国对全球环境问题的贡献关乎全球环境治理的成效，中国也充分认识到自己在保护全球环境中负有的重要责任和可以发挥的重要作用。党的二十大报告指出，中国坚定奉行互利共赢的开放战略，积极参与全球治理体系改革和建设，推动构建人类命运共同体。中国始终以积极、认真、负责的态度参与保护地球生态环境的国际活动。

中国参与全球环境治理与国际合作包括两个方面：一方面是努力解决本国存在的环境问题。中国政府高度重视解决环境问题，推动生态文明建设。近年来，中国生态文明建设成效显著，包括加快转变经济发展方式、加大环境污染综合治理、加快推进生态保护修复、促进资源节约集约利用、倡导推广绿色消费和完善生态文明制度体系六个方面，使得生态环境治理明显加强，环境状况得到改善，为世界环保作出了巨大贡献。另一方面，中国积极推动全球生态治理与国际合作，履行全球环境保护承诺。中国积极参与全球环境治理相关会议，自主举办或承办了一系列国际环保会议，并加强同有关国家的双边、多边生态合作，同时，为援助发展中国家解决气候问题作出了巨大努力[①]。中国积极履行国际环保责任和义务，为加强全球环境治理与国际合作贡献

---

① 张新平 . 中国方案 [M]. 沈阳：辽宁人民出版社，2019：172-175.

了中国力量和智慧，彰显了负责任的大国担当。

（二）中国参与全球环境治理与国际合作的基本原则

党的二十大报告指出，中国坚持在和平共处五项原则基础上同各国发展友好合作，推动构建新型国际关系。在全球环境治理等国际事务中，中国始终秉持共商、共建、共享的原则，愿意与各方一道共同寻求解决全球环境问题的有效途径。本着立足于我国国情，从维护我国权益、维护第三世界利益和合理要求，以及维护人类长远和共同利益出发，我国对解决全球环境问题的基本主张和原则立场是[①]：

（1）正确处理环境保护与经济发展的关系；

（2）明确国际环境问题的主要责任和义务；

（3）维护各国资源主权，不干涉他国内政；

（4）应充分考虑发展中国家的特殊情况和需要；

（5）环境合作不影响国际经济援助和贸易；

（6）向发展中国家提供额外资金援助和技术转让；

（7）促进发展中国家有效参与；

（8）国际立法以科学证据为依据。

（三）中国参与全球环境治理与国际合作的历程

中国参与全球环境治理与国际合作以来，几乎参与制定了世界上所有重要的环境制度和规范，积极贡献和引领了一系列多边会议、国际公约谈判和国际环境立法活动，同时积极推进区域环境合作和绿色"一带一路"建设。回顾中国参与全球环境治理与国际合作的历程，主要可以分为三个阶段：萌芽起步阶段（1972—1989年）、迅速发展阶段（1989—2002年）和全面深化阶段（2002年至今）。

1. 萌芽起步阶段

中华人民共和国成立初期，在积极开展社会主义建设事业的同时，也遇到了早期的生态环境问题。在这一时期，中国通过参与全球性的环境会议，了解全球环境保护的形势和动态，为解决我国的环境问题奠定了良好基础。1972年，周恩来总理亲自指导和安排代表团前往斯德哥尔摩，参加联合国人类环境会议。在此次会议上，中国代表团对中国政府在环境问题上的基本立场、观点和原则作了全面的阐述，扩大了中国在国际环境外交中的影响和作用。1973年，联合国环境规划署成立，我国当选为理事国。1976年，我国设立了常驻联合国环境署代表处，并开始向联合国环境规划署

---

① 李言涛 . 我国关于全球环境问题的原则立场 [J]. 中国人口•资源与环境，1992（2）：89.

捐款^①。与此同时，中国积极开展双边和多边环境合作。这一时期，中国签订或加入了约 20 个国际环境公约和协定，如《国际油污损害民事责任公约》《国际捕鲸管理公约》《濒危野生动植物物种国际贸易条约》《联合国海洋法公约》《防止倾倒废物及其他物质污染海洋公约》等。

2. 迅速发展阶段

1989 年开始，中国政府首次明确提出要开展环境外交。环境外交在这个时候已经正式列为中国的外交活动，并通过这种外交形式为中国政治外交服务^②。1990 年 7 月，《中国关于全球环境问题的原则》文件获得通过，该文件使中国环境外交有章可循，对中国环境外交的发展有着重要的影响，是中国环境外交工作的重要指导性文件。1991年 6 月，"发展中国家环境与发展部长会议"在北京召开，会议通过了《北京宣言》。在此次会议中，广大发展中国家就许多问题达成了共识，为中国的环境外交提供了展示和实践的机会。2001 年，中国建立了环境保护部际联席会议制度，通过联席会议通报主要环保工作，协调重大环境问题和国际环境履约立场等重大事宜。在这一时期，我国参与的国际环境公约及同世界各国缔结的环保合约也大幅增加。可以说，我国开始以发展中环境大国的身份，参与并初步构建国际环境机制。

3. 全面深化阶段

2002 年之后，中国环境外交进入全面深化阶段。我国不再仅限于积极参与国际环境外交，而是更进一步寻求在国际环境议题中争取发言权、提高国际地位。积极地推动国际环境谈判进程，表明中国的环境外交逐步走向成熟^③。在这一时期，中国的环境外交原则不断明确，推动国际合作的外交努力成效显著，中国的环境公约履约程度不断加深。2002 年的可持续发展世界首脑会议上，时任总理朱镕基首次提出了中国政府促进可持续发展的五点主张，强调实现可持续发展需要全社会的通力合作和努力。2005年，中国成功举办了第一届大湄公河次区域环境部长会议；2010 年，中国 – 东盟环境保护合作中心成立；2011 年 5 月，中国与巴塞尔公约秘书处签署了《关于建立巴塞尔公约亚洲太平洋地区培训和技术转让区域中心的框架协议》，对中国主办的亚太中心进行

---

① 李金惠，贾少华，谭全银．环境外交基础与实践 [M]．北京：中国环境出版集团，2018：114.

② 罗宏，曹宝，宋国君．中国地学通鉴（环境卷）[M]．西安：陕西师范大学出版总社，2019：553.

③ 李金惠，贾少华，谭全银．环境外交基础与实践 [M]．北京：中国环境出版集团，2018：116.

实体化重建。在这一时期，中国在核准《气候变化框架公约》《生物多样性公约》《蒙特利尔议定书》《斯德哥尔摩公约》《鹿特丹公约》等环境条约后，都积极与其他国家建立履约协调机制，参与相关谈判与合作。

党的十八大以来，中国全方位参与到全球环境治理与国际合作中来，在促进核安全、能源资源安全和应对重大自然灾害等方面，尤其在推动全球应对气候变化问题方面展现了积极的参与态度与良好的大国风范[①]。中国在增强自身国力、积极解决自身环境问题的同时，开始参与国际规则的制定，主动提供国际环境治理资金，一方面，与美国、日本、俄罗斯等国家签署双边环境保护合作协议或谅解备忘录，另一方面，为广大发展中国家提供环保援助，展示了我国积极、负责任的大国形象。

二、中国和南北环境合作治理

党的二十大报告指出，中国秉持真实亲诚理念和正确义利观加强同发展中国家团结合作，维护发展中国家共同利益。中国作为负责任的大国，一直积极参与国际社会发起的各项环境保护公约和计划，在全球环境治理中承担应有的国际责任。加强与发达国家的合作，借鉴先进的环境治理技术和经验；密切与周边国家的联系，共同解决面临的环境问题；为发展中国家提供力所能及的援助和支持，分享环境治理的中国方案。

（一）积极参与全球环境治理会议

自 1971 年中国恢复在联合国的合法地位以后，中国积极投身到全球环境治理的实践当中，通过积极参与国际环境合作，推动了全球环境保护与国际合作。中国参与的全球环境治理大会主要有：1972 年斯德哥尔摩环境大会，1992 年里约热内卢环境与发展大会，2002 年可持续发展世界首脑会议，2007 年巴厘岛气候会议，2009 年联合国气候变化峰会、哥本哈根气候变化会议，2012 年联合国可持续发展大会，2015 年联合国巴黎气候大会，2020 年联合国生物多样性峰会，2021 年《生物多样性公约》第十五次缔约方大会，2022 年第五届联合国环境大会第二阶段会议、"斯德哥尔摩 +50"国际会议、联合国海洋大会。

与此同时，中国还积极参加国际环境公约及协议的缔约方大会，贡献中国智慧和力量。通过这些广泛的实践，中国与国际社会的联系日益密切，逐渐成为全球环境治理中的重要力量。

---

① 张云飞. 辉煌 40 年——中国改革开放成就丛书（生态文明建设卷）[M]. 合肥：安徽教育出版社，2018：396.

（二）签署和履行国际环境公约

参与全球环境治理的一个重要方面就是促成国家与国家之间就全球环境问题达成协议，制定各国都必须遵守的规则，这既是解决全球环境问题的需要，也是督促各国保护全球环境的需要[①]。当前，我国积极参与全球环境治理，在大气、海洋环境、生物资源、文化和自然遗产、危险物质等各领域均有参与和贡献。

1. 大气类

大气类主要有：1989 年签署的《保护臭氧层维也纳公约》，1992 年签署的《关于消耗臭氧层物质的蒙特利尔议定书》，1993 年生效的《联合国气候变化框架公约》，2002 年生效的《京都议定书》，2007 年签署的《巴厘岛路线图》，2009 年签署的《哥本哈根协定》，2016 年签署的《巴黎协定》，2021 年参与《联合国气候变化框架公约》第 26 次缔约方大会并达成《格拉斯哥气候公约》。

2. 海洋环境类

海洋环境类主要有：1954 年签署的《防止海洋石油污染国际公约》，1973 年签署的《防止船舶造成污染公约》，1983 年生效的《南极条约》，1980 年生效的《国际油污损害民事责任公约》，1985 年生效的《防止倾倒废弃物及其他物质污染海洋公约》，1990 年生效的《干预公海非油类物质污染议定书》，1996 年生效的《联合国海洋法公约》。2017 年 9 月，"中国－小岛屿国家海洋部长圆桌会议"在福建平潭举行，会议通过了《平潭宣言》；2022 年，联合国海洋大会在葡萄牙首都里斯本举行，中国主办了"促进蓝色伙伴关系，共建可持续未来"的边会，并推动大会通过了《里斯本宣言》。

3. 生物资源类

生物资源类主要有：1980 年生效的《国际捕鲸管制公约》，1981 年生效的《濒危野生动植物种和国际贸易公约修正案》，1986 年生效的《保护世界文化和自然遗产公约》，1992 年生效的《关于水禽栖息的国际重要湿地公约》，1993 年生效的《生物多样性公约》，1995 年生效的《中白令海峡鳕资源养护与管理公约》。2005 年成为《卡塔赫纳生物安全议定书》缔约国，2021 年核准《预防中北冰洋不管制公海渔业协定》。

4. 文化和自然遗产类

文化和自然遗产类主要有：1986 年生效的《保护世界文化和自然遗产公约》，1990 年生效的《关于禁止和防止非法进出口文化财产和非法转让其所有权的方法的公约》。1997 年 5 月加入《国际统一私法协会关于被盗或者非法出口文物的公约》。

---

① 罗宏，曹宝，宋国君.中国地学通鉴（环境卷）[M].西安：陕西师范大学出版社，2019：555.

5. 危险物质类

危险物质类主要有：1987 年生效的《核事故或辐射事故紧急情况援助公约》，1988 年生效的《核事故及早通报公约》，1989 年生效的《核材料实物保护公约》，1996 年生效的《核安全公约》，1992 年签署的《控制危险废物越境转移及处置的巴塞尔公约》，2001 年签署的《关于持久性有机污染物的斯德哥尔摩公约》，2005 年生效的《鹿特丹公约》。

（三）加强同有关国家的生态合作

除了积极参与全球环境会议，缔结重要的国际公约和协议外，中国还加强同有关国家的生态环境合作，参与了包括双边、多边和区域在内的国际环境合作项目，建立起广阔的环境外交空间。2014 年至 2016 年，中国和美国多次发表《中美气候变化联合声明》；2013 年 5 月，中日韩三国环保部设立政策对话机构，合作应对 $PM_{2.5}$ 跨国飘散问题；2014 年 6 月 17 日，中英发布《中英气候变化联合声明》；2015 年 6 月 30 日，中国与欧盟发布《中欧气候变化联合声明》；2016 年 9 月 10 日，中国与东盟签订《中国 - 东盟环境合作战略（2016—2020 年）》；2016 年 12 月，中国和韩国同意扩大在碳排放交易方面的合作，其中包括共同努力连接两国碳排放交易市场。除此之外，中国于 2013 年提出了建设丝绸之路经济带和 21 世纪海上丝绸之路构想，加速了南南环境合作的进程，并以建设绿色"一带一路"为重点，加强了与非洲国家的环境合作及环境援助，取得了开创性的进展。

三、中国在全球环境治理与国际合作中的未来展望

当前，新冠肺炎疫情与百年未有之大变局交织叠加，国际政治、经济格局发生深刻调整，全球环境治理面临新的挑战与课题。2021 年 10 月 25 日，习近平总书记在出席中华人民共和国恢复联合国合法席位 50 周年纪念会议时强调，"我们应该加强合作，共同应对人类面临的各种挑战和全球性问题。只有形成更加包容合理的全球治理、更加有效的多边机制、更加积极的区域合作，才能有效应对全球性问题"[①]。

回顾中国参与全球环境治理与国际合作的历程，中国始终秉持人类命运共同体的理念，深度参与全球环境综合治理，力促《巴黎协定》达成国际共识，为筑牢全球生物安全作出表率，充分展现了负责任的大国担当。党的十九大报告指出，中国要成为全球生态文明建设的重要参与者、贡献者、引领者[②]。

---

① 习近平. 习近平出席中华人民共和国恢复联合国合法席位 50 周年纪念会议并发表重要讲话 [N]. 人民日报，2021-10-26（001）.

② 习近平. 决胜全面建成小康社会夺取新时代中国特色社会主义伟大胜利——在中国共产党第十九次全国代表大会上的报告 [J]. 求是，2017（21）：3-28.

第一，中国继续做全球生态环境治理与国际合作的重要参与者。基于当今世界多极化、经济全球化、文化多样化等国际形势，中国提出了构建"人类命运共同体"的重要理念，从伙伴关系、安全格局、经济发展、文明交流、生态建设五个方面为人类社会进步发展描绘了蓝图，并以"人类命运共同体"理念为指导，深度参与全球环境治理，提出了"双碳"目标，积极履行全球减排承诺。

第二，中国将为全球环境治理与国际合作作出更大贡献。中国提出的生态文明建设方案服务于全球环境治理。中国积极推动建设绿色"一带一路"，与中外合作伙伴共同发起"一带一路"绿色发展国际联盟，实施绿色丝路使者计划、"一带一路"应对气候变化"南南合作"计划，进一步凝聚全球环境治理共识，促进"一带一路"参与国家落实联合国2030年可持续发展议程。

第三，中国将以生态文明建设引领全球环境治理与国际合作。中国是"人类命运共同体"理念和绿色"一带一路"倡议的首创者，与此同时，中国正从被动的参与者逐渐成为全球环境治理体系的重要参与方和塑造者，成为国际公共产品的提供者，在亚洲基础设施投资银行、设立丝路基金等方面发挥着重要作用。中国将继续以构建"人类命运共同体"为总目标，统筹国内国际两个大局，推动绿色发展国际共识，积极践行国际环境履约责任，协调全球环境治理关系，在全球环境治理与国际合作中发挥重要作用。

思考题

1. 简述全球环境问题产生的主要原因。

2. 介绍全球环境问题的特点。

3. 阐述全球环境治理的基本原则。

4. 中国参与全球环境治理的原则是什么？

5. 中国签署了哪些国际环境公约？履行情况如何？

案例分析

生态环境治理国际合作

1972年，联合国在瑞典斯德哥尔摩召开了第一次人类环境大会，环境问题首次上升到全球合作层面，开启了环境保护国际合作的大门。距离这次人类环境会议的召开迄今已经过去半个多世纪，环境与发展仍然是全球和世界各国面临的重大挑战，落实联合国2030年可持续发展议程所面临的形势依然严峻。目前也面临发展与保护的矛盾，环境压力仍然巨大，生态环境已经成为全面建成小康社会的突出短板。

在努力解决自身环境问题的同时，我国高度重视、积极参与并不断深化环境保护国际合作。环境保护部履行国家赋予的环境保护国际合作职责，与100多个国家开展了环保交流合作，与60多个国家和国际组织签署近150项合作文件，与多个国家、国际或区域组织建立合作机制，打造合作平台，已经形成了高层次、多渠道、宽领域的合作局面，在促进国内环保工作、履行国际履约义务、帮助其他发展中国家等方面发挥积极作用。

我国在推进全球环境治理和可持续发展方面发挥积极作用，履行国际环境公约成效显著。《关于消耗臭氧层物质的蒙特利尔议定书》被认为是迄今为止国际社会达成并实施的最为成功的多边环境公约，在其框架下我国累计淘汰的消耗臭氧层物质占发展中国家淘汰总量的50％以上，受到国际社会高度肯定。

近年来，我国已经从环境保护国际合作的一个学习者、参与者、受益者，逐步变成分享者、推动者、贡献者。过去5年，我国提出建设生态文明、推进绿色发展等一系列新发展理念，为全球环境治理贡献中国智慧和中国方案，产生积极影响，受到国际社会重视。联合国环境署2016年发布的《绿水青山就是金山银山：中国生态文明战略与行动》报告指出，中国是全球可持续发展理念和行动的坚定支持者和积极实践者，中国的生态文明建设将为全球可持续发展和2030年可持续发展议程作出重要贡献。中国在建设生态文明方面的大胆实践和尝试，不仅有利于解决自身资源环境问题，还将为后发国家避免传统发展路径依赖和锁定效应，提供可资借鉴的示范模式和经验，有利于推动建立新的全球环境治理体系。

我国是南南环境合作的积极倡导者、支持者和实践者。自身是一个发展中大国，在力所能及的情况下，为全球南南环境合作提供支持，与发展中国家共享经验，共同促进可持续发展。中国实施了南南环境合作绿色使者计划，支持联合国环境署设立南南合作中国信托基金，与东盟国家共同制定环境合作战略和行动计划，发起中非环境合作部长级对话，与南亚、阿拉伯、拉美及南太平洋国家开展政策交流。我国通过多年来与美国、日本、德国等发达国家的环保合作交流，学习借鉴先进的环保理念和经验，促进了环保技术水平提升和环保产业的发展，对我国的生态环保工作发挥了积极作用。我国在中日韩三国、金砖国家、上海合作组织、亚太经合组织、东盟和中日韩（10+3）、西北太平洋、东亚海等区域次区域合作框架下，积极参与区域环境合作倡议，贡献中国力量。

"一带一路"倡议是重要的国际公共产品。生态环保合作是绿色"一带一路"建设的重要内容，环境保护部正在积极落实习近平主席在"一带一路"高峰论坛提出的建设生态环保大数据服务平台和建立绿色发展国际联盟的倡议。

积极参与和务实促进国际环境合作，既是我国实施绿色发展战略、加强生态环保的内在需求，也是我国参与全球治理、构建人类命运共同体的责任担当。我国将继续拓展和深化环保国际合作，积极参与全球环境治理，加强南南环境合作，推动绿色"一带一路"建设，在支持国内生态文明建设和环境质量改善工作的同时，为全球及区域实现联合国 2030 年可持续发展目标作出应有贡献。

资料来源：环境保护部．环境保护部例行新闻发布会实录 [EB/OL]．（2017-07-20）[2022-05-16]. https：//www.mee.gov.cn/gkml/sthjbgw/qt/201707/t20170720_418237.htm.

结合以上材料，请分析：

1. 解决全球环境问题，为什么要通过加强国际合作来实现？

2. 梳理中国在全球环境治理与国际合作中的主要贡献。

后　记

本教材是普通高等学校公共管理类专业教材，坚持专业性和通识性相结合，也可作为其他学科专业开设的环境管理学相关课程教材，还可作为社会相关人员自学参考用书。本教材是西北大学"行政管理"国家一流本科专业建设成果，并得到陕西高校"青年杰出人才支持计划"（陕教工〔2019〕95 号）和中国博士后科学基金项目（2018M640748）的经费资助。

本教材的突出特点是从公共管理学科的基本理论出发，如在理论基础部分着重突出公共治理和公共政策理论在环境管理和治理实践中的应用指导价值，服务于公共管理类专业的环境管理学课程教学需要；本教材的内容体系主要包括环境管理的基本理论，环境管理的政策与制度，环境大数据管理，城市、农村、流域环境和自然资源管理，以及全球环境治理与国际合作等。在内容设计上，突出公共管理的学科特色和环境管理实践的最新成果，如引入环境大数据管理等章节内容；对环境管理的重要领域，如城市、农村、流域环境管理实践的最新成果进行详细梳理。

我们知道，环境管理是人类的一种行为，也是一种社会行为。党的十八届三中全会以后，随着国家治理体系和治理能力现代化建设宏伟蓝图的绘制和践行，环境管理也向环境治理发展，环境治理作为一个具有公共领域属性的治理领域，政府作为环境治理最核心的主体没有变，政府环境政策工具依然是环境问题最重要的治理工具，因此环境管理学作为一门学科的本质特征始终没有改变，可以认为环境治理是环境管理发展的新阶段，是环境管理在治理时代呈现出的新的学科发展特征。因此，新时代环境治理体系和治理能力的现代化，实质上也是环境管理体系和环境管理能力的现代化。我们认为，虽然"环境治理"的概念已经风行理论界和实践领域，但为了学科内涵的稳定性和学科发展的连续性，"环境管理学"作为一门学科的名称不应随波逐流。因此，我们依然对本书采用了"环境管理学"的名称。同时，需要说明的是，本书相关章节中"管理"和"治理"存在同时使用的情况，"管理"和"治理"概念在学术意义上是有差异的，但在实践中概念名称的变化更多是时代发展与使用偏好的结果。因此，除了特别说明外，两者的使用仅在不同语境下所表述的侧重点有所差别，在本质内涵上不作专门区分。

本书是集体智慧的成果。司林波（西北大学）、李亚鹏（河北工业大学）担任主编，主要负责书稿的框架设计，以及组稿、统稿工作；裴索亚（西北大学）、吴振其（西南政法大学）为副主编，协助主编承担组稿、统稿工作。本书编委会成员具体分工如下：

前言，司林波、李亚鹏

第一章 绪论，司林波、裴索亚

第二章 环境管理的基本理论，裴索亚

第三章 环境管理政策与制度，孟吉

第四章 环境大数据管理，张盼

第五章 城市环境管理（不含第四节），闫芳敏

第五章 城市环境管理（第四节），田春元

第六章 农村环境管理（第一节），司林波、裴索亚

第六章 农村环境管理（第二节、第三节），熊依婕、李亚鹏

第六章 农村环境管理（第四节），田春元、李亚鹏

第七章 流域环境管理，张锦超、吴振其

第八章 自然资源管理（不含第三节），萧欣茹

第八章 自然资源管理（第三节），吴振其，熊依婕

第九章 全球环境治理与国际合作，谭筱波

由于我们水平有限，实践不足，书中错漏之处在所难免，望请各位读者批评指正，我们将结合公共管理学科建设和环境管理事业发展的最新进展，及时对教材内容进行修订。

司林波

2023 年 6 月